多媒体技术应用丛书

中文版

3ds Max
实用教程
案例视频版

唯美世界 编著

中国水利水电出版社
www.waterpub.com.cn
·北京·

内容提要

《中文版 3ds Max 实用教程》是一本专为室内设计、建筑设计、动画设计等专业编写的入门教材,主要讲解了建模、渲染、材质、贴图、动画等内容。

本书内容主要分为 3 个部分:第 1 部分为基础和建模篇(第 1～5 章),主要讲解了 3ds Max 基础知识、几何体建模、样条线建模、修改器建模和多边形建模;第 2 部分为灯光材质渲染篇(第 6～8 章),主要讲解了摄像机和渲染、灯光、材质与贴图;第 3 部分为动画篇(第 9～10 章),主要讲解了粒子系统、空间扭曲和动力学、毛发和动画。

为了帮助读者快速掌握 3ds Max,本书为几乎所有实例录制了视频讲解,还提供了素材源文件,可边看视频边动手实践,提高学习效率。赠送的各类学习资源有:

- 181 分钟视频讲解
- 1000 张常用贴图
- 3ds Max PPT 课件
- 3ds Max 常用快捷键索引
- 《室内常用尺寸表》电子书
- 《室内配色宝典》电子书
- 本书案例素材

本书适合各大院校学生使用,也适合 3ds Max 新手、3ds Max 爱好者以及没有任何经验但是想从事 3ds Max 相关行业的人士使用。本书基于 3ds Max 2024 版本编写,建议读者下载并安装相同版本的软件使用。

图书在版编目(CIP)数据

中文版 3ds Max 实用教程:案例视频版 / 唯美世界编著. -- 北京:中国水利水电出版社,2025. 5.
ISBN 978-7-5226-3071-7

Ⅰ. TP391.414

中国国家版本馆 CIP 数据核字第 20255K1Z19 号

书　　名	中文版3ds Max 实用教程(案例视频版) ZHONGWENBAN 3ds Max SHIYONG JIAOCHENG (ANLI SHIPINBAN)
作　　者	唯美世界　编著
出版发行	中国水利水电出版社 (北京市海淀区玉渊潭南路1号D座 100038) 网址:www.waterpub.com.cn E-mail:zhiboshangshu@163.com 电话:(010)62572966-2205/2266/2201(营销中心)
经　　售	北京科水图书销售有限公司 电话:(010)68545874、63202643 全国各地新华书店和相关出版物销售网点
排　　版	北京智博尚书文化传媒有限公司
印　　刷	三河市龙大印装有限公司
规　　格	170mm×240mm　16开本　14.5印张　371千字
版　　次	2025年5月第1版　2025年5月第1次印刷
印　　数	0001—3000册
定　　价	79.80元

凡购买我社图书,如有缺页、倒页、脱页的,本社营销中心负责调换
版权所有·侵权必究

前　言

作为一款功能强大而灵活的 3D 建模和渲染软件，Autodesk 3ds Max（以下简称 3ds Max）已经成为视觉效果、游戏开发、建筑可视化等领域的专业人士的首选软件。本书旨在引领读者了解 3ds Max 的核心功能和高级技巧，无论是初学者还是希望提升现有技能的专业人士，都能在本书中找到宝贵的资源。

3ds Max 软件是 Autodesk 公司研发的使用较广泛的三维软件之一。本书基于 3ds Max 2024 版本编写，同时也建议读者安装 3ds Max 2024 版本进行学习和练习。3ds Max 以其直观的用户界面、强大的建模工具、先进的动画系统和无与伦比的渲染能力而闻名。从简单的模型到复杂的场景，3ds Max 为创造性表达提供了无限的可能性。但要充分发挥这款软件的潜力，了解其庞大的功能集是至关重要的。

本书特色

1. 由浅入深，循序渐进

本书先从 3ds Max 2024 的界面、基础操作和各种建模方法学起，再学习摄像机和渲染、灯光、材质与贴图等常用技巧，最后学习粒子系统、空间扭曲和动力学、毛发和动画等动画制作技巧。本书以初学者的视角编写，内容轻松易懂。书中模块丰富，包括实操、练一练、课后练习、随堂测试等，操作步骤详尽、版式新颖，可以让读者在阅读时一目了然，从而快速掌握书中内容。

2. 语音视频，讲解详尽

书中的所有章节都录制了带语音讲解的视频，时长共有 181 分钟，重现书中重点知识和操作技巧。读者可以结合本书观看，也可以独立观看视频演示，像看电影一样进行学习，让学习更加轻松。

3. 实例典型，轻松易学

通过示例学习是最好的学习方式。本书结合所选内容精选各种实用案例，透彻详尽地讲述了建模和渲染、动画制作过程中所需的各类技巧，读者可以轻松地掌握相关知识。

4. 应用实践，随时练习

书中几乎每章都提供了"实操""练一练""综合实例""课后练习""随堂测试"，让读者能够通过实践来熟悉、巩固所学的知识，为进一步学习 3ds Max 做好充分准备。

资源获取

为了让读者朋友更好地精通 3ds Max，本书赠送以下资源：

- 181 分钟视频讲解

- 3ds Max PPT 课件
- 1000 张常用贴图
- 《3ds Max 常用快捷键索引》电子书
- 《室内常用尺寸表》电子书
- 《室内配色宝典》电子书

以上资源获取及联系方式：

（1）读者使用手机微信的"扫一扫"功能扫描下面的微信公众号二维码，或者在微信公众号中搜索"设计指北"，关注后输入 3dM3071 并发送到公众号后台，即可获取本书资源的下载链接，将该链接复制到计算机浏览器的地址栏中，根据提示进行下载。

（2）读者可加入本书的 QQ 学习交流群 838662467（群满后，会创建新群，请注意加群时的提示，并根据提示加入相应的群），与广大读者进行在线交流学习。

特别提醒

本书基于 3ds Max 2024 版本编写，请读者自行下载并安装相同版本的软件使用。过低的版本可能会导致文件无法打开或错误等情况。读者可以通过以下方式获取 3ds Max 2024 简体中文版。

（1）登录 Autodesk 官方网站查询。

（2）可到网上咨询、搜索购买方式。

另外，读者须注意，本书在介绍操作步骤时，在设置参数时不带".0"等，而有些参数在设置之后默认加上了小数点及其后的数字 0，因此出现了图文在此方面不一致的现象，忽略这一细节即可，不影响操作。

关于作者

本书由唯美世界编著，其中，曹茂鹏、瞿颖健负责主要编写工作，参与本书编写和资料整理的还有杨力、瞿学严、杨宗香、曹元钢、张玉华、孙晓军等人，在此一并表示感谢。由于作者知识水平有限，书中难免有疏漏，恳请广大读者批评、指正。

编　者

目 录

第 1 章　3ds Max 基础知识 001

1.1　初识 3ds Max 的工作界面 002
1.2　标题栏 004
1.3　菜单栏 004
1.4　主工具栏 005

　　1.4.1　【选择并链接】工具..................006
　　1.4.2　【断开当前选择链接】工具..........006
　　1.4.3　【绑定到空间扭曲】工具............006
　　1.4.4　过滤器..............................006
　　1.4.5　【选择对象】工具..................006
　　1.4.6　【按名称选择】工具................006
　　1.4.7　【选择区域】工具..................006
　　1.4.8　【窗口/交叉】工具................007
　　1.4.9　【选择并移动】工具................007
　　1.4.10　【选择并旋转】工具...............007
　　1.4.11　【选择并缩放】工具...............007
　　1.4.12　参考坐标系.......................008
　　1.4.13　【轴点中心】工具.................008
　　1.4.14　【选择并操纵】工具...............008
　　1.4.15　【捕捉开关】工具.................008
　　1.4.16　【角度捕捉切换】工具.............009
　　1.4.17　【百分比捕捉切换】工具..........009
　　1.4.18　【微调器捕捉切换】工具..........009
　　1.4.19　【编辑命名选择集】工具..........009
　　1.4.20　【镜像】工具.....................009
　　1.4.21　【对齐】工具.....................010
　　1.4.22　层管理器.........................011
　　1.4.23　曲线编辑器.......................011
　　1.4.24　图解视图.........................011
　　1.4.25　材质编辑器和渲染设置............011
　　1.4.26　渲染帧窗口和【渲染】工具......012

1.5　视口区域 012
1.6　【命令】面板 013
1.7　时间尺 013
1.8　状态栏 014
1.9　时间控制按钮 014
1.10　视图导航控制按钮 014

　　1.10.1　所有视图中可用的控件............014
　　1.10.2　透视图和正交视图控件............014
　　实操：准确地移动蝴蝶结的位置............015
　　实操：移动复制制作一排餐具..............016
　　实操：旋转复制制作钟表..................016

1.11　课后练习：透视图基本操作..........017

第 2 章　几何体建模 019

2.1　认识建模 020

　　2.1.1　建模的概念.........................020
　　2.1.2　常用的建模方式....................020

2.2　认识几何体建模 020

2.2.1 几何体建模的概念..................020
2.2.2 几何体建模适合制作的模型
类型..................................020
2.2.3 认识【命令】面板..................020
2.2.4 认识几何体类型......................020
2.3 标准基本体..................................021
2.3.1 长方体....................................021
2.3.2 球体..022
2.3.3 圆柱体....................................023
2.3.4 平面..023
2.3.5 圆锥体....................................023
2.3.6 茶壶..024
2.3.7 几何球体................................024
2.3.8 圆环..025
2.3.9 管状体....................................025
2.3.10 四棱锥..................................025
2.3.11 加强型文本..........................026
实操：使用【长方体】制作书架......026
练一练：使用【圆柱体】【管状体】【长
方体】制作圆几..................028
2.4 扩展基本体..................................029
2.4.1 切角长方体............................029
2.4.2 切角圆柱体............................030
2.4.3 异面体....................................030
2.4.4 环形结....................................031
2.4.5 油罐..031
2.4.6 胶囊..031
2.4.7 其他几种扩展基本体类型........031
综合实例：使用【切角长方体】和【切
角圆柱体】制作现代风格
沙发..................................032
2.5 AEC 扩展..................................034
2.5.1 植物..035
2.5.2 栏杆..035
2.5.3 墙..036

2.6 门、窗、楼梯..................................036
2.6.1 门..036
2.6.2 窗..037
2.6.3 楼梯..038
2.7 课后练习：使用【长方体】制作置
物架..................................038
2.8 随堂测试..................................041

第3章 样条线建模..................042

3.1 认识样条线建模..................................043
3.1.1 样条线的概念........................043
3.1.2 图形的类型............................043
3.2 样条线..................................043
3.2.1 绘制尖锐转折的线................043
3.2.2 绘制90度角转折的【线】......043
3.2.3 绘制过渡平滑的曲线............043
实操：使用【捕捉开关】工具绘制精
准的图形..........................044
3.2.4 矩形..045
3.2.5 圆、椭圆................................046
3.2.6 弧..046
3.2.7 圆环..046
3.2.8 多边形....................................046
3.2.9 星形..046
3.2.10 文本......................................047
3.2.11 螺旋线..................................047
3.2.12 徒手......................................047
3.3 扩展样条线..................................047
3.4 复合图形..................................048
3.5 可编辑样条线..................................048
3.5.1 【顶点】级别下的参数............049
3.5.2 【线段】级别下的参数............051
3.5.3 【样条线】级别下的参数........052

练一练：使用【矩形】和【长方体】
　　　　制作装饰画 052
练一练：使用【切角长方体】和【线】
　　　　制作脚凳 053
综合实例：使用【圆柱体】【管状体】和
　　　　【线】制作装饰镜 054

3.6 课后练习：使用【圆】【文本】【线】
　　并加载【挤出】修改器制
　　作钟表 056

3.7 随堂测试 059

第 4 章　修改器建模 060

4.1 认识修改器建模 061
　　4.1.1 修改器的概念 061
　　4.1.2 为什么要加载修改器 061
　　4.1.3 修改器建模适合制作的模型 061
　　4.1.4 编辑修改器 061

4.2 二维图形修改器的类型 062
　　4.2.1 【挤出】修改器 062
　　4.2.2 【倒角】修改器 062
　　4.2.3 【倒角剖面】修改器 063
　　实操：加载【倒角剖面】修改器制作油
　　　　画框 063
　　4.2.4 【车削】修改器 064
　　练一练：加载【车削】修改器制作
　　　　台灯 065

4.3 三维模型修改器的类型 066
　　4.3.1 【弯曲】修改器 066
　　综合实例：加载【弯曲】修改器制作 C 形
　　　　多人沙发 067
　　4.3.2 【扭曲】修改器 069
　　4.3.3 FFD 修改器 070
　　4.3.4 【晶格】修改器 071

4.3.5 【壳】修改器 072
4.3.6 【对称】修改器 072
4.3.7 【细分】修改器、【细化】修改器、
　　　【优化】修改器 073
4.3.8 【平滑】修改器、【网格平滑】修
　　　改器、【涡轮平滑】修改器 074

4.4 课后练习：加载【挤出】和 FFD 修改
　　器制作茶几 075

4.5 随堂测试 076

第 5 章　多边形建模 077

5.1 认识多边形建模 078
　　5.1.1 多边形建模的概念 078
　　5.1.2 多边形建模适合制作的模型
　　　　　类型 078
　　实操：将模型转换为可编辑多边形 078

5.2 【选择】卷展栏 078
5.3 【软选择】卷展栏 080
5.4 【编辑几何体】卷展栏 081
5.5 【细分曲面】卷展栏 082
5.6 【细分置换】卷展栏 082
5.7 【绘制变形】卷展栏 082
5.8 【编辑顶点】卷展栏 083
5.9 【编辑边】卷展栏 083
5.10 【编辑边界】卷展栏 085
5.11 【编辑多边形】卷展栏 085
5.12 【编辑元素】卷展栏 086
　　练一练：使用【切角】工具并加载
　　　　　【网格平滑】修改器制作储
　　　　　物柜 087
　　综合实例：加载【挤出】【编辑多边形】和【网
　　　　　格平滑】修改器制作边桌 090

V

| 5.13 | 课后练习：使用多边形建模制作脚凳 .... 93 |
| 5.14 | 随堂测试 .... 95 |

第 6 章　摄像机和渲染 096

6.1　认识摄影机 097
- 6.1.1　摄影机的概念 097
- 6.1.2　摄影机的功能 097
- 实操：自动创建和手动创建一台摄影机 097
- 实操：调整摄影机视图的视角 098

6.2　【标准】摄影机 098
- 6.2.1　目标摄影机 098
- 6.2.2　自由摄影机 099
- 6.2.3　物理摄影机 100

6.3　VRay 摄影机 100

6.4　认识渲染器 102
- 6.4.1　渲染器的概念 102
- 6.4.2　为什么要使用渲染器 102
- 6.4.3　渲染器的类型 103
- 6.4.4　渲染器的设置步骤 103

6.5　VRay 渲染器 104
- 6.5.1　设置测试渲染的参数 104
- 6.5.2　设置高精度渲染的参数 106

6.6　综合实例：休息室一角 107
- 6.6.1　设置 VRay 渲染器 107
- 6.6.2　材质的表现 108
- 6.6.3　设置摄影机 111
- 6.6.4　设置灯光并进行草图渲染 112
- 6.6.5　设置成图渲染参数 114

6.7　课后练习：卧室日景效果 114
- 6.7.1　设置 VRay 渲染器 115

- 6.7.2　材质的表现 115
- 6.7.3　设置摄影机 117
- 6.7.4　设置灯光并进行草图渲染 118
- 6.7.5　设置成图渲染参数 120

6.8　随堂测试 121

第 7 章　灯光 122

7.1　认识灯光 123

7.2　标准灯光 123
- 7.2.1　目标聚光灯 123
- 实操：使用【目标聚光灯】制作聚光效果 125
- 7.2.2　目标平行光 126
- 7.2.3　泛光 126

7.3　VRay 灯光 127
- 7.3.1　VR- 灯光 127
- 练一练：使用【VR- 灯光】制作灯带 ... 130
- 7.3.2　VR- 太阳 121
- 7.3.3　VR- 太阳灯光与水平线的夹角的重要性 131
- 练一练：使用【VR- 太阳】制作阳光 ... 132
- 练一练：使用【VR- 太阳】和【VR- 灯光】制作化妆间日景 133
- 7.3.4　VR- 光域网 135
- 7.3.5　VR- 环境灯光 135

7.4　光度学灯光 135
- 7.4.1　目标灯光 136
- 7.4.2　自由灯光 138
- 练一练：使用【自由灯光】和【VR- 灯光】制作壁灯 138
- 综合实例：正午阳光卧室设计 139

7.5　课后练习：夜晚卧室设计 142

7.6　随堂测试 145

第 8 章　材质与贴图 147

- 8.1　了解材质 148
- 8.2　材质编辑器 148
- 8.3　VRayMtl 材质 148
  - 8.3.1　VRayMtl 材质适合制作什么质感 148
  - 8.3.2　使用 VRayMtl 材质之前，一定要先设置渲染器 149
  - 8.3.3　VRayMtl 材质三大属性——漫反射、反射、折射 149
  - 练一练：使用 VRayMtl 材质制作台球 151
  - 练一练：使用 VRayMtl 材质制作金属 152
  - 练一练：使用 VRayMtl 材质制作红酒 154
- 8.4　其他常用材质类型 156
  - 练一练：使用【VRay 灯光材质】制作壁炉火焰 157
- 8.5　了解贴图 158
- 8.6　认识贴图通道 159
  - 8.6.1　什么是贴图通道 160
  - 8.6.2　为什么要使用贴图通道 160
  - 8.6.3　在参数后面的通道上加载贴图 ... 160
  - 8.6.4　在【贴图】卷展栏中加载贴图 ... 160
  - 实操：加载【位图】贴图制作壁纸 160
- 8.7　常用贴图类型 161
  - 练一练：加载 Noise 贴图制作水波纹 163
  - 练一练：加载 Noise 贴图制作拉丝金属 164
  - 练一练：使用【混合】材质制作玻璃 165
  - 综合实例：使用多种材质制作早餐桌面 167
- 8.8　课后练习：使用 VRayMtl 材质制作木地板、健身房镜子和环境背景 170
- 8.9　随堂测试 171

第 9 章　粒子系统、空间扭曲和动力学 172

- 9.1　认识粒子系统和空间扭曲 173
  - 9.1.1　认识粒子系统 173
  - 9.1.2　认识空间扭曲 173
  - 9.1.3　将粒子和空间扭曲进行绑定 173
- 9.2　七大类粒子系统 174
  - 9.2.1　喷射 174
  - 实操：使用【喷射】制作下雨动画 175
  - 9.2.2　雪 176
  - 实操：使用【雪】制作下雪动画 176
  - 9.2.3　超级喷射 178
  - 9.2.4　粒子流源 179
  - 练一练：使用【粒子流源】制作下落的小球 180
  - 9.2.5　暴风雪 184
  - 9.2.6　粒子阵列 184
  - 9.2.7　粒子云 185
- 9.3　五大类空间扭曲 185
  - 9.3.1　力 185
  - 9.3.2　导向器 189
- 9.4　认识动力学 191
- 9.5　MassFX 工具栏参数 191
- 综合实例：应用动力学刚体制作撞击动画 194
- 9.6　课后练习：应用动力学制作圆桌桌布下落效果 196
- 9.7　随堂测试 198

第 10 章 毛发和动画 199

10.1 毛发 200
- 10.1.1 加载【Hair 和 Fur（WSM）】修改器制作毛发 200
- 10.1.2 使用【VR-毛皮】制作毛发 200
- 实操：加载【Hair 和 Fur（WSN）】修改器制作草地 201
- 练一练：使用【VR-毛皮】制作皮草 202

10.2 认识动画 203
10.3 动画的概念 203
10.4 动画的参数解释 203
10.5 关键帧动画的概念 203
10.6 关键帧动画的制作流程 203
10.7 关键帧动画 204
- 10.7.1 3ds Max 动画工具 204
- 10.7.2 曲线编辑器 206
- 练一练：使用自动关键帧动画制作不倒翁 207

10.8 约束动画 209
- 10.8.1 附着约束 209
- 10.8.2 曲面约束 210
- 10.8.3 路径约束 210
- 10.8.4 位置约束 210
- 10.8.5 链接约束 210
- 10.8.6 注视约束 210
- 10.8.7 方向约束 210

10.9 骨骼 210
10.10 Biped 骨骼动画 212
- 10.10.1 创建 Biped 对象 212
- 10.10.2 修改 Biped 对象 212
- 10.10.3 足迹模式 214
- 实操：使用 Biped 制作骨骼动画 215

10.11 【蒙皮】修改器 217
10.12 CAT 对象 218
- 综合实例：使用【CAT 对象】制作爬行的蜈蚣 219

10.13 课后练习：使用自动关键帧动画制作气球飘走效果 220
10.14 随堂测试 222

第 1 章 3ds Max 基础知识

🔊 学时安排

总学时：2 学时
理论学时：1 学时
实践学时：1 学时

🔊 教学内容概述

学习 3ds Max 时，首先要了解工作界面和基础操作，以便对 3ds Max 有一个最基本的了解。在本章中可以学会很多比较简单，但是较常用的工具、操作。对于本章内容，读者必须完全掌握。

🔊 教学目标

- 熟悉 3ds Max 的工作界面
- 掌握 3ds Max 的常用工具
- 掌握 3ds Max 文件的基本操作
- 掌握 3ds Max 对象的基本操作

1.1 初识 3ds Max 的工作界面

安装好 3ds Max 后，可以通过以下两种方法来启动 3ds Max。

第 1 种：双击桌面上的快捷方式图标 。

第 2 种：执行【开始】| Autodesk | Autodesk 3ds Max 2024–Simplified Chinese 命令，如图 1-1 所示。

在启动 3ds Max 的过程中，可以观察到 3ds Max 的启动画面，如图 1-2 所示。

图 1-1　　　　　　　　　　　　　　图 1-2

3ds Max 的工作界面分为标题栏、菜单栏、主工具栏、视口区域、命令面板、时间尺、状态栏、时间控制按钮、视口导航控制按钮和 V-Ray Toolbar10 个部分，如图 1-3 所示。

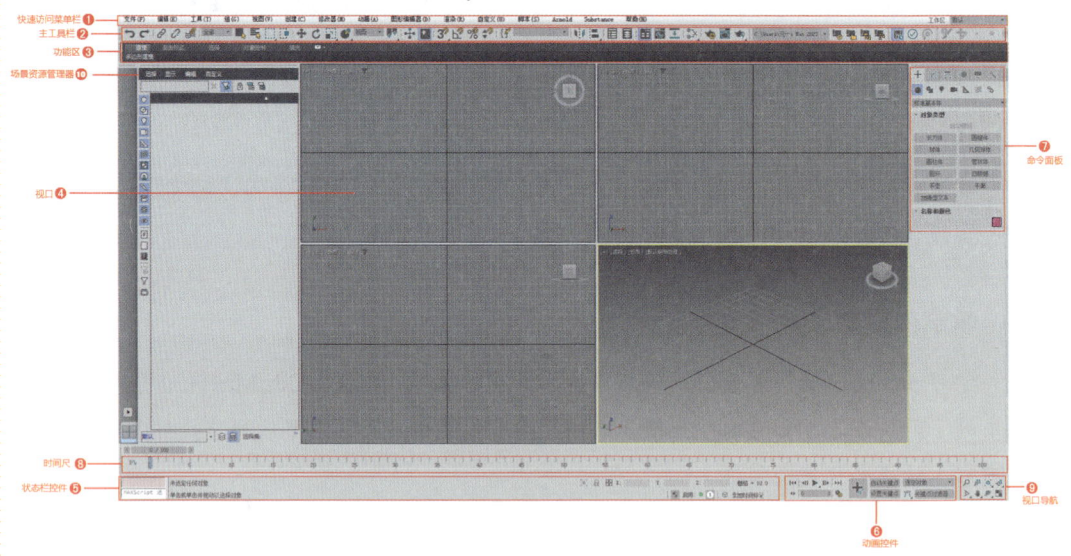

图 1-3

默认状态下，3ds Max 的各个面板都保持停靠状态，若不习惯这种方式，也可以将部分面板拖动出来，如图 1-4 所示。

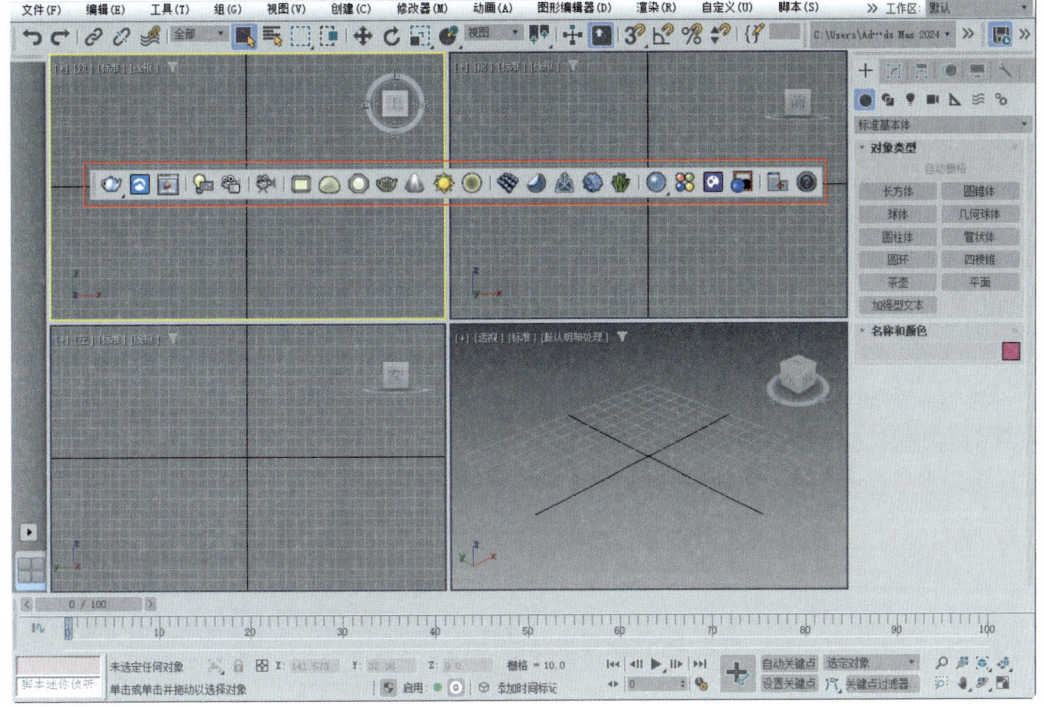

图 1-4

拖动当前处于浮动状态的面板到窗口的边缘处,可以将其再次进行停靠,如图 1-5 所示。

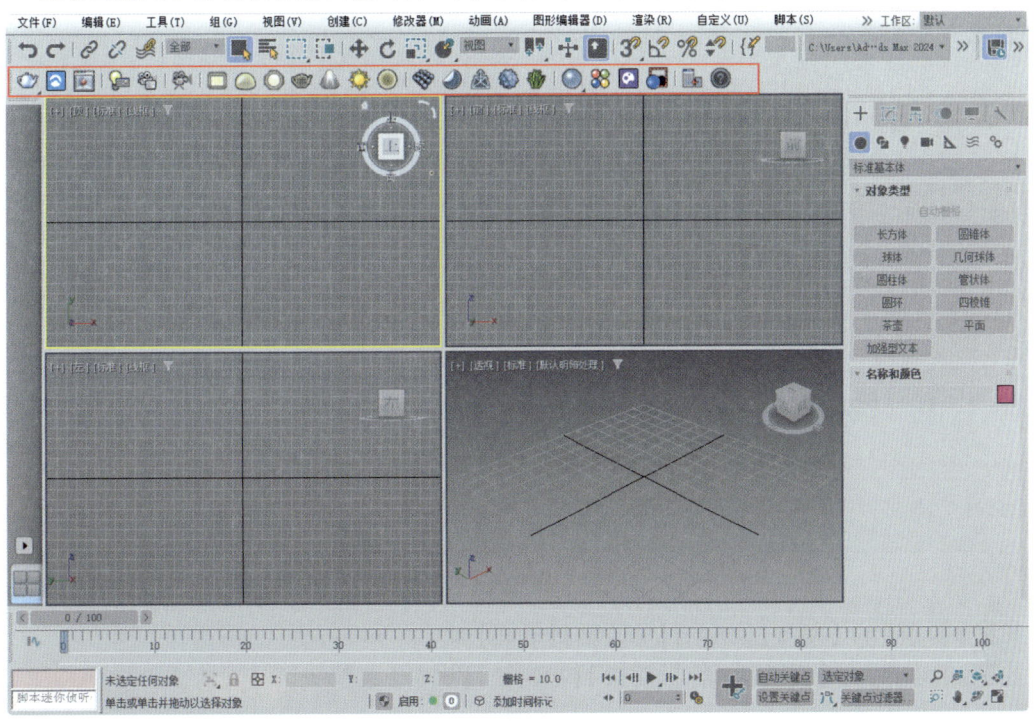

图 1-5

1.2 标题栏

3ds Max 的【标题栏】主要用于显示文件名称，如图 1-6 所示。

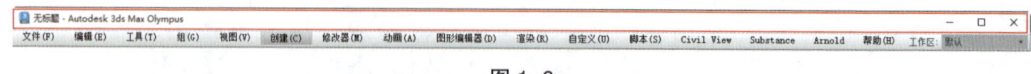

图 1-6

1.3 菜单栏

3ds Max 与其他软件一样，【菜单栏】也位于工作界面的顶端，其中包含多个菜单，包括【文件】【编辑】【工具】【组】【视图】【创建】【修改器】【动画】【图形编辑器】【渲染】【自定义】【脚本】【帮助】和 Civil View 等，如图 1-7 所示。

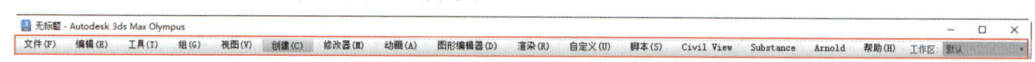

图 1-7

图 1-8 所示为【文件】【编辑】【工具】【组】菜单。

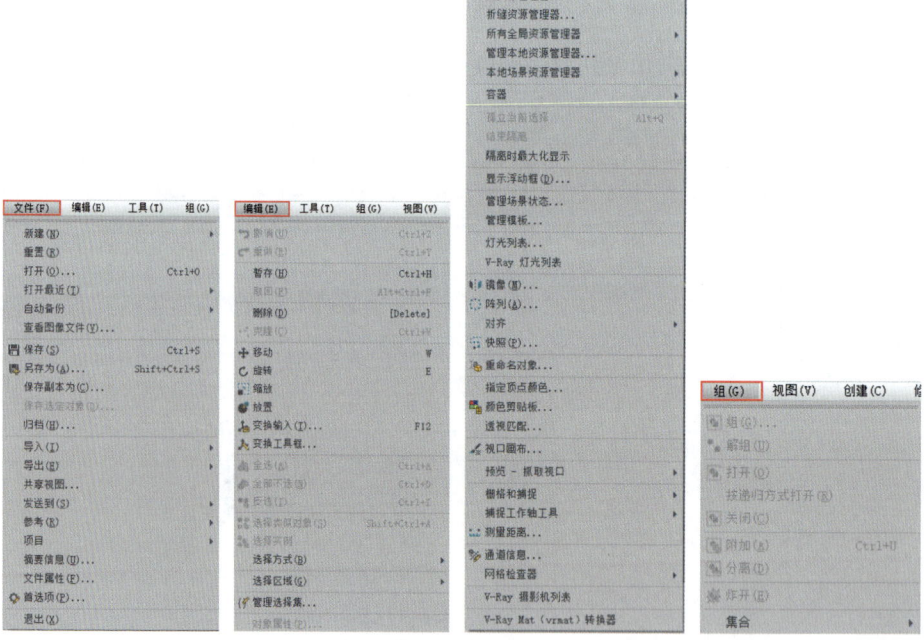

图 1-8

图 1-9 所示为【视图】【创建】【修改器】【动画】菜单。
图 1-10 所示为【图形编辑器】【渲染】【自定义】【脚本】菜单。

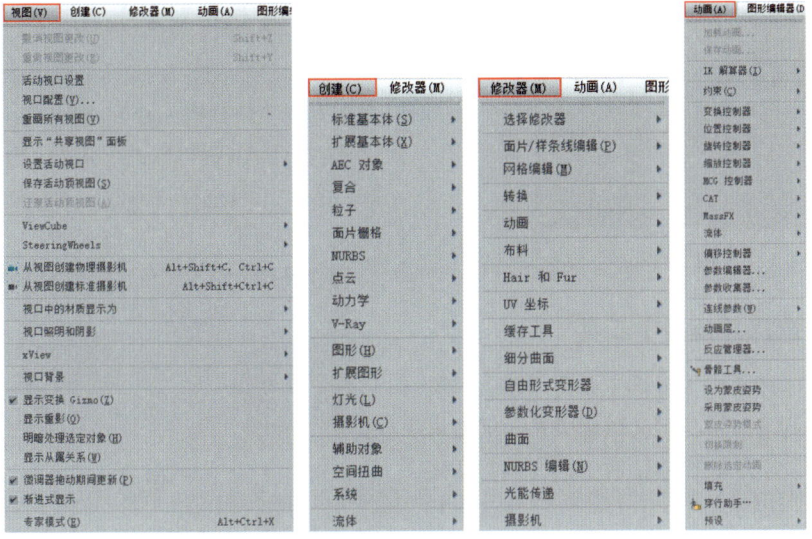

图 1-9

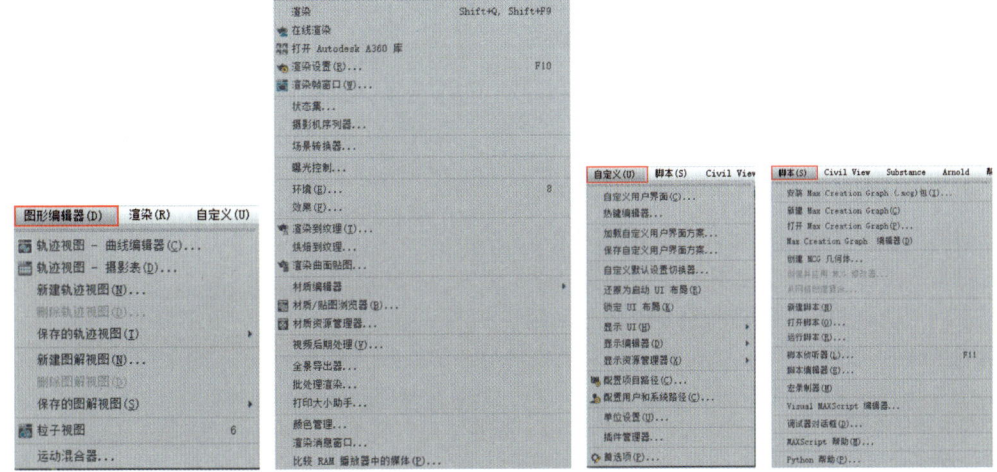

图 1-10

1.4 主工具栏

3ds Max 的主工具栏由很多按钮组成,每个按钮都有相应的功能。例如,可以通过单击 ✥（选择并移动）按钮,对物体进行移动。主工具栏中的大部分按钮都可以在其他位置找到,如菜单栏中。熟练掌握主工具栏,会使 3ds Max 操作更顺手、更快捷。3ds Max 的主工具栏如图 1-11 所示。

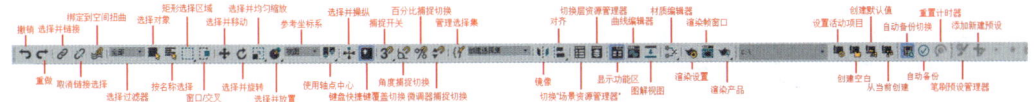

图 1-11

当长时间单击一个按钮时,会出现两种情况：一种是无任何反应；另一种是会出现下拉菜单,

005

下拉菜单中还包含其他的按钮,如图 1-12 所示。

1.4.5 【选择对象】工具

■（选择对象）工具主要用于选择一个或多个对象（快捷键为 Q），按住 Ctrl 键可以进行加选，按住 Alt 键可以进行减选。当使用 ■（选择对象）工具选择物体时,光标指向物体后会变成十字形 ✣,如图 1-15 所示。

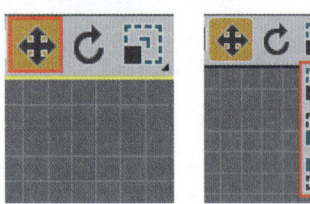

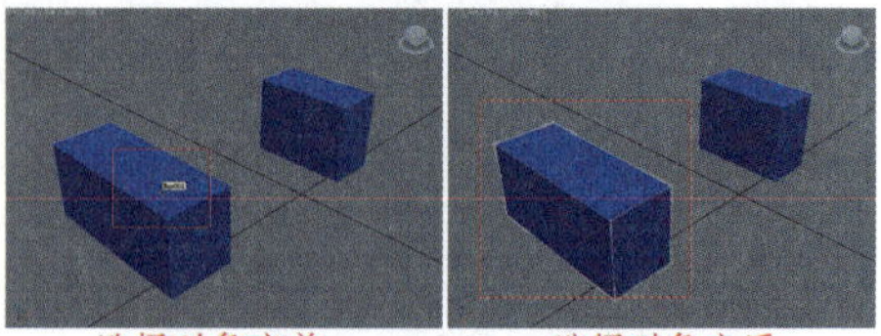

图 1-12

1.4.1 【选择并链接】工具

❞（选择并链接）工具主要用于建立对象之间的父子链接关系与定义层级关系，但是只能父级物体带动子级物体，而子级物体的变化不会影响到父级物体。

1.4.2 【断开当前选择链接】工具

❞（断开当前选择链接）工具与 ❞（选择并链接）工具的作用恰好相反，主要用来断链接好的父子对象。

1.4.3 【绑定到空间扭曲】工具

❥（绑定到空间扭曲）工具可以将使用空间扭曲的对象附加到空间扭曲中。选择需要绑定的对象，然后单击【主工具栏】中的 ❥（绑定到空间扭曲）按钮，接着将选定对象拖动到空间扭曲对象上即可。

1.4.4 过滤器

全部 ▼（过滤器）主要用于过滤不需要选择的对象类型，这对于批量选择同一种类型的对象非常有用，如图 1-13 所示。

将【过滤器】切换为【图形】时，无论怎么选择，也只能选择图形对象，而其他的对象将不会被选择。如图 1-14 所示。

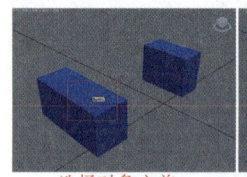

选择对象之前　　　选择对象之后

图 1-15

1.4.6 【按名称选择】工具

单击 ■（按名称选择）按钮会弹出【从场景选择】对话框，在该对话框中可以按名称选择需要的对象。例如，选择 Circle001，并单击【确定】按钮，如图 1-16 所示。

此时 Circle001 对象已经被选择了，如图 1-17 所示。因此，利用该方法可以通过选择对象的名称轻松地从大量对象中选择需要的对象。

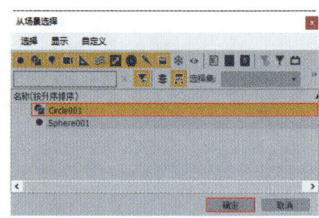

图 1-16

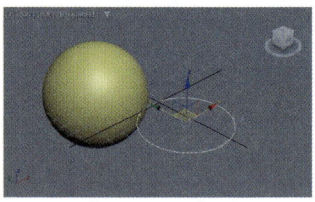

图 1-17

1.4.7 【选择区域】工具

【选择区域】工具包含 5 种,分别是 ▢（矩形选择区域）工具、○（圆形选择区域）工具、▨（围栏选择区域）工具、◯（套索选择区域）工具和 ▧（绘制选择区域）工具，如图 1-18

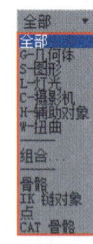

图 1-13

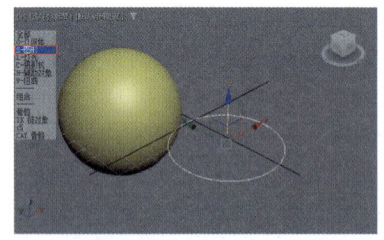

图 1-14

所示。

可以选择合适的工具来选择对象。图 1-19 所示为使用 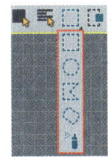（围栏选择区域）工具来选择场景中的对象。

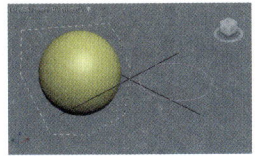

图 1-18　　　　图 1-19

1.4.8 【窗口/交叉】工具

当 （窗口/交叉）工具处于凸出状态（即未激活状态）时，其按钮显示效果为 ，这时如果在视图中选择对象，那么只要选择的区域包含对象的一部分即可选中该对象；当 （窗口/交叉）工具处于凹陷状态（即激活状态）时，其按钮显示效果为 ，这时如果在视图中选择对象，那么只有选择区域包含对象的全部区域才能选中该对象。在实际工作中，一般都要使 （窗口/交叉）工具处于未激活状态。图 1-20 所示为当 （窗口/交叉）工具处于未激活状态时选择对象的效果。

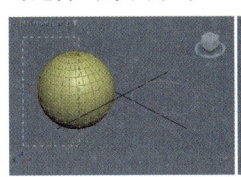

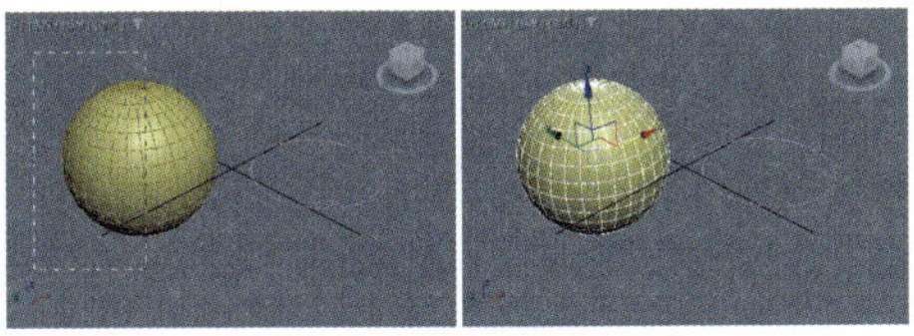

图 1-20

图 1-21 所示为当 （窗口/交叉）工具处于激活状态时选择对象的效果。

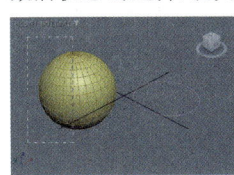

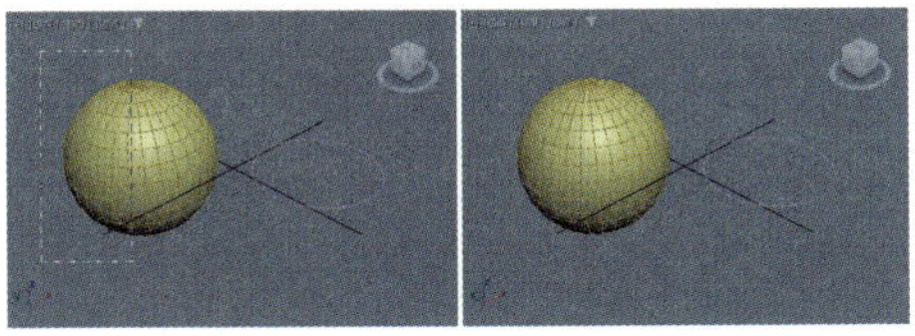

图 1-21

1.4.9 【选择并移动】工具

使用 （选择并移动）工具可以将选中的对象移动到任何位置。当将鼠标指针移动到坐标轴附近时，会看到坐标轴变为黄色。如图 1-22 所示，当将鼠标指针移动到 Y 轴并变为黄色时，单击并拖动即可只沿 Y 轴移动物体。

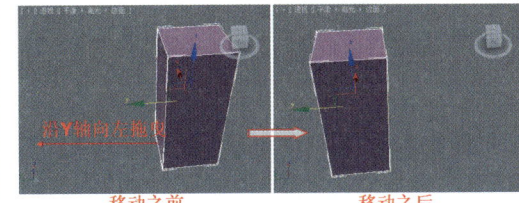

图 1-22

选择模型，按住 Shift 键，拖动鼠标左键即可进行复制，如图 1-23 所示。

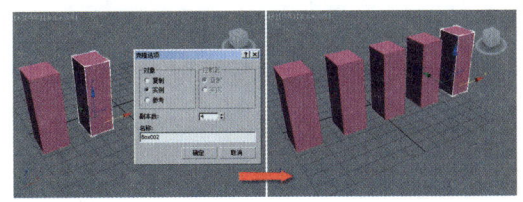

图 1-23

⚠ **提示：精确地移动对象**

为了精准地移动对象，在移动对象时，最好沿一个轴向或两个轴向进行移动；也可以在顶视图、前视图或左视图中沿某一轴向进行移动，如图 1-24 所示。

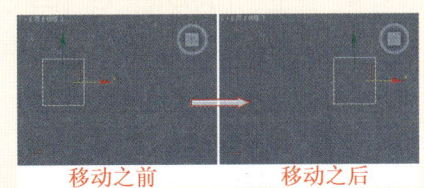

图 1-24

1.4.10 【选择并旋转】工具

（选择并旋转）工具的使用方法与 （选择并移动）工具的使用方法相似，当该工具处于激活状态（选择状态）时，被选中的对象可以在 X、Y、Z 这 3 个轴上进行旋转。

1.4.11 【选择并缩放】工具

【选择并缩放】工具包括 3 种，分别是 （选择并均匀缩放）工具、 （选择并非均匀缩放）工具和 （选择并挤压）工具，如图 1-25 所示。

007

图 1-25

不仅可以沿 X、Y、Z 3 个轴向将模型进行均匀缩放（图 1-26），也可以单独沿某一个轴向将模型进行不均匀缩放（图 1-27）。

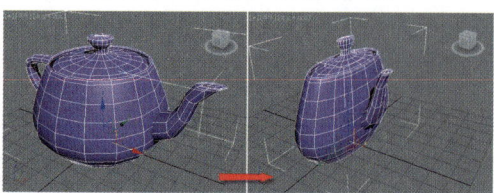

图 1-26

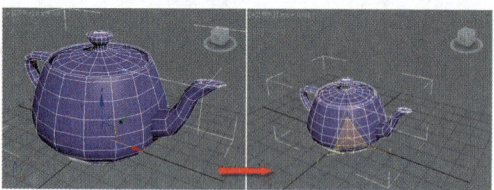

图 1-27

1.4.12　参考坐标系

【参考坐标系】可以用来指定变换操作（如移动、旋转、缩放等）所使用的坐标系统，包括视图、屏幕、世界、父对象、局部、万向、栅格、工作和拾取 9 种坐标系，如图 1-28 所示。

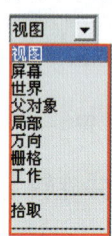

图 1-28

● **视图**：在默认的视图坐标系中，所有正交视口中的 X、Y、Z 轴都相同。使用该坐标系移动对象时，可以相对于视口空间移动对象。

● **屏幕**：将活动视口屏幕用作坐标系。

● **世界**：使用世界坐标系。

● **父对象**：使用选定对象的父对象作为坐标系。如果对象未链接至特定对象，则其为世界坐标系的子对象，其父坐标系与世界坐标系相同。

● **局部**：使用选定对象的轴心点作为坐标系。

● **万向**：万向坐标系与 Euler XYZ 旋转控制器一同使用，它与局部坐标系类似，但其 3 个旋转轴相互之间不一定垂直。

● **栅格**：使用活动栅格作为坐标系。

● **工作**：使用工作轴作为坐标系。

● **拾取**：使用场景中的另一个对象作为坐标系。

1.4.13　【轴点中心】工具

【轴点中心】工具包括 ■（使用轴点中心）工具、■（使用选择中心）工具和 ■（使用变换坐标中心）工具 3 种，如图 1-29 所示。

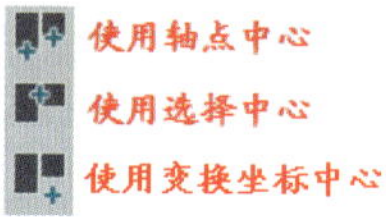

图 1-29

● ■（使用轴点中心）工具：该工具可以围绕其各自的轴点旋转或缩放一个或多个对象。

● ■（使用选择中心）工具：该工具可以围绕其共同的几何中心旋转或缩放一个或多个对象。如果变换多个对象，该工具会计算所有对象的平均几何中心，并将该几何中心用作变换中心。

● ■（使用变换坐标中心）工具：该工具可以围绕当前坐标系的中心旋转或缩放一个或多个对象。当使用【拾取】功能将其他对象指定为坐标系时，其坐标中心在该对象轴的位置上。

1.4.14　【选择并操纵】工具

使用 ■（选择并操纵）工具可以在视图中通过拖动【操纵器】来编辑修改器、控制器和某些对象的参数。

1.4.15　【捕捉开关】工具

【捕捉开关】工具包括 ■（2D 捕捉）工具、

（2.5D 捕捉）工具和（3D 捕捉）工具 3 种。（2D 捕捉）工具主要用于捕捉活动的栅格；（2.5D 捕捉）工具主要用于捕捉结构或捕捉根据网格得到的几何体；（3D 捕捉）工具可以捕捉 3D 空间中的任何位置。

在【捕捉开关】工具上右击，可以打开【栅格和捕捉设置】对话框，在该对话框中可以设置捕捉类型和捕捉的相关参数，如图 1–30 所示。

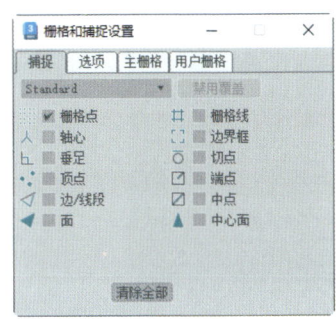

图 1–30

1.4.16 【角度捕捉切换】工具

（角度捕捉切换）工具可以用来指定捕捉的角度（快捷键为 A）。激活该工具后，角度捕捉将影响所有的旋转变换，在默认状态下以 5°为增量进行旋转。

若要更改旋转增量，可以在（角度捕捉切换）工具上右击，然后在打开的【栅格和捕捉设置】对话框中单击【选项】选项卡，接着在【角度】选项后面输入相应的旋转增量，如图 1–31 所示。

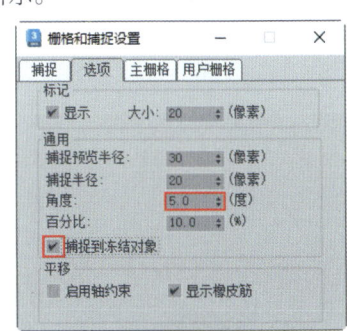

图 1–31

1.4.17 【百分比捕捉切换】工具

（百分比捕捉切换）工具可以将对象缩放捕捉到自定的百分比（快捷键为 Shift+Ctrl+P），在缩放状态下，默认每次的缩放百分比为 10%。

1.4.18 【微调器捕捉切换】工具

（微调器捕捉切换）工具可以用来设置微调器单次单击的增加值或减少值。

1.4.19 【编辑命名选择集】工具

（编辑命名选择集）工具可以为单个或多个对象进行命名。选中一个对象后，单击（编辑命名选择集）按钮可以打开【命名选择集】对话框，在该对话框中可以为选择的对象进行命名，如图 1–32 所示。

图 1–32

1.4.20 【镜像】工具

使用（镜像）工具可以围绕一个轴心镜像出一个或多个副本对象。选中要镜像的对象后，单击（镜像）按钮，可以打开【镜像：世界坐标】对话框，在该对话框中可以对【镜像轴】【克隆当前选择】和【镜像 IK 限制】进行设置，如图 1–33 所示。

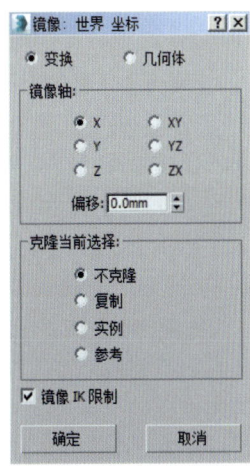

图 1–33

- 镜像轴 X、Y、Z、XY、YZ、ZX：选择其一可指定镜像的方向。这些选项等同于【轴约束】工具栏中的选项按钮。
- 偏移：指定镜像对象轴点距原始对象轴点之间的距离。
- 不克隆：在不制作副本的情况下，镜像选定对象。
- 复制：将选定对象的副本镜像到指定位置。
- 实例：将选定对象的实例镜像到指定位置。
- 参考：将选定对象的参考镜像到指定位置。
- 镜像 IK 限制：当围绕一个轴镜像几何体时，会导致镜像 IK 约束（与几何体一起镜像）。

图 1-34 所示为使用 ▶ （镜像）工具制作的效果。

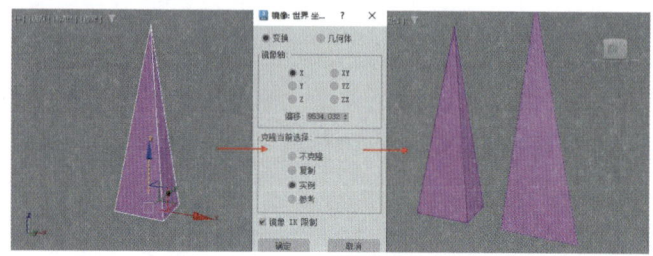

图 1-34

1.4.21 【对齐】工具

【对齐】工具包括 6 种，分别是 ▶（对齐）工具、▶（快速对齐）工具、▶（法线对齐）工具、▶（放置高光）工具、▶（对齐摄影机）工具和 ▶（对齐到视图）工具，如图 1-35 所示。

图 1-35

【对齐】工具的用法非常简单，如选中花盆和花,然后在【主工具栏】中单击 ▶（对齐）按钮，接着单击地面，在打开的对话框中设置【对齐位置（世界）】为【Z 位置】，设置【当前对象】为【最小】，设置【目标对象】为【最大】，最后单击【确定】按钮，如图 1-36 和图 1-37 所示。

- ▶（对齐）工具：快捷键为 Alt+A。【对齐】工具可以将两个物体以一定的对齐位置和对齐方向进行对齐。

- ▶（快速对齐）工具：快捷键为 Shift+A。使用【快速对齐】工具可以立即将当前选择对

象的位置与目标对象的位置进行对齐。如果当前选择的是单个对象，那么【快速对齐】需要用到两个对象的轴；如果当前选择的是多个对象或多个子对象，则使用【快速对齐】可以将选中对象的选择中心对齐到目标对象的轴。

图 1-36

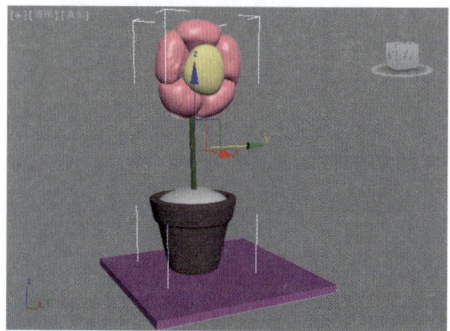

图 1-37

1.4.22 层管理器

 (层管理器)可以用来创建和删除层,也可以用来查看和编辑场景中所有层的设置以及与其相关联的对象。单击 (层管理器)按钮,可以打开【场景资源管理器 – 层资源管理器】对话框,如图 1-38 所示。

1.4.23 曲线编辑器

单击【主工具栏】中的 (曲线编辑器)按钮,可以打开【轨迹视图 – 曲线编辑器】对话框。【曲线编辑器】是一种【轨迹视图】模式,可以用曲线来表示运动。【轨迹视图】模式可以使运动的插值以及软件在关键帧之间创建的对象的变换更加直观,如图 1-39 所示。

图 1-38

图 1-39

1.4.24 图解视图

 (图解视图)是基于节点的场景图,通过它可以访问对象的属性、材质、控制器、修改器、层次和不可见场景关系等。在【图解视图】对话框中可以查看、创建和编辑对象间的关系,也可以创建层次、控制器、材质、修改器和约束等属性,如图 1-40 所示。

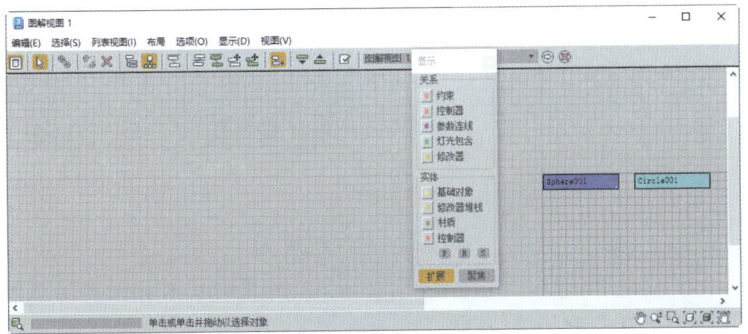

图 1-40

1.4.25 材质编辑器和渲染设置

 (材质编辑器)可以完成材质的制作(快捷键为 M),如图 1-41 所示。单击 (渲染设置)

按钮（快捷键为 F10），可以打开【渲染设置】对话框，渲染设置参数都在该对话框中完成，如图 1-42 所示。

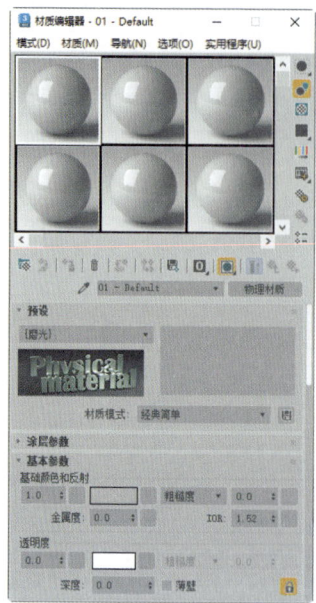

图 1-41

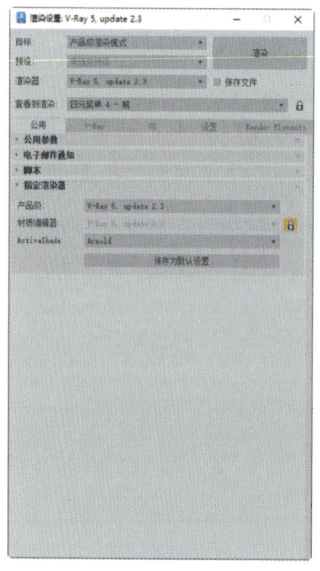

图 1-42

1.4.26 渲染帧窗口和【渲染】工具

单击【主工具栏】中的 ![icon]（渲染帧窗口）按钮，可以打开【渲染帧窗口】对话框，在该对话框中可以执行选择渲染区域、切换图像通道和存储渲染图像等操作。【渲染】工具包含 ![icon]（渲染产品）工具、![icon]（迭代渲染）工具、![icon]（ActiveShade）工具和（A360 在线渲染）模式，如图 1-43 所示。

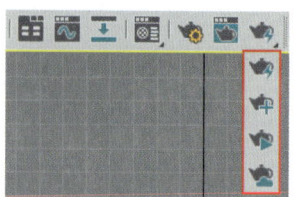

图 1-43

1.5　视口区域

视口区域是工作界面中最大的一个区域，也是 3ds Max 中用于实际操作的区域。默认状态下为单一视图显示，通常使用的状态为四视图显示，包括顶视图、左视图、前视图和透视图 4 个视图。在这些视图中可以从不同的角度对场景中的对象进行观察和编辑。

每个视图的左上角都会显示视图的名称以及模型的显示方式，右上角有一个导航器（不同视图显示的状态也不同），如图 1-44 所示。

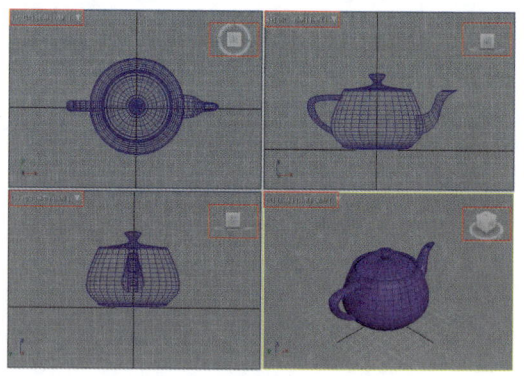

图 1-44

> ⚠ 提示：视图操作的快捷键
>
> 常用的几种视图都有其相对应的快捷键，顶视图的快捷键是 T、底视图的快捷键是 B、左视图的快捷键是 L、前视图的快捷键是 F、透视图的快捷键是 P、摄影机视图的快捷键是 C。

012

3ds Max 中视图的名称部分被分为 3 个部分，分别右击这 3 个部分会弹出不同的快捷菜单，如图 1-45 所示。

面板，如图 1-46 所示。

图 1-46

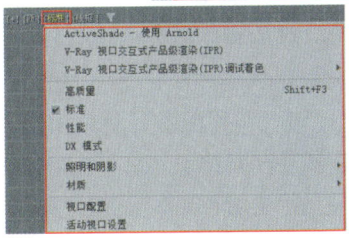 

图 1-45

- （创建）面板主要用来创建几何体、摄影机和灯光等。在【创建】面板中可以创建 7 种对象，分别是●（几何体）、（图形）、（灯光）、（摄影机）、（辅助对象）、（空间扭曲）和（系统）。
- 【修改】面板主要用来调整场景对象的参数，同样可以使用该面板中的修改器来调整对象的几何形体。
- 在【层次】面板中可以访问调整对象间层次链接的工具，通过将一个对象与另一个对象相链接，可以创建对象之间的父子关系。
- 【运动】面板中的参数主要用来调整选定对象的运动属性。
- 【显示】面板中的参数主要用来设置场景中的控制对象的显示方式。
- 【工具】面板可以访问各种工具程序，包括用于管理和调用的卷展栏。

1.6 【命令】面板

对于场景对象的操作都可以在【命令】面板中完成。【命令】面板由 6 个用户界面面板组成。默认状态下显示的是 （创建）面板，其他面板分别是 （修改）面板、 （层次）面板、● （运动）面板、 （显示）面板和 （工具）面板。

1.7 时间尺

【时间尺】包括时间线滑块和轨迹栏两大部分。时间线滑块位于视图的最下方，主要用于制定帧，默认的帧数为 100，具体数值可以根据动画长度来进行修改。拖动时间线滑块可以在帧之间迅速移动，单击时间线滑块左右的向左箭头图标 与向右箭头图标 可以向前或者向后移动一帧，如图 1-47 所示；轨迹栏位于时间线滑块的下方，主要用于显示帧数和选定对象的关键点，在这里可以移动、复制、删除关键点以及更改关键点的属性，如图 1-48 所示。

图 1-47

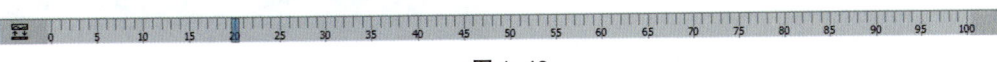

图 1-48

1.8　状态栏

状态栏位于轨迹栏的下方，它提供了选定对象的数目、类型、变换值和栅格数目等信息，如图1-49所示。状态栏可以基于当前光标位置和当前程序活动来提供动态反馈信息。

图 1-49

1.9　时间控制按钮

时间控制按钮位于状态栏的右侧，这些按钮主要用来控制动画的播放效果，包括关键点控制和时间控制等，如图1-50所示。

图 1-50

1.10　视图导航控制按钮

视图导航控制按钮在状态栏的最右侧，主要用来控制视图的显示和导航。使用这些按钮可以缩放、平移和旋转活动的视图，如图1-51所示。

图 1-51

1.10.1　所有视图中可用的控件

所有视图中可用的控件包括 ■（所有视图最大化显示）/ ■（所有视图最大化显示选定对象）、■（最大化视口切换）。

● ■（所有视图最大化显示）/ ■（所有视图最大化显示选定对象）：【所有视图最大化显示】可以将场景中的对象在所有视图中居中显示出来；【所有视图最大化显示选定对象】可以将所有可见的选定对象或对象集在所有视图中以居中最大化的方式显示出来。

● ■（最大化视口切换）：可以在正常大小和全屏大小之间进行切换，其快捷键为Alt+W。

1.10.2　透视图和正交视图控件

透视图和正交视图（正交视图包括顶视图、前视图和左视图）控件包括 ■（缩放）、■（缩放所有视图）、■（所有视图最大化显示）、■（所有视图最大化显示选定对象）、■（缩放区域）/ ■（视野）、■（平移视图）、■（环绕）/ ■（选定的环绕）/ ■（环绕子对象）和 ■（最大化视口切换）（适用于所有视图），如图1-52所示。

图 1-52

● ■（缩放）：使用该工具可以在透视图或正交视图中通过拖动光标来调整对象的大小。

● ■（缩放所有视图）：使用该工具可以同时调整所有透视图和正交视图中的对象。

● ■（缩放区域）/ ■（视野）：【缩放区域】工具可以放大选定的矩形区域，该工具适用于正交视图、透视和三向投影视图。【视野】工具可以用来调整视图中可见对象的数量和透视张角量。图1-53所示为使用 ■（视野）工具的效果。

● ■（平移视图）：使用该工具可以将选定视图平移到任何位置，如图1-54所示。

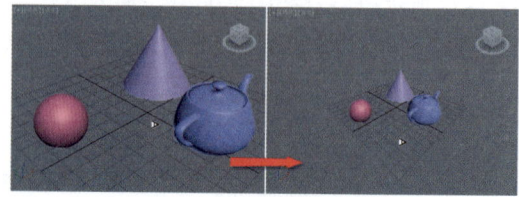

图 1-53

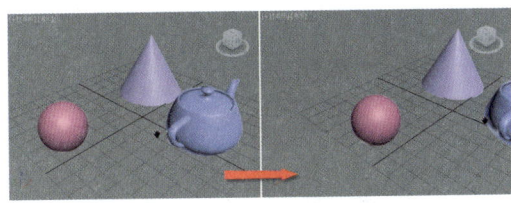

图 1-54

- （环绕）/ （选定的环绕）/ （环绕子对象）：使用这 3 个工具可以将视图围绕一个中心进行自由旋转。

实操：准确地移动蝴蝶结的位置

使用主工具栏中的 （选择并移动）工具，可以对物体进行移动。可以沿单一轴线进行移动，也可以沿多个轴线移动。但是为了更精准，建议沿单一轴线进行移动（当将鼠标指针移动到单一轴线，该坐标变为黄色时，代表已经选择了该坐标）。

1. 正确的移动方法

（1）打开"场景文件01.max"，如图 1-55 所示。

（2）使用 （选择并移动）工具，单击选择蝴蝶结模型，如图 1-56 所示。

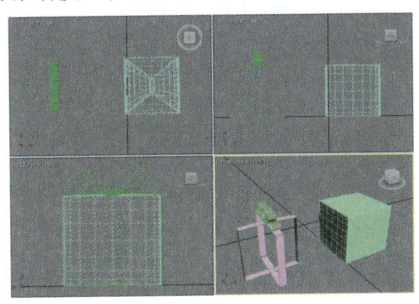

图 1-55

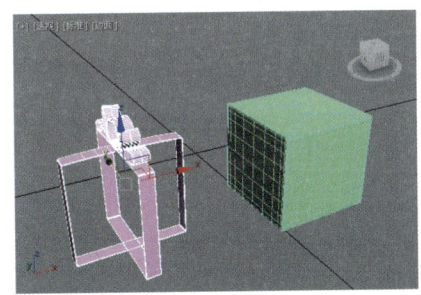

图 1-56

（3）将鼠标指针移动到 X 轴位置，然后只沿 X 轴向右侧进行移动，如图 1-57 所示。

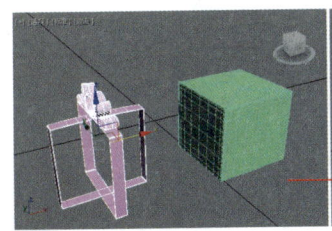 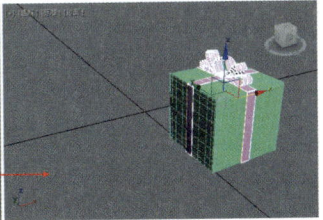

图 1-57

2. 错误的移动方法

（1）在进行移动操作时，不要随便移动。若是不沿准确的轴向移动（如沿 X、Y、Z 3 个轴向移动），容易出现位置错误，如图 1-58 所示。

（2）当在 4 个视图中查看效果时，发现蝴蝶结与盒子的位置并没有完全吻合，如图 1-59 所示。因此，在建模时一定要随时查看 4 个视图中的模型效果，因为直接沿 3 个轴向移动是非常不精准的。

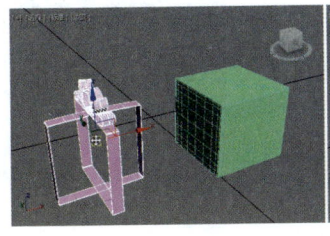 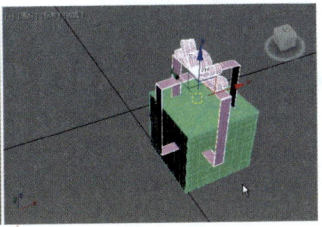

图 1-58

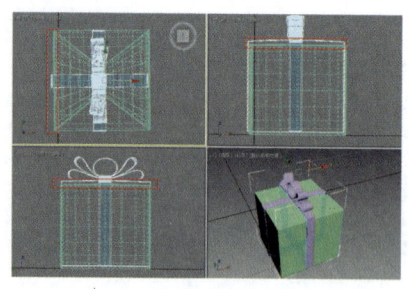

图 1-59

（3）除了查看四视图之外，还需要在建模时经常进入透视图，按住 Alt 键，然后按住鼠标中轮并拖动鼠标，进行旋转视图操作，以便全方位地查看。如图 1-60 所示，可以发现蝴蝶结在某一些角度已经出现位置错误了。

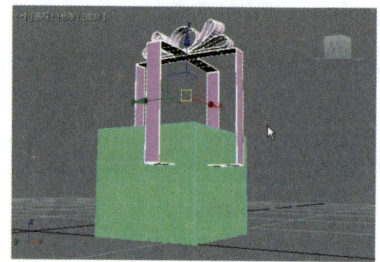

图 1-60

实操：移动复制制作一排餐具

扫一扫，看视频

（1）打开"场景文件 02.max"，如图 1-61 所示。

（2）在透视图中选择勺子模型，然后按住 Shift 键并按住鼠标左键将其沿 X 轴向右拖动，接着松开鼠标。在打开的对话框中设置【对象】为【复制】，【副本数】为 5，如图 1-62 所示。

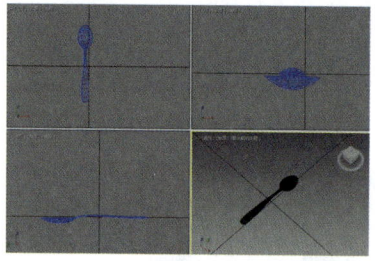

图 1-61

（3）复制完成的效果如图 1-63 所示。

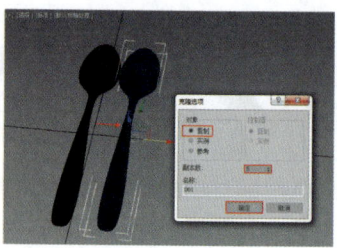

图 1-62

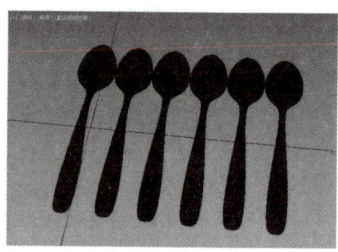

图 1-63

> 🔔 提示：原地复制模型
>
> 选择模型，按快捷键 Ctrl+V 也可以进行原地复制模型操作。

实操：旋转复制制作钟表

扫一扫，看视频

（1）打开"场景文件 03.max"，如图 1-64 所示。

（2）选择模型，如图 1-65 所示。

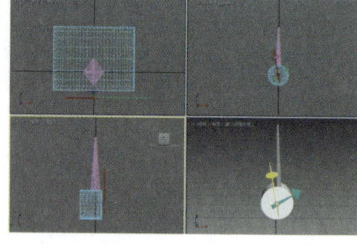

图 1-64

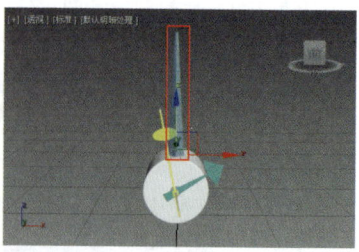

图 1-65

(3)执行 ■（层次）| 仅影响轴 命令，如图 1-66 所示。

(4)此时将轴心移动到钟表中心位置，如图 1-67 所示。

(5)再次单击 仅影响轴 按钮，如图 1-68 所示。此时已经完成了坐标轴位置的修改，然后选择刚才的模型，如图 1-69 所示。

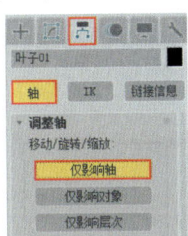

图 1-66

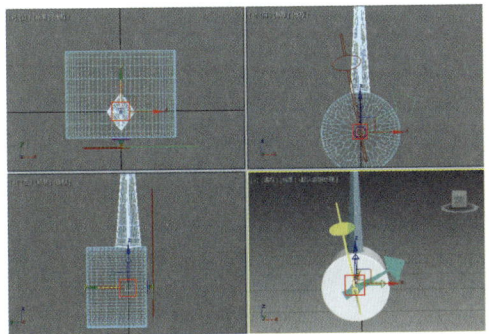

图 1-67

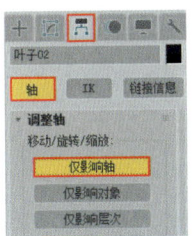

图 1-68

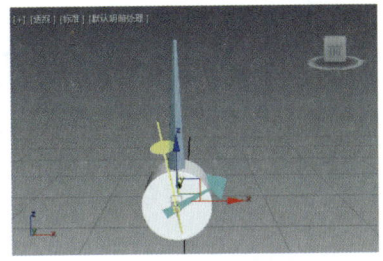

图 1-69

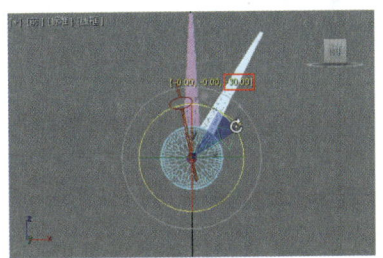

图 1-70

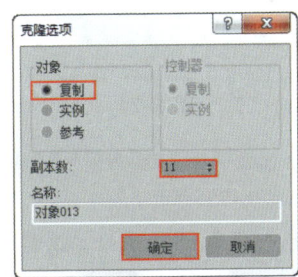

图 1-71

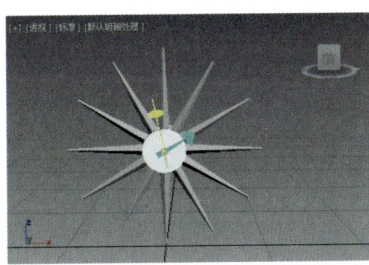

图 1-72

(6)进入前视图中，在选择该模型的状态下激活 ■（选择并旋转）和 ■（角度捕捉切换）按钮。按住 Shift 键并按住鼠标左键，将其沿着 Z 轴旋转 -30 度，如图 1-70 所示。旋转完成后释放鼠标，在打开的【克隆选项】对话框中设置【对象】为【复制】，【副本数】为 11，如图 1-71 所示。

(7)案例最终效果如图 1-72 所示。

1.11 课后练习：透视图基本操作

在透视图中可以对视图进行平移、缩放、推拉、旋转、最大化显示选定对象等操作。

(1)打开"场景文件 04.max"，如图 1-73 所示。

扫一扫，看视频

图 1-73

（2）进入透视图，按住鼠标中轮并拖动鼠标，即可平移视图，如图 1-74 所示。

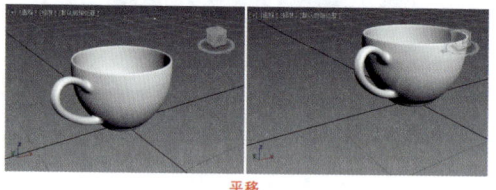

平移

图 1-74

（3）进入透视图，滚动鼠标中轮，即可缩放视图，如图 1-75 所示。

（4）进入透视图，按住 Alt 键和 Ctrl 键，然后按住鼠标中轮并拖动鼠标，即可推拉视图，如图 1-76 所示。

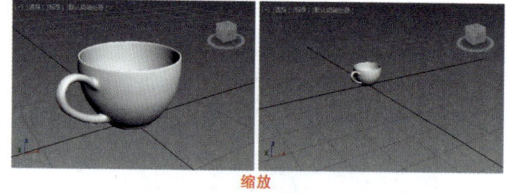

缩放

图 1-75

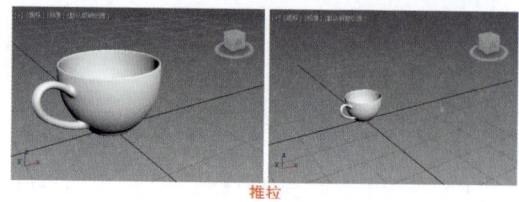

推拉

图 1-76

（5）进入透视图，按住 Alt 键，然后按住鼠标中轮并拖动鼠标，即可旋转视图，如图 1-77 所示。

（6）进入透视图，选择一个对象，按 Z 键，即可最大化显示该对象，如图 1-78 所示。

旋转

图 1-77

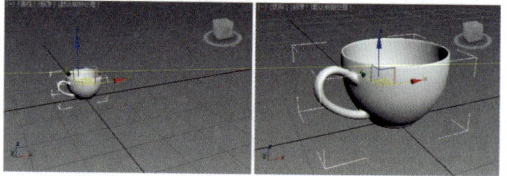

最大化显示选定对象

图 1-78

第 2 章 几何体建模

🔊 学时安排

总学时：4 学时
理论学时：1 学时
实践学时：3 学时

🔊 教学内容概述

在创造三维场景的过程中，建立模型是非常关键的第一步。在 3ds Max 中有很多种建模方式，其中几何体建模是最简单的建模方式，其创建方式类似于"搭积木"。3ds Max 中内置了多种常见的几何形体，如长方体、球体、圆柱体、平面、圆锥体等。通过这些几何形体的组合，可以制作出很多简易的模型，如书架、桌子、茶几、柜子等。除此之外，3ds Max 还内置了一些室内设计中常用的元素，如门、窗、楼梯等，只需设置简单的参数就可以得到尺寸精确的模型对象。

🔊 教学目标

- 熟练掌握标准基本体和扩展基本体的创建方法
- 熟练掌握门、窗、楼梯、植物、栏杆等室内外设计常用元素的创建方法
- 熟练应用多种几何体模型综合制作室内模型

2.1 认识建模

本节将讲解建模的概念以及建模的常用方式。通过对本节的学习，将对建模有一个基本的认识。

2.1.1 建模的概念

建模是指通过应用 3ds Max 的技术，在虚拟世界中创造出模型的过程。

在制作三维作品的过程中，建模是最基础也是最重要的步骤之一。首先需要创建模型、搭建场景。有了模型之后才能进行灯光、材质、贴图、渲染等操作。因此，建模是在 3ds Max 中制作作品的第一步。

2.1.2 常用的建模方式

常用的建模方式有很多，包括几何体建模、样条线建模、复合对象建模、修改器建模、多边形建模等，本书将对这几种建模方式重点讲解。

2.2 认识几何体建模

几何体建模是 3ds Max 中最简单的建模方式，本节将了解几何体建模的概念、几何体建模适合制作的模型类型、【命令】面板、几何体类型等知识。

2.2.1 几何体建模的概念

几何体建模是指通过创建几何体类型（如长方体、球体、圆柱体等），进行物体之间的摆放、参数的修改，从而创建模型的过程。

2.2.2 几何体建模适合制作的模型类型

几何体建模多用于制作简易的模型，如落地灯、茶几等。

2.2.3 认识【命令】面板

在 3ds Max 中建模时，会反复应用【命令】面板。【命令】面板位于 3ds Max 工作界面的右侧，用于进行创建对象、修改对象等操作，如图 2-1 所示。

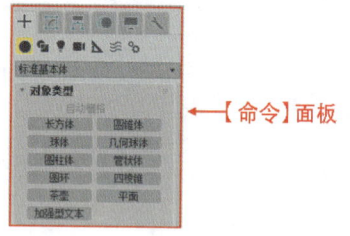

图 2-1

当需要进行建模时，可以单击进入【创建】面板 ，如图 2-2 所示。

当选择建模并需要修改参数时，可以单击进入【修改】面板 ，如图 2-3 所示。

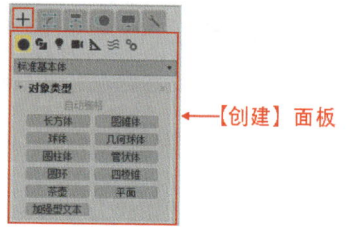

图 2-2

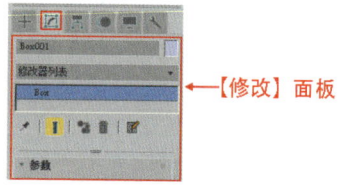

图 2-3

2.2.4 认识几何体类型

执行 （创建）| （几何体）| 命令，可以看到其中包括 18 种类型，如图 2-4 所示。

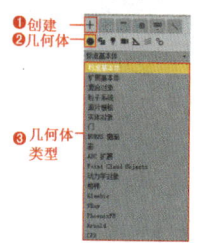

图 2-4

- **标准基本体**：包括 3ds Max 中最常用的几何体类型，如长方体、球体、圆柱体等。

- **扩展基本体**：标准基本体的扩展补充版，较为常用的类型包括切角长方体、切角圆柱体。
- **复合对象**：一种比较特殊的建模方式。
- **粒子系统**：专门用于创建粒子动画的工具，在第9章节有详细讲解。
- **面片栅格**：可以创建四边形面片和三角形面片两种面片表面。
- **实体对象**：用于编辑、转换、合并和切割实体对象。
- **门**：包括多种内置门工具。
- **NURBS 曲面**：包括点曲面、CV 曲面两种类型，常用于制作较为光滑的模型。
- **窗**：包括多种内置窗户工具。
- **AEC 扩展**：包括植物、栏杆、墙3种对象类型。
- **Point Cloud Objects**：用于加载点云操作，不常用。
- **动力学对象**：包括动力学的两种对象，即弹簧和阻尼器。
- **楼梯**：包括多种内置楼梯工具。
- **Alembic**：用于加载 Alembic 文件，不常用。
- **VRay**：在安装完成 VRay 渲染器后才可以使用该工具。
- **PhoenixFD**：用于模拟火、烟、液体等运动效果。
- **Arnold**：需要配合 Arnold 渲染器使用。
- **CFD**：用于计算流体动力学的可视化数据。

2.3 标准基本体

标准基本体是 3ds Max 内置的几何体类型。标准基本体包括11种几何体类型，是比较常用的几何体，如图2-5所示。

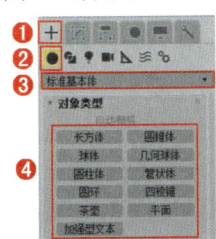

图 2-5

2.3.1 长方体

【长方体】是由长度、宽度和高度3个元素决定的模型，是较常用的模型之一。常用长方体来模拟方形物体，如茶几、边几、浴室柜。创建一个长方体，如图2-6所示。其参数如图2-7所示。

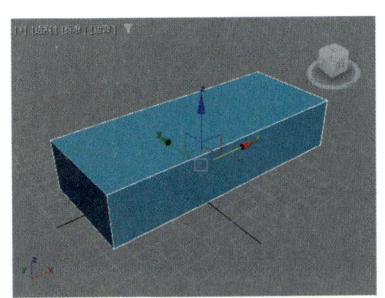

图 2-6

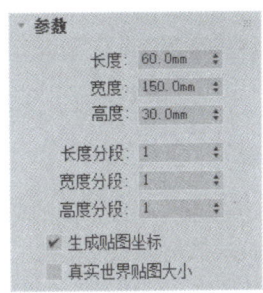

图 2-7

- **长度/宽度/高度**：设置长方体的长度、宽度、高度的数值。
- **长度分段/宽度分段/高度分段**：设置长度、宽度、高度的分段数值。

△ 提示：设置系统单位为 mm

在 3ds Max 中制作效果图时需要将系统单位设置为 mm（毫米），这样在创建模型时尺寸就会更精准。

（1）在菜单栏中执行【自定义】|【单位设置】命令，如图2-8所示。

（2）在弹出的对话框中单击【系统单位设置】按钮，设置【系统单位比例】为【毫米】，然后单击【确定】按钮。接着设置【显示单位比例】中的【公制】为【毫米】，如图2-9所示。

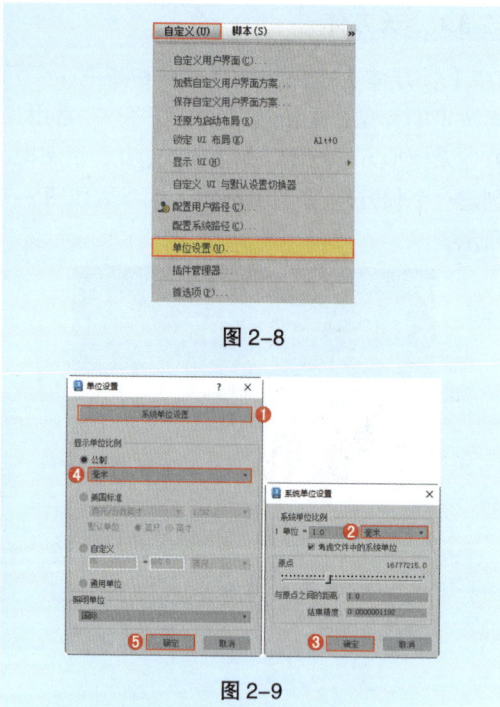

图 2-8

图 2-9

2.3.2 球体

【球体】可以制作半径不同的球体模型。常用球体来模拟球形物体或模型的一部分，如壁灯、台灯、落地灯。创建一个球体，如图 2-10 所示。其参数如图 2-11 所示。

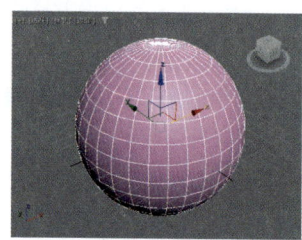

图 2-10

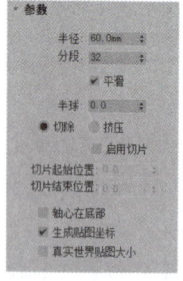

图 2-11

● **半径**：半径大小。

● **分段**：球体的分段数。图 2-12 所示为设置不同【分段】的对比效果。

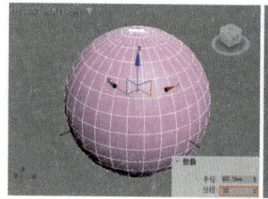 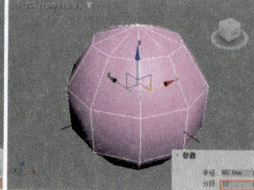

图 2-12

● **平滑**：是否产生平滑效果。默认勾选，效果比较平滑；若取消勾选，则会产生尖锐的转折效果。

● **半球**：使球体变成一部分球体模型效果。【半球】为 0 时，球体是完整的；【半球】为 0.5 时，球体只有一半，如图 2-13 所示。

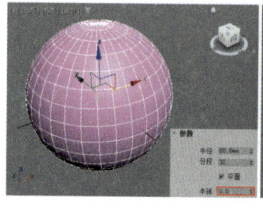 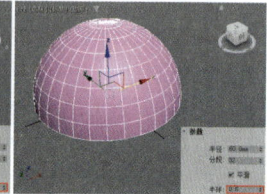

图 2-13

● **切除**：默认设置为该方式，在使用半球效果时，球体的多边形个数和顶点数会减少。

● **挤压**：在使用半球效果并设置为该方式时，半球的多边形个数和顶点数不会减少。

● **启用切片**：勾选该选项，才可以使用切片功能，使用该功能可以制作一部分球体效果。

● **切片起始位置 / 切片结束位置**：设置切片的起始 / 结束位置。

● **轴心在底部**：勾选该选项，可以将模型的轴心设置在模型的最底端。

> ⚠ **提示：快速设置模型到世界坐标中心**
>
> 为了在创建模型时更精准，可以在创建完成模型之后，快速设置模型到世界坐标中心。选择模型，并在 3ds Max 工作界面下方的 X、Y、Z 后方的 ⬍ 图标位置右击，即可快速将模型的位置调整到世界坐标中心，如图 2-14 所示。

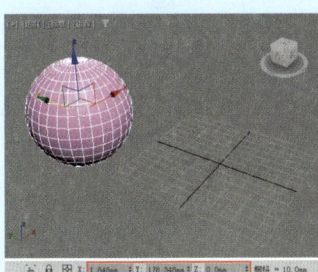
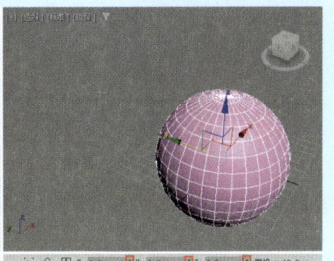

图 2-14

2.3.3 圆柱体

【圆柱体】是指具有一定半径、一定高度的模型。常用圆柱体来模拟柱形物体，如茶几、台灯、圆几。创建一个圆柱体，如图 2-15 所示。其参数如图 2-16 所示。

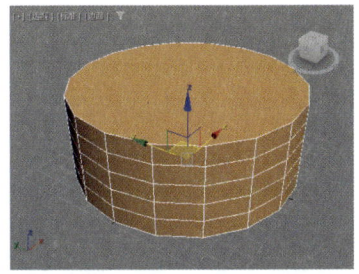

图 2-15

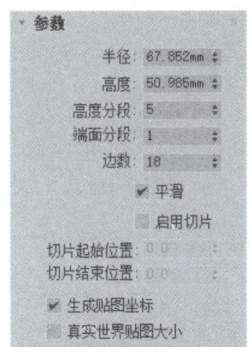

图 2-16

- 半径：设置圆柱体的半径大小。
- 高度：设置圆柱体的高度数值。
- 高度分段：设置圆柱体在纵向（高度）上的分段数。
- 端面分段：设置圆柱体在端面上的分段数。
- 边数：设置圆柱体在横向（长度）上的分段数。

2.3.4 平面

【平面】是只有长度和宽度，而没有高度（厚度）的模型。常用平面来模拟纸张、背景、地面。创建一个平面，如图 2-17 所示。其参数如图 2-18 所示。

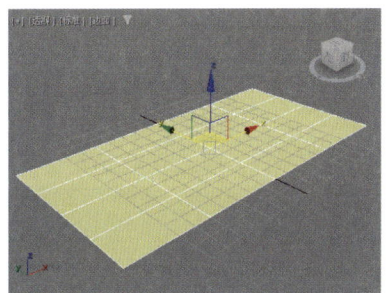

图 2-17

图 2-18

2.3.5 圆锥体

【圆锥体】是指由上半径（半径 2）和下半径（半径 1）及高度组成的模型。常用圆锥体来模拟圆几、边几、石膏几何体。创建一个圆锥体，如图 2-19 所示。其参数如图 2-20 所示。

023

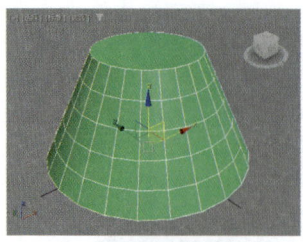

图 2-19

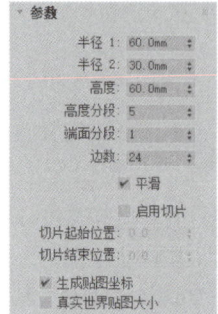

图 2-20

● 半径 1：控制圆锥体底部的半径大小。

● 半径 2：控制圆锥体顶部的半径大小。当数值为 0 时，顶端是最尖锐的；当数值大于 0 时，顶端较为平坦，如图 2-21 所示。

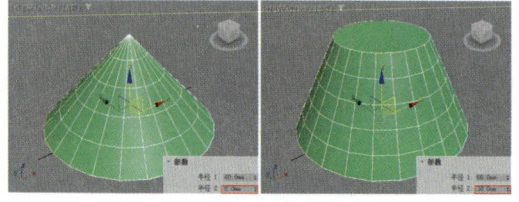

图 2-21

2.3.6 茶壶

【茶壶】是指由壶体、壶把、壶嘴、壶盖 4 部分组成的模型。创建一个茶壶，如图 2-22 所示。其参数如图 2-23 所示。

图 2-22

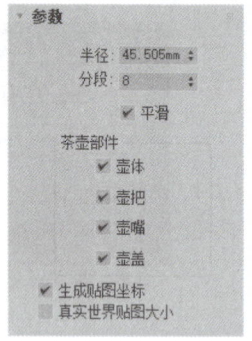

图 2-23

● 壶体 / 壶把 / 壶嘴 / 壶盖：分别控制茶壶的 4 个部分的显示，取消勾选时，被取消的部分将不会显示。

2.3.7 几何球体

【几何球体】是指被几何化的球体。可以选择 3 种方式来创建几何球体，分别为四面体、八面体和二十面体。常用几何球体来模拟饰品、建筑、舞台灯。创建一个几何球体，如图 2-24 所示。其参数如图 2-25 所示。

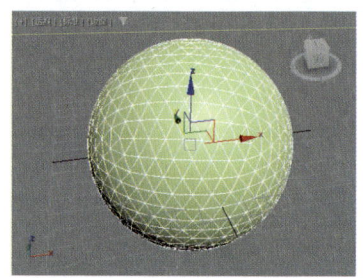

图 2-24

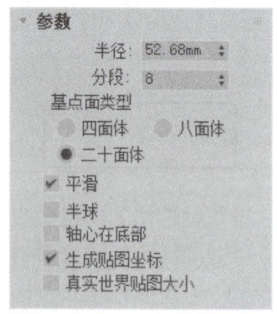

图 2-25

● 四面体 / 八面体 / 二十面体：可以选择的 3 种方式。图 2-26 所示为 3 种方式的对比效果。

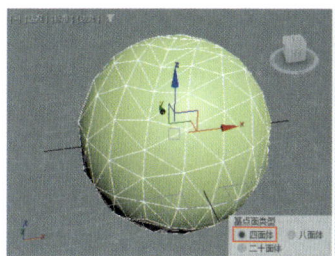 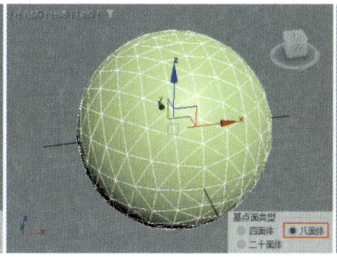 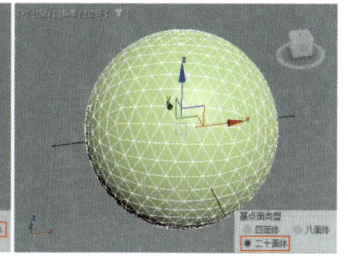

图 2-26

2.3.8 圆环

【圆环】是指由内半径（半径 2）和外半径（半径 1）组成的模型，其横截面为圆形。常用圆环来模拟甜甜圈、游泳圈、镜框。创建一个圆环，如图 2-27 所示。其参数如图 2-28 所示。

图 2-27

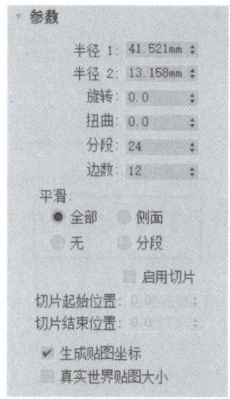

图 2-28

- 半径 1：设置圆环最外侧的半径数值。
- 半径 2：设置圆环最内侧的半径数值。
- 旋转：控制圆环产生旋转效果。
- 扭曲：控制圆环产生扭曲效果。

2.3.9 管状体

【管状体】是指由内半径（半径 2）和外半径（半径 1）组成的模型，其横截面为方形。常用管状体来模拟圆形吊灯、边几、台灯模型等。创建一个管状体，如图 2-29 所示。其参数如图 2-30 所示。

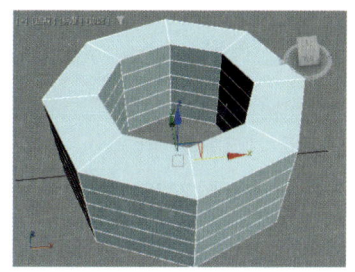

图 2-29

图 2-30

- 半径 1：设置管状体最外侧的半径数值。
- 半径 2：设置管状体最内侧的半径数值。
- 高度：设置管状体的高度数值。

2.3.10 四棱锥

【四棱锥】是指由宽度、深度、高度组成的底部为四边形的锥状模型。创建一个管状体，如图 2-31 所示。其参数如图 2-32 所示。

- 宽度 / 深度 / 高度：设置四棱锥的宽度 / 深度 / 高度数值。

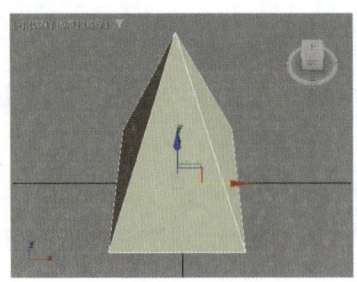

图 2-31

图 2-32

2.3.11 加强型文本

【加强型文本】可以快速创建三维的文字，非常方便。图 2-33 所示为使用该工具在场景中单击创建的文字。单击修改，为其设置【挤出】数值即可为文字设置厚度，如图 2-34 所示。

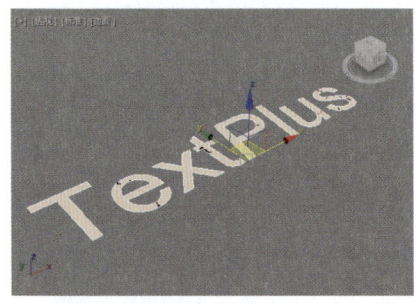

图 2-33

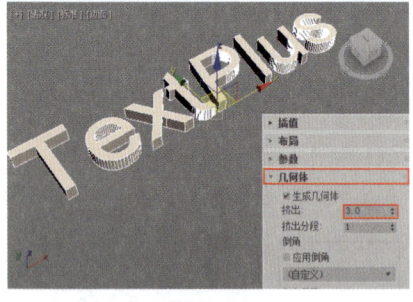

图 2-34

实操：使用【长方体】制作书架

扫一扫，看视频

本例将使用【长方体】制作书架。

（1）执行 ➕（创建）｜ ⬤（几何体）｜ 标准基本体 ▾ ｜ 长方体 命令，如图 2-35 所示。在透视图中创建一个长方体模型，设置【长度】为 2800 mm，【宽度】为 4500 mm，【高度】为 200 mm，如图 2-36 所示。

图 2-35

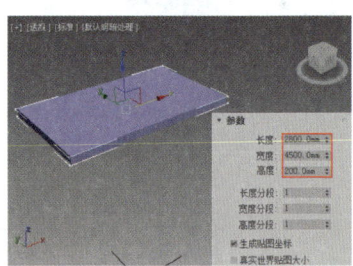

图 2-36

（2）再次创建一个长方体模型，设置【长度】为 2800 mm，【宽度】为 8700 mm，【高度】为 200 mm，如图 2-37 所示。按住 Ctrl 键加选画面中的两个长方体模型，接着单击【镜像】按钮，设置【镜像轴】为 ZX，【克隆当前选择】为【复制】，如图 2-38 所示。将镜像复制出的模型移动到合适的位置，如图 2-39 所示。

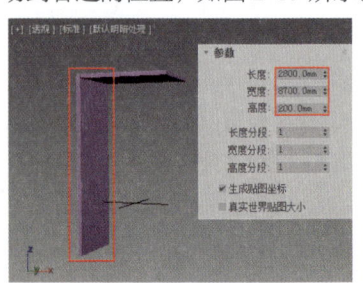

图 2-37

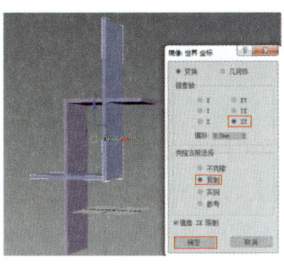

图 2-38

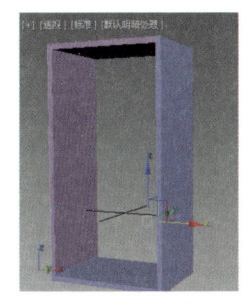

图 2-39

（3）选中上方的长方体模型，按住 Shift 键并按住鼠标左键，将其沿 Z 轴向下平移并复制，放置在合适的位置后释放鼠标，在打开的【克隆选项】对话框中设置【对象】为【复制】，【副本数】为 3，如图 2-40 所示。将复制出的长方体的【高度】改为 150 mm，如图 2-41 所示。

（4）选中中间的长方体模型，设置【宽度】为 2457 mm，如图 2-42 所示。

图 2-40

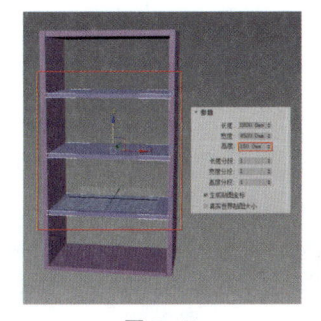

图 2-41

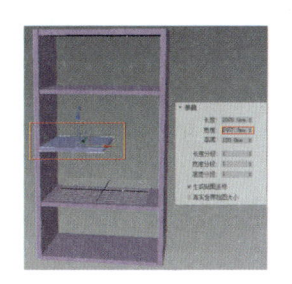

图 2-42

（5）再次创建一个长方体模型，设置【长度】为 2800 mm，【宽度】为 2000 mm，【高度】为 150 mm，如图 2-43 所示。设置完成后将其移动并复制，放置在合适的位置。效果如图 2-44 所示。

图 2-43

图 2-44

（6）再次创建一个长方体模型，设置【长度】为 1774 mm，【宽度】为 2000 mm，【高度】为 150 mm。设置完成后将其放置在合适的位置，如图 2-45 所示。将该长方体模型移动并复制到画面的左下方，如图 2-46 所示。

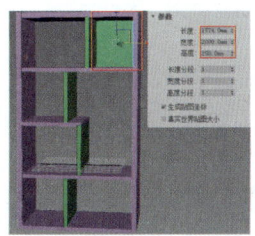

图 2-45

第 2 章 几何体建模

027

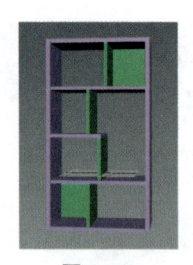

图 2-46

练一练：使用【圆柱体】【管状体】和【长方体】制作圆几

本例将使用【圆柱体】【管状体】和【长方体】制作圆几。本例需要将模型复制以快速完成制作。模型效果如图 2-47 所示。

扫一扫，看视频

图 2-47

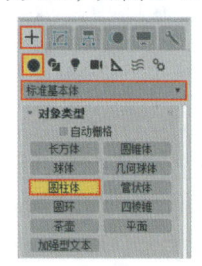

（1）执行 ➕（创建）｜●（几何体）｜标准基本体 ▾｜圆柱体 命令，如图 2-48 所示。在透视图中绘制一个圆柱体，设置【半径】为 450mm，【高度】为 50mm，【高度分段】为 1，【边数】为 100，如图 2-49 所示。

图 2-48

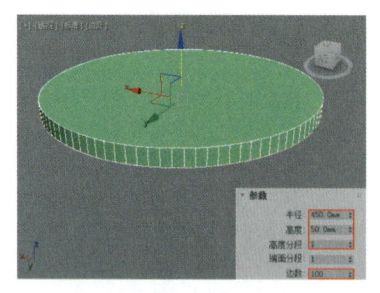

图 2-49

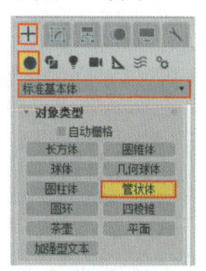

（2）执行 ➕（创建）｜●（几何体）｜标准基本体 ▾｜管状体 命令，如图 2-50 所示。在圆柱体的下方创建一个管状体，设置【半径 1】为 420 mm，【半径 2】为 450 mm，【高度】为 50 mm，【高度分段】为 1，【边数】为 100，如图 2-51 所示。

图 2-50

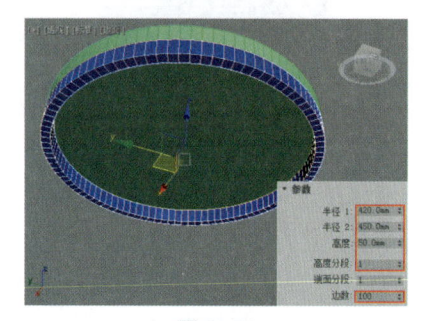

图 2-51

（3）在管状体的下方创建一个长方体，设置【长度】为 30 mm，【宽度】为 30 mm，【高度】为 850 mm，如图 2-52 所示。

（4）选中刚刚绘制的长方体，按住 Shift 键并按住鼠标左键将其沿 X 轴向右移动并复制。释放鼠标后在打开的【克隆选项】对话框中设置【对象】为【复制】，【副本数】为 1，如图 2-53 所示。

（5）此时效果如图 2-54 所示。

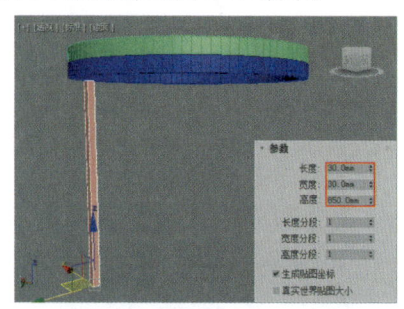

图 2-52

图 2-53

（6）使用同样的方法再次复制出两个长方体。效果如图 2-55 所示。

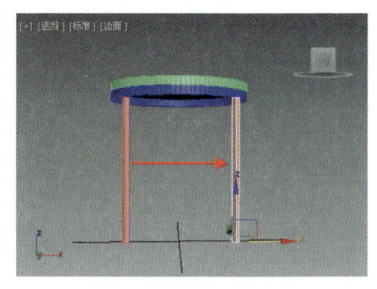

图 2-54

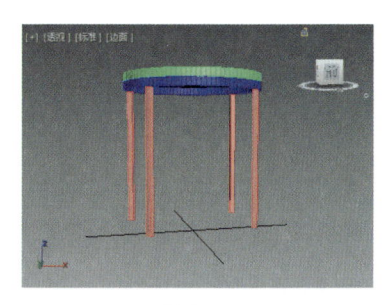

图 2-55

（7）选中上方的管状体，按住 Shift 键并按住鼠标左键，将其沿 Z 轴向下移动并复制，释放鼠标后在打开的【克隆选项】对话框中设置【对象】为【复制】，【副本数】为 1，如图 2-56 所示。效果如图 2-57 所示。

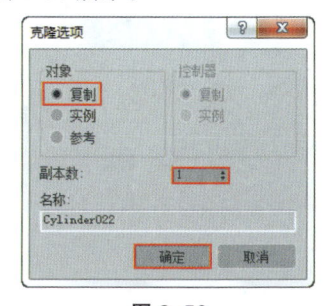

图 2-56

图 2-57

2.4 扩展基本体

扩展基本体是指 3ds Max 中标准基本体的扩展补充版，包括 13 种不太常用的几何体模型，只需对这些类型有所了解即可，如图 2-58 所示。

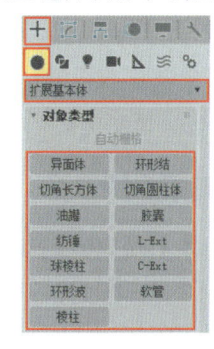

图 2-58

2.4.1 切角长方体

【切角长方体】比【长方体】增加了【圆角】参数，因此可以制作很多具有圆角的模型（在创建模型时，比创建长方体要多一次拖动并单击操作）。常用切角长方体来模拟餐凳、壁灯、单人沙发。创建一个切角长方体，如图 2-59 所示。其参数如图 2-60 所示。

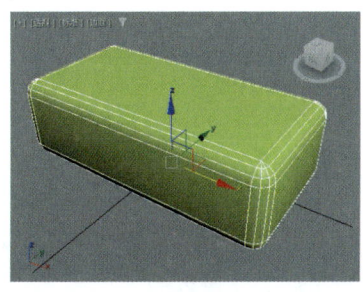

图 2-59

029

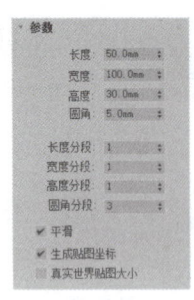

图 2-60

- **圆角**：用来设置模型边缘处产生圆角的程度。当设置圆角为 0 时，模型边缘无圆角，其实就是长方体效果，如图 2-61 所示。

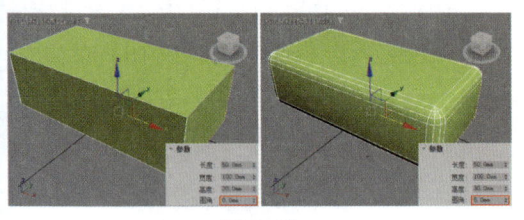

图 2-61

2.4.2 切角圆柱体

【切角圆柱体】是指模型边缘处具有圆角效果的圆柱体。常用切角圆柱体来模拟无靠背软椅、吧椅。创建一个切角圆柱体，如图 2-62 所示。其参数如图 2-63 所示。

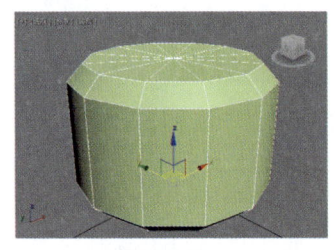

图 2-62

图 2-63

2.4.3 异面体

【异面体】是一种比较奇异的模型，可以模拟四面体、八面体、十二面体、二十面体、星形等效果。创建一个异面体，如图 2-64 所示。其参数如图 2-65 所示。

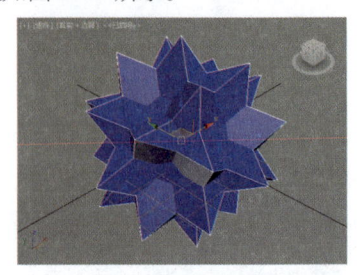

图 2-64

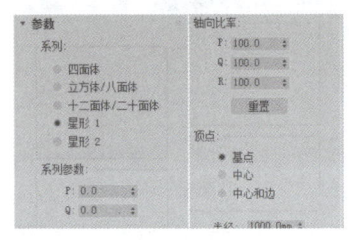

图 2-65

- **系列**：包括 5 种类型，分别为四面体、立方体/八面体、十二面体/二十面体、星形 1、星形 2。图 2-66 所示为其中两种效果。

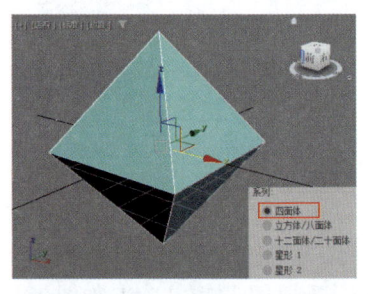

图 2-66

- **系列参数**：为多面体顶点和面之间提供

两种方式变换的关联参数。图 2-67 所示为设置不同的 P、Q 数值的对比效果。

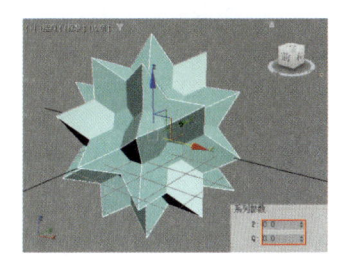

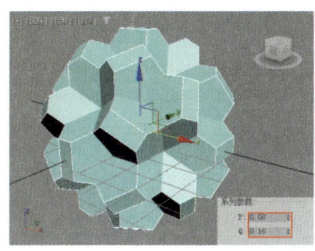

图 2-67

- **轴向比率**：控制多面体一个面反射的轴。

2.4.4 环形结

【环形结】可以制作模型随机缠绕的复杂效果，常用来制作抽象的模型。创建一个环形结，如图 2-68 所示。

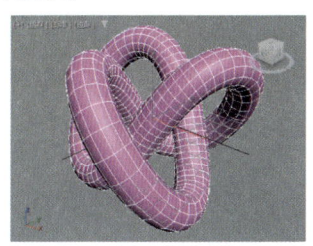

图 2-68

2.4.5 油罐

【油罐】可以创建带有凸面封口的圆柱体。创建一个油罐，如图 2-69 所示。

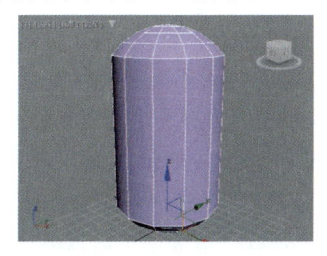

图 2-69

2.4.6 胶囊

【胶囊】可以创建带有半球状封口的圆柱体。常用胶囊来模拟胶囊药物等。创建一个胶囊，如图 2-70 所示。

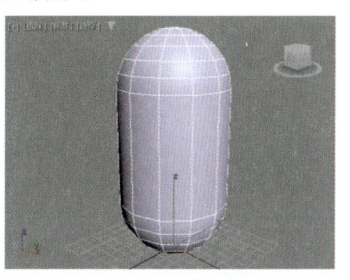

图 2-70

2.4.7 其他几种扩展基本体类型

下面几种扩展基本体类型不太常用，简单了解即可。

1. 纺锤

【纺锤】可以创建带有圆锥形封口的圆柱体。创建一个纺锤，如图 2-71 所示。

2. 球棱柱

【球棱柱】可以创建类似圆柱体的效果（可以设置模型的边数及是否有圆角效果）。创建一个球棱柱，如图 2-72 所示。

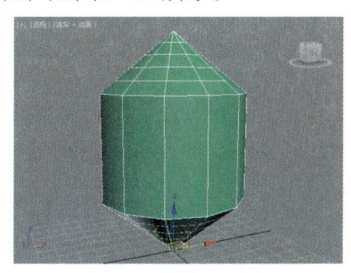

图 2-71

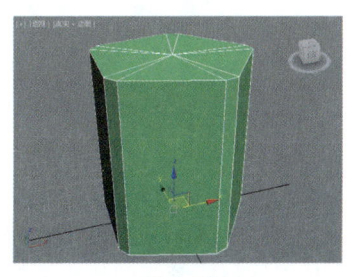

图 2-72

3. L-Ext

L-Ext可以创建L形的模型。常用L-Ext来模拟墙体、书架、迷宫。创建一个L-Ext，如图2-73所示。

4. C-Ext

C-Ext可以创建C形的模型。常用C-Ext来模拟墙体。创建一个C-Ext，如图2-74所示。

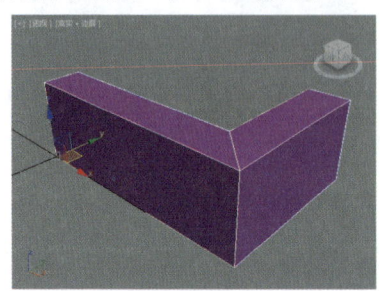

图2-73

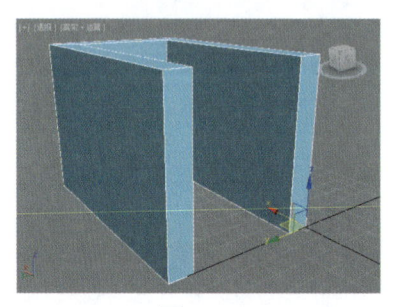

图2-74

5. 环形波

【环形波】可以创建具有环形波浪状的模型，不太常用。创建一个环形波，如图2-75所示。

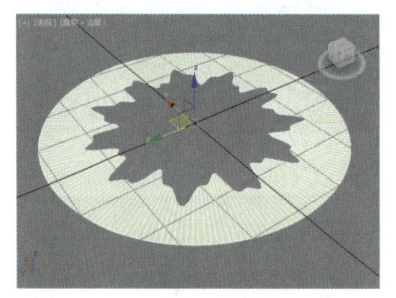

图2-75

6. 软管

【软管】可以创建具有管状结构的模型。常用软管来模拟饮料吸管。创建一个软管，如图2-76所示。

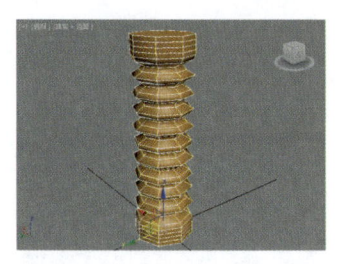

图2-76

7. 棱柱

【棱柱】可以创建带有独立分段面的三面棱柱。创建一个棱柱，如图2-77所示。

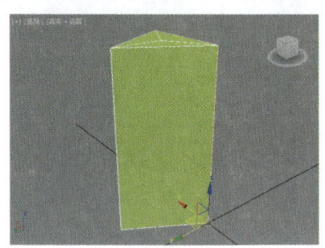

图2-77

综合实例：使用【切角长方体】和【切角圆柱体】制作现代风格沙发

扫一扫，看视频

本例将使用【切角长方体】和【切角圆柱体】制作现代风格沙发。最终渲染效果如图2-78所示。

图2-78

（1）执行【创建】|【几何体】|【扩展基本体】|【切角长方体】命令，在顶视图中创建一个切角长方体。设置【长度】为2100 mm，【宽度】为4000 mm，【高度】为450 mm，【圆角】为100 mm，如图2-79所示。单击【选择并移动】按钮，按住Shift键，将其沿Z轴向上平移并复制，放置在合适的位置后释放鼠标，在打开的【克隆选项】对话框中设置【对象】为【复

032

制】,【副本数】为 1。效果如图 2-80 所示。

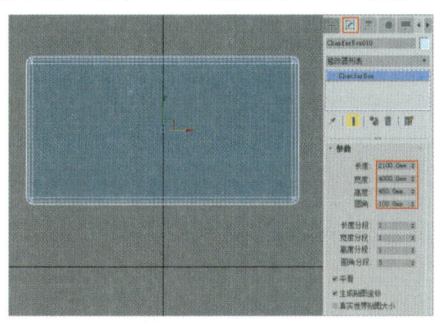

图 2-79

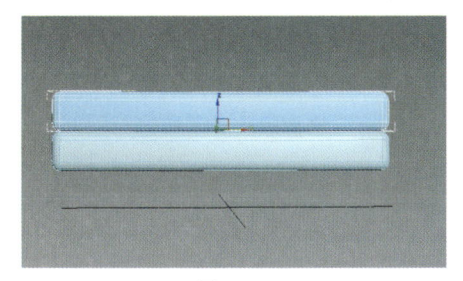

图 2-80

（2）在前视图中创建一个切角长方体，设置【长度】为 1700 mm,【宽度】为 4000 mm,【高度】为 450 mm,【圆角】为 100 mm, 如图 2-81 所示。效果如图 2-82 所示。

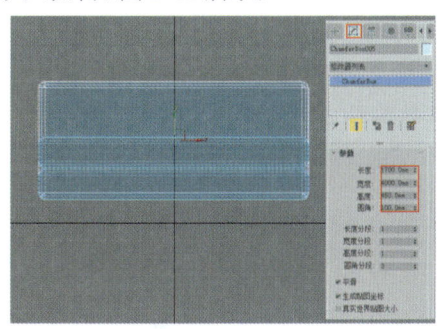

图 2-81

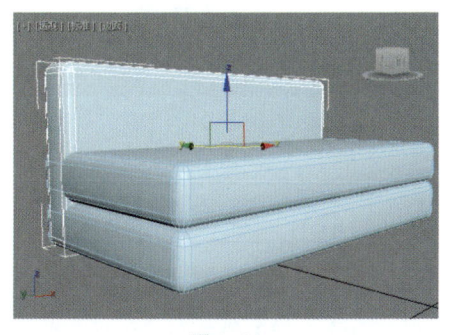

图 2-82

（3）再次创建切角长方体并设置适当的参数，如图 2-83 所示。选中刚刚创建的切角长方体，按住 Shift 键并按住鼠标左键将其沿 X 轴向右平移并复制。效果如图 2-84 所示。

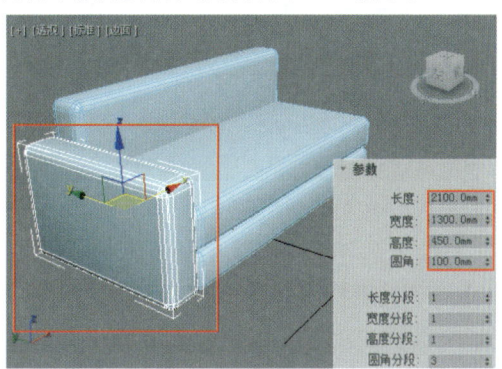

图 2-83

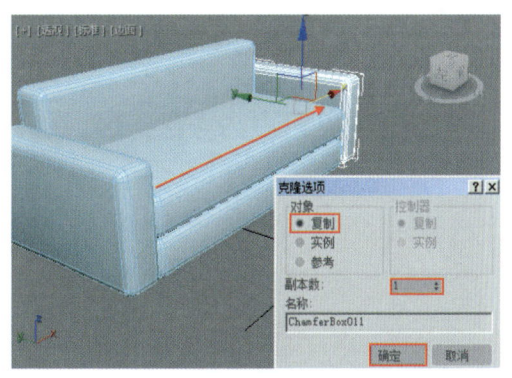

图 2-84

（4）再次创建一个切角长方体,设置【长度】为 1135 mm,【宽度】为 1950 mm,【高度】为 450 mm,【圆角】为 250 mm, 如图 2-85 所示。创建完成后将其沿 X 轴向右复制一份。效果如图 2-86 所示。

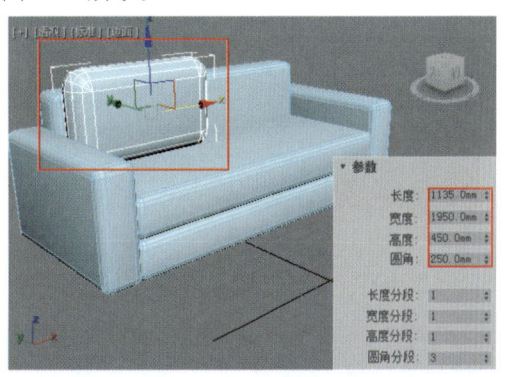

图 2-85

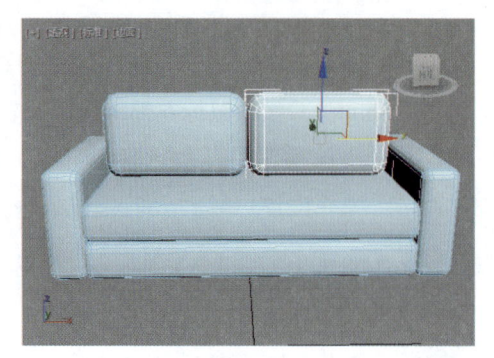

图 2-86

（5）执行【创建】|【几何体】|【扩展基本体】|【切角圆柱体】命令，在前视图中创建一个切角圆柱体，设置【半径】为 200 mm，【高度】为 1200 mm，【圆角】为 120 mm，【圆角分段】为 50，【边数】为 20，【端面分段】为 10，如图 2-87 所示。将其沿 X 轴平移并复制到右侧。效果如图 2-88 所示。

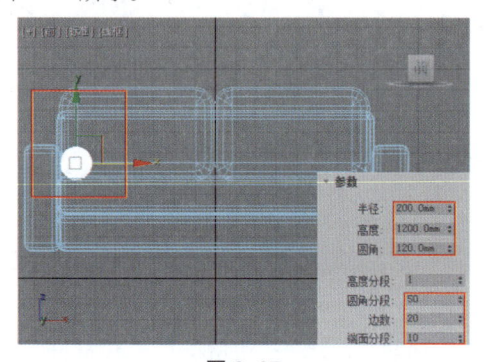

图 2-87

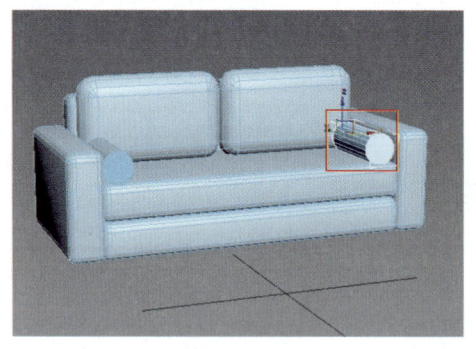

图 2-88

（6）执行【创建】|【几何体】|【圆柱体】命令，在顶视图中创建一个圆柱体，设置【半径】为 70 mm，【高度】为 400 mm，如图 2-89 所示。按住 Shift 键并按住鼠标左键将其沿 Y 轴平移

并复制，放置在合适的位置后释放鼠标，在打开的【克隆选项】对话框中设置【对象】为【复制】，【副本数】为 1，如图 2-90 所示。

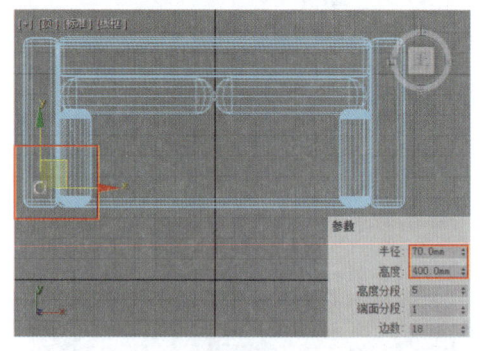

图 2-89

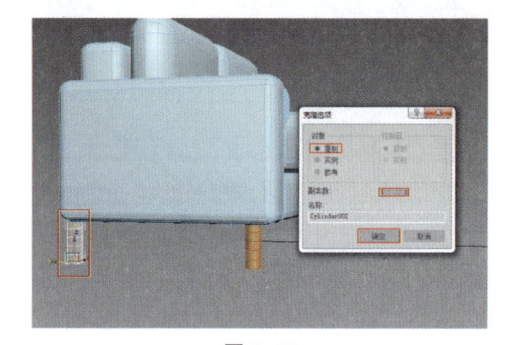

图 2-90

（7）使用同样的方法选择刚刚创建的两个圆柱体，将其沿 X 轴向右平移并复制。最终效果如图 2-91 所示。

图 2-91

2.5　AEC 扩展

【AEC 扩展】是专门用于建筑、工程、构造等相关设计领域的模型。其包括 3 种类型，

分别为植物、栏杆、墙，如图 2-92 所示。

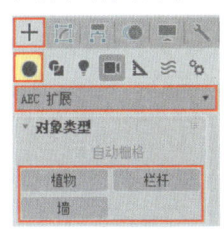

图 2-92

2.5.1 植物

3ds Max 内置了 12 种【植物】模型，包括花、草、树木等，但是这 12 种【植物】模型不是特别真实。假如在制作作品时，需要更真实的植物效果，可以从网络上下载更精致的植物使用。创建一个植物，如图 2-93 所示。其参数如图 2-94 所示。

图 2-93

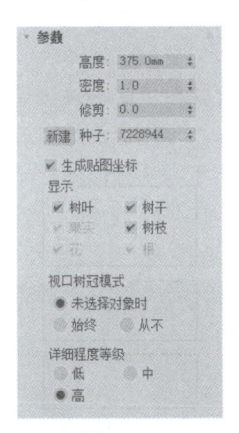

图 2-94

● **高度**：设置植物的生长高度。

● **密度**：植物叶子和花朵的数量。值为 1 表示植物具有完整的叶子和花朵；值为 0.5 表示植物具有 1/2 的叶子和花朵；值为 0 表示植物没有叶子和花朵。

● **修剪**：设置植物的修剪效果。数值越大，修剪程度越大。

● **种子**：随机设置一个数值会出现一个随机的植物样式。

● **显示**：控制是否需要显示树叶、果实、花、树干、树枝和根。

● **视图树冠模式**：该选项组中的参数用于设置树冠在视口中的显示模式。

◎ **未选择对象时**：当没有选择任何对象时以树冠模式显示植物。

◎ **始终**：始终以树冠模式显示植物。

◎ **从不**：从不以树冠模式显示植物，但是会显示植物的所有特性。

● **详细程度等级**：该选项组中的参数用于设置植物的渲染细腻程度。

◎ **低**：这种级别用来渲染植物的树冠。

◎ **中**：这种级别用来渲染减少了面的植物。

◎ **高**：这种级别用来渲染植物的所有面。

2.5.2 栏杆

【栏杆】工具由栏杆、立柱和栅栏 3 部分组成。通过栏杆可以制作直线护栏，也可以制作沿路径产生的护栏效果。其参数如图 2-95 所示。

图 2-95

1. 栏杆

● **拾取栏杆路径**：单击该按钮可拾取样条线来作为栏杆的路径。

- **分段**：设置栏杆对象的分段数。
- **匹配拐角**：在栏杆中放置拐角，以匹配栏杆路径的拐角。
- **长度**：设置栏杆的长度。
- **上围栏**：该选项组用于设置栏杆上围栏部分的相关参数。
- **下围栏**：该选项组用于设置栏杆下围栏部分的相关参数。
- **【下围栏间距】按钮**：设置下围栏之间的间距。
- **生成贴图坐标**：为栏杆对象分配贴图坐标。
- **真实世界贴图大小**：控制应用于对象的纹理贴图材质所使用的缩放方法。

2. 立柱
- **剖面**：指定立柱的横截面形状。
- **深度**：设置立柱的深度。
- **宽度**：设置立柱的宽度。
- **延长**：设置立柱在上栏杆底部的延长量。
- **【立柱间距】按钮**：设置立柱的间距。

3. 栅栏
- **类型**：指定立柱之间的栅栏类型，有【无】【支柱】和【实体填充】3个选项。
- **支柱**：该选项组中的参数只有当栅栏类型设置为【支柱】时才可用。
- **实体填充**：该选项组中的参数只有当栅栏类型设置为【实体填充】时才可用。

2.5.3 墙

【墙】工具可以快速创建实体墙，比使用样条线制作更快捷，如图2-96所示。其参数如图2-97所示。

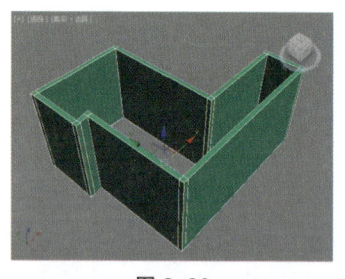

图2-96

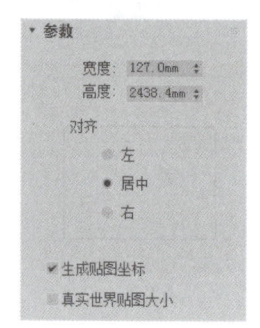

图2-97

2.6 门、窗、楼梯

3ds Max 内置了很多室内设计常用的工具，如门、窗、楼梯。可以使用这些工具快速创建相应的模型，如推拉门、平开窗、旋转楼梯等。

2.6.1 门

3ds Max 中内置了3种类型的门，分别为枢轴门、推拉门和折叠门，如图2-98所示。

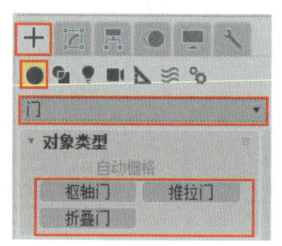

图2-98

- **枢轴门**：可以创建最普通样式的门。
- **推拉门**：可以创建推拉样式的门。
- **折叠门**：可以创建折叠样式的门。

图2-99所示为3种门的效果。3种门的参数基本一样，以枢轴门为例，了解一下其参数，如图2-100所示。

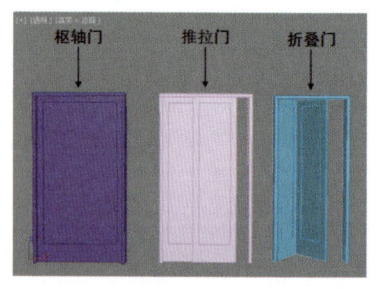

图2-99

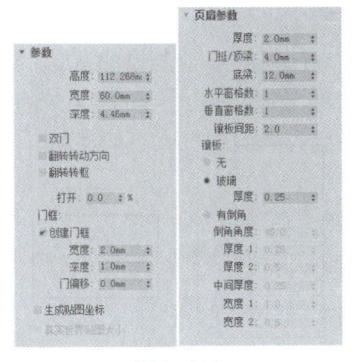

图 2-100

● **高度 / 宽度 / 深度**：设置门的总体高度 / 宽度 / 深度。

● **打开**：设置不同的数值会将门开启不同的角度。

● **创建门框**：控制是否创建门框。

● **厚度**：设置门的厚度。

● **门挺 / 顶梁**：设置顶部和两侧的镶板框的宽度。

● **底梁**：设置门脚处的镶板框的宽度。

● **水平 / 垂直窗格数**：设置镶板沿水平 / 垂直轴划分的数量。

● **镶板间距**：设置镶板之间的间隔宽度。

● **镶板**：指定在门中创建镶板的方式。

● **无**：不创建镶板。

● **玻璃**：创建不带倒角的玻璃镶板。

● **厚度**：设置玻璃镶板的厚度。

● **有倒角**：勾选该选项，可以创建具有倒角的镶板。

● **倒角角度**：指定门的外部平面和镶板平面之间的倒角角度。

● **厚度 1/ 厚度 2**：设置镶板的外部 / 倒角起始处的厚度。

● **中间厚度**：设置镶板内的面部分的厚度。

● **宽度 1/ 宽度 2**：设置倒角起始处 / 镶板内的面部分的宽度。

2.6.2 窗

3ds Max 中内置了 6 种类型的窗，分别为遮篷式窗、平开窗、固定窗、旋开窗、伸出式窗和推拉窗，如图 2-101 所示。

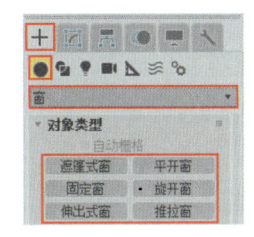

图 2-101

● **遮篷式窗**：可以创建具有一个或多个可在顶部转枢的窗框。

● **平开窗**：可以创建具有一个或两个可在侧面转枢的窗框。

● **固定窗**：可以创建关闭的窗户，因此没有【打开窗】参数。

● **旋开窗**：可以创建只具有一个窗框，中间通过窗框面用铰链接合起来。其可以垂直或水平旋转打开。

● **伸出式窗**：可以创建 3 个窗框。顶部窗框不能移动，底部的两个窗框可像遮篷式窗那样旋转打开。

● **推拉窗**：可以创建两个窗框。一个固定的窗框、一个可移动的窗框。

图 2-102 所示为 6 种窗的效果。6 种窗的参数类似，以固定窗为例，了解一下其参数，如图 2-103 所示。

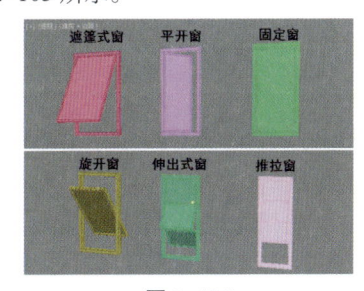

图 2-102

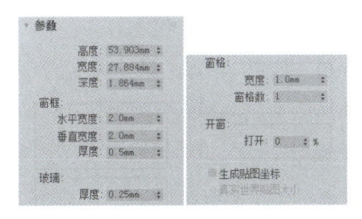

图 2-103

● **高度 / 宽度 / 深度**：设置窗户的总体高度 / 宽度 / 深度。

037

- 窗框：控制窗框的宽度和深度。
- 玻璃：用来指定玻璃的厚度等参数。
- 窗格：控制窗格的基本参数，如宽度、窗格数。

2.6.3 楼梯

3ds Max 内置了 4 种类型的楼梯，分别为直线楼梯、L 型楼梯、U 型楼梯和螺旋楼梯，如图 2-104 所示。

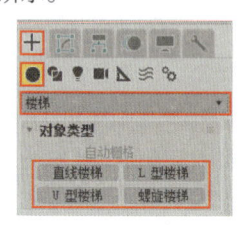

图 2-104

- 直线楼梯：可以创建直线型的楼梯。
- L 型楼梯：可以创建 L 型转折效果的楼梯。
- U 型楼梯：可以创建一个两段平行的楼梯，并且它们之间有一个平台。
- 螺旋楼梯：可以创建螺旋状的旋转楼梯效果。

图 2-105 所示为 4 种楼梯的效果。4 种楼梯的参数类似，以直线楼梯为例，了解一下其参数，如图 2-106 所示。

1. 参数

- 类型：设置楼梯的类型，包括开放式、封闭式、落地式。
- 侧弦：沿楼梯梯级的端点创建侧弦。
- 支撑梁：在梯级下创建一个倾斜的切口梁，该梁支撑着台阶。
- 扶手：创建左扶手和右扶手。
- 布局 / 梯级 / 台阶：该选项组中的参数用于设置楼梯的布局 / 梯级 / 台阶。

2. 支撑梁

- 深度：设置支撑梁离地面的深度。
- 宽度：设置支撑梁的宽度。
- 【支撑梁间距】按钮：设置支撑梁的间距。

3. 栏杆

- 高度：设置栏杆离台阶的高度。
- 偏移：设置栏杆离台阶端点的偏移量。
- 分段：设置栏杆中的分段数量。值越大，栏杆越平滑。
- 半径：设置栏杆的半径。

4. 侧弦

- 深度：设置侧弦离地面的深度。
- 宽度：设置侧弦的宽度。
- 偏移：设置地板与侧弦的垂直距离。

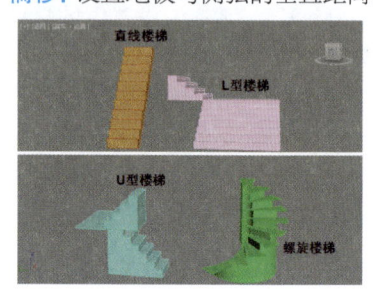

图 2-105

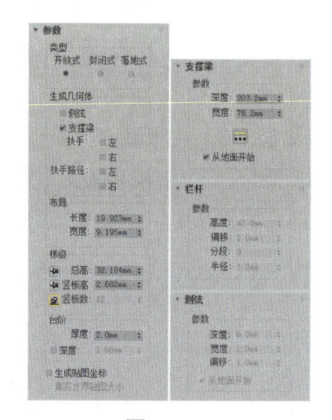

图 2-106

2.7 课后练习：使用【长方体】制作置物架

本例将使用【长方体】制作置物架。最终渲染效果如图 2-107 所示。

扫一扫，看视频

（1）执行 ＋（创建）｜〇（几何体）｜标准基本体｜长方体命令，如图 2-108 所示。在透视图中创建一个长方体模型，设置该长方体模型的【长度】为

3200 mm,【宽度】为 8000 mm,【高度】为 200 mm, 如图 2-109 所示。

图 2-107

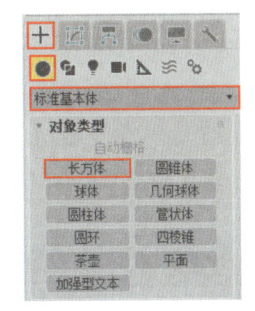

图 2-108

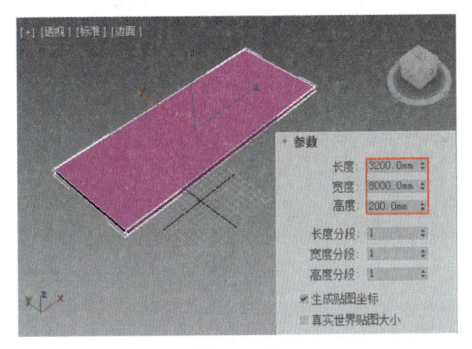

图 2-109

（2）再次创建一个长方体模型,设置【长度】为 3200 mm,【宽度】为 3100 mm,【高度】为 200 mm, 如图 2-110 所示。选中刚刚创建的两个长方体模型,然后单击【镜像】按钮，在打开的【镜像:世界 坐标】对话框中设置【镜像轴】为 ZX,【克隆当前选择】为【复制】,如图 2-111 所示。

（3）将镜像复制出的两个长方体模型沿 X 轴和 Z 轴向右下方移动到合适的位置。选中最下方的长方体模型,如图 2-112 所示。按住 Shift 键并按住鼠标左键,将其沿 Z 轴向下平移并复制,移动到合适的位置后释放鼠标,在打开的【克隆选项】对话框中设置【对象】为【复制】,【副本数】为 1, 如图 2-113 所示。

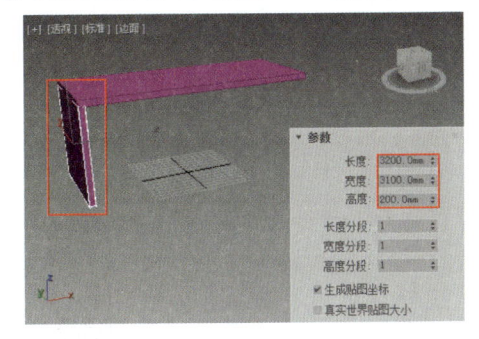

图 2-110

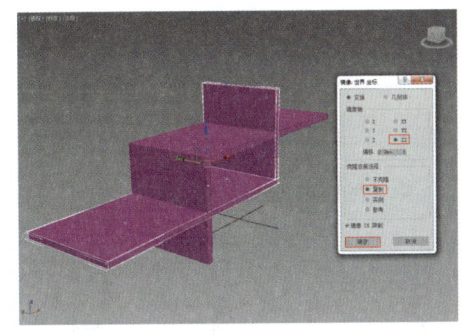

图 2-111

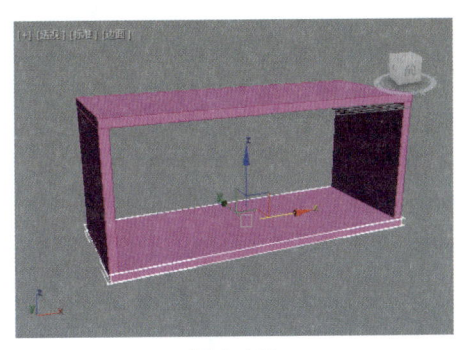

图 2-112

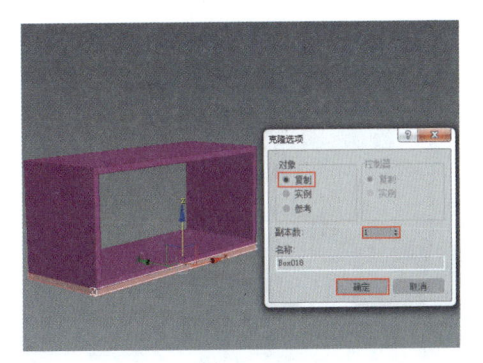

图 2-113

（4）再次创建一个长方体模型，设置该长方体模型的【长度】为3200 mm，【宽度】为800 mm，【高度】为100 mm，放置在左侧，如图2-114所示。使用同样的方法继续创建7个长方体模型，如图2-115所示。

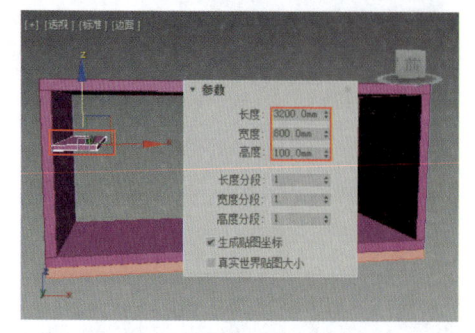

图 2-114

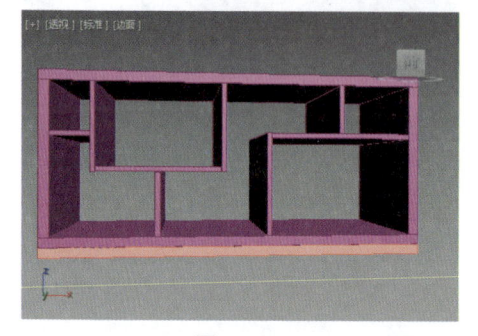

图 2-115

（5）再次创建一个长方体模型，设置【长度】为200 mm，【宽度】为200 mm，【高度】为800 mm，放置于模型底部，如图2-116所示。选中刚刚创建的长方体模型，按住Shift键并按住鼠标左键，将其沿Y轴向后方平移并复制。移动到合适的位置后释放鼠标，在打开的【克隆选项】话框中设置【对象】为【复制】，【副本数】为1，如图2-117所示。

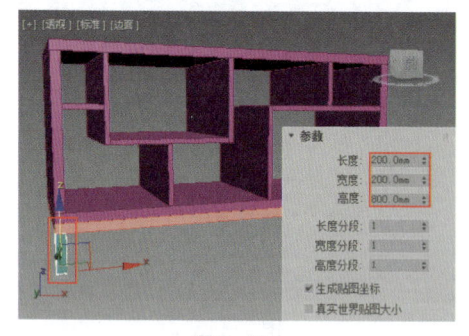

图 2-116

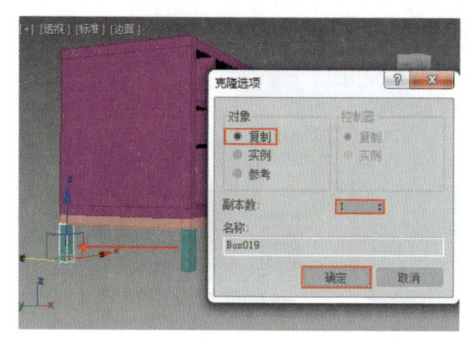

图 2-117

（6）选中下方的两个长方体模型，按住Shift键并按住鼠标左键，将其沿X轴向右平移并复制，移动到合适的位置后释放鼠标，在打开的【克隆选项】对话框中设置【对象】为【复制】，【副本数】为1，如图2-118所示。最终效果如图2-119所示。

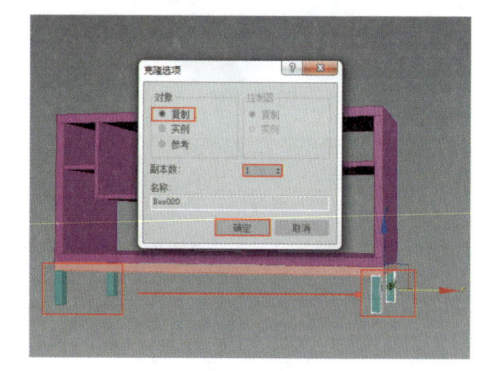

图 2-118

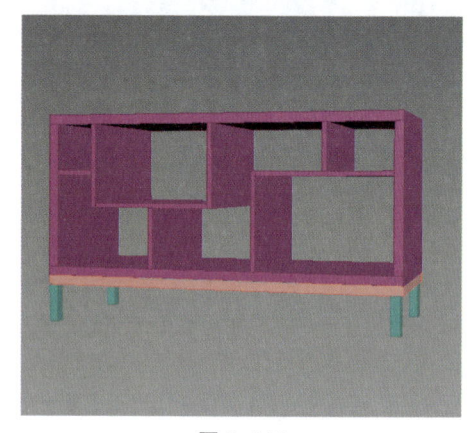

图 2-119

2.8 随堂测试

1. 知识考查
（1）使用【标准基本体】【扩展基本体】等工具创建简易模型并设置模型的参数。
（2）使用【标准基本体】【扩展基本体】等工具将多个模型组合在一起，从而创建出完整的模型效果。

2. 实战演练
参考给定的作品，制作圆形壁镜模型。

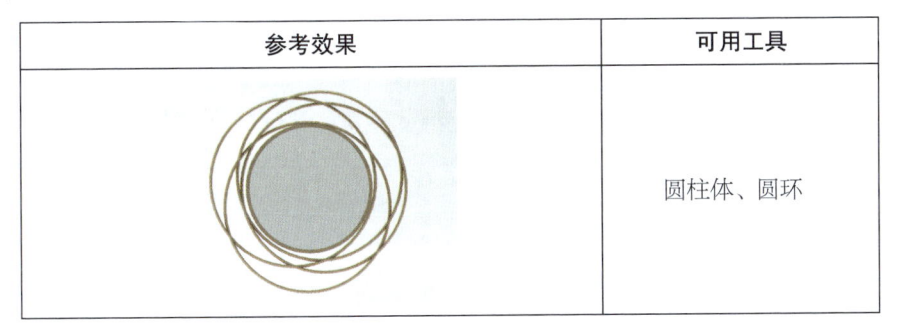

参考效果	可用工具
	圆柱体、圆环

3. 项目实操
以"简约而不简单"为主题设计一款现代极简风格的茶几。要求如下：
（1）主题鲜明，具有一定的艺术性。
（2）造型简单。
（3）可应用【标准基本体】【扩展基本体】等工具。

样条线建模

第 3 章

🔊 学时安排

总学时：4 学时

理论学时：1 学时

实践学时：3 学时

🔊 教学内容概述

本章将学习样条线建模。使用样条线建模可以对二维图形进行创建、修改，还可以将其转化为可编辑样条线，从而对样条线的顶点、线段等进行编辑操作。使用样条线建模，不仅可以制作出二维的图形效果，还可以将其修改为三维模型。

🔊 教学目标

- 熟练掌握样条线的创建方法
- 熟练掌握样条线的编辑方法
- 掌握扩展样条线的使用方法

3.1 认识样条线建模

本节将讲解样条线建模的基本知识，包括样条线的概念及图形的类型。

3.1.1 样条线的概念

样条线是二维图形，它是一个没有深度的连续线，可以是打开的，也可以是封闭的。创建二维的样条线对于三维模型来说很重要，如使用样条线中的【文本】工具创建一组文字，然后可以将其变为三维文字。

3.1.2 图形的类型

执行 ✚（创建）｜（图形）命令，此时可以看到包括 6 种图形类型，分别为样条线、NURBS 曲线、复合图形、扩展样条线、CFD、Max Creation Graph，如图 3-1 所示。

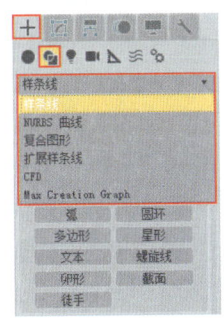

图 3-1

3.2 样条线

样条线是默认的图形类型，其中包括 13 种样条线类型（图 3-2），较常用的有线、矩形、圆、多边形、文本等。熟练使用样条线，不仅可以创建笔直的或弯曲的线，还可以创建文字等图形。

- **线**：可以创建笔直的或弯曲的线。其可以是闭合图形，也可以是非闭合图形。
- **矩形**：可以创建矩形图形。
- **圆**：可以创建圆形图形。
- **椭圆**：可以创建椭圆形图形。
- **弧**：可以创建弧形图形。

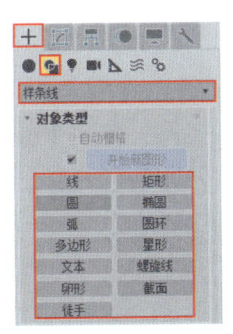

图 3-2

- **圆环**：可以创建两个圆形以环状套在一起的图形。
- **多边形**：可以创建多边形，如三角形、六边形等。
- **星形**：可以创建星形，并且可以设置星形的点数和圆角效果。
- **文本**：可以创建文字。
- **螺旋线**：可以创建有很多圈的螺旋线图形。
- **卵形**：可以创建类似鸡蛋的图形。
- **截面**：可以通过几何体对象基于横截面切片生成图形。
- **徒手**：可以以手绘的方式绘制更灵活的线。

3.2.1 绘制尖锐转折的线

使用【线】工具在前视图中单击可以确定线的第 1 个顶点，然后移动鼠标指针位置并再次单击即可确定第 2 个顶点，继续同样的操作步骤。当需要绘制完成时，右击即可完成绘制，如图 3-3 所示。

3.2.2 绘制 90 度角转折的【线】

在学会了 3.2.1 小节讲解的尖锐转折线绘制方法的基础上，只需在绘制线时按 Shift 键，即可绘制 90 度角转折的线，如图 3-4 所示。

3.2.3 绘制过渡平滑的曲线

在学会了 3.2.1 小节讲解的尖锐转折线绘制方法的基础上，只需在绘制时由单击变为按下鼠标左键并拖动鼠标，即可绘制过渡平滑的曲线，如图 3-5 所示。

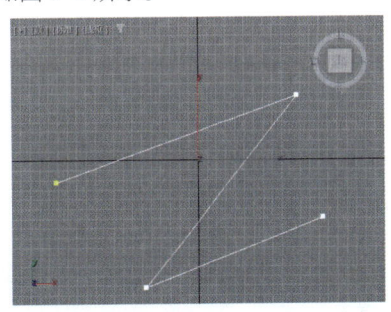

图 3-3

043

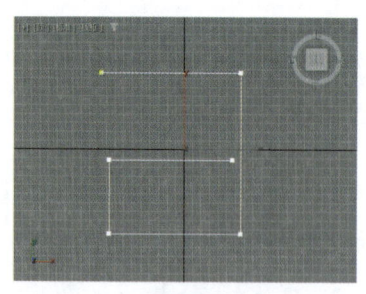

图 3-4

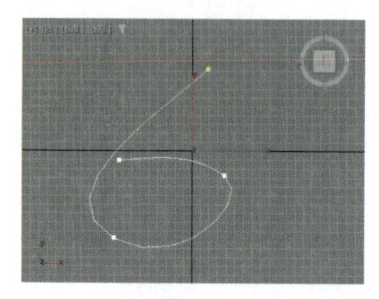

图 3-5

1.【渲染】卷展栏

绘制完线之后可以单击进行修改，可以在【渲染】卷展栏中将线设置为三维效果。【渲染】卷展栏参数如图 3-6 所示。

- **在渲染中启用**：勾选时，渲染时呈现三维效果。
- **在视口中启用**：勾选时，在视图中显示三维效果。
- **径向**：设置样条线的横截面为圆形。
- ◎ **厚度**：设置样条线的直径。
- ◎ **边**：设置样条线的边数。

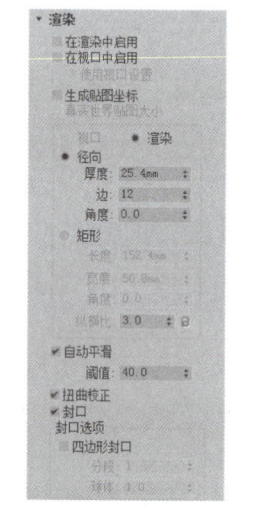

图 3-6

- ◎ **角度**：设置横截面的旋转位置。
- **矩形**：设置样条线的横截面为矩形。
- ◎ **长度**：设置沿局部 Y 轴的横截面大小。
- ◎ **宽度**：设置沿局部 X 轴的横截面大小。
- ◎ **角度**：调整视图或渲染器中的横截面的旋转位置。

◎ **纵横比**：设置矩形横截面的纵横比。

2.【插值】卷展栏

在【插值】卷展栏中可以将图形设置得更平滑。【插值】卷展栏参数如图 3-7 所示。

- **步数**：数值越大，图形越平滑。图 3-8 所示为设置【步数】为 1 和 10 的对比效果。

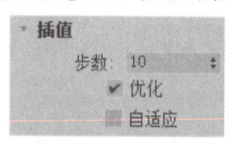

图 3-7

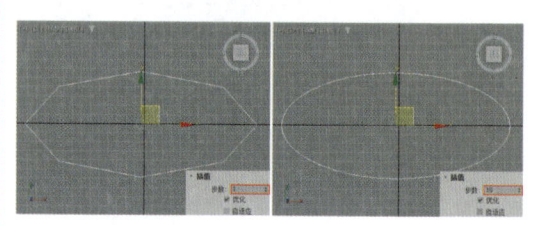

图 3-8

- **优化**：勾选该选项后，可以从样条线的直线线段中删除不需要的步数。
- **自适应**：勾选该选项后，会自适应设置每条样条线的步数，从而生成平滑的曲线。

> ⚠ **提示**：继续向视图之外绘制线
>
> 在绘制线时，由于视图有限，因此无法完整绘制复杂的、较大的图形。移动鼠标指针到视图的某个位置，然后按 I 键，视图会自动向鼠标指针位置跳转，因此就可以绘制更精密的图形。

实操：使用【捕捉开关】工具绘制精准的图形

（1）右击 （捕捉开关）按钮，打开【栅格和捕捉设置】对话框，在该对话框中选择需要捕捉的类型，如栅格点（栅格点指视图中的灰色网格），如图 3-9 所示。

（2）此时使用【线】工具可以在前视图中进行图形绘制。在移动鼠标时，会自动捕捉到栅格点，在一个栅格点的位置单击确定第 1 个顶点的位置，如图 3-10 所示。

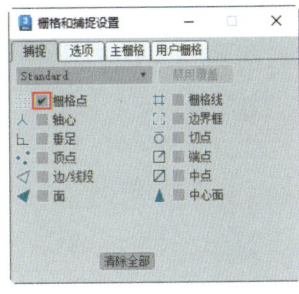

图 3-9

图 3-10

（3）移动鼠标并单击确定第 2 个顶点的位置，如图 3-11 所示。

（4）使用同样的方法继续绘制，如图 3-12 所示。

（5）将鼠标指针移动到第 1 个顶点处并单击，在打开的对话框中单击【是】按钮，即可闭合样条线，如图 3-13 所示。

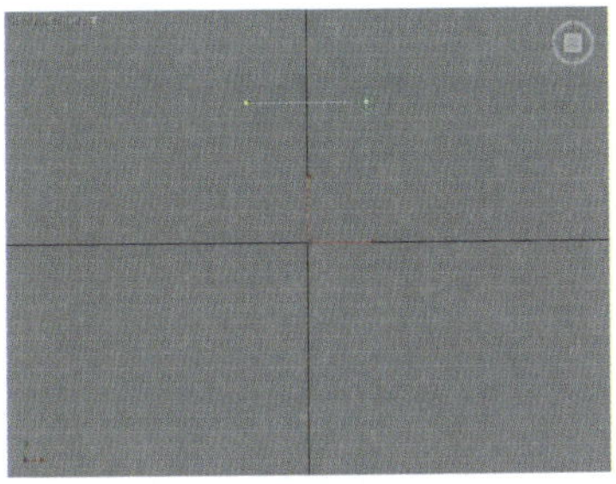

图 3-11

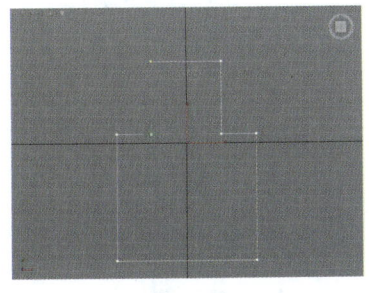

图 3-12

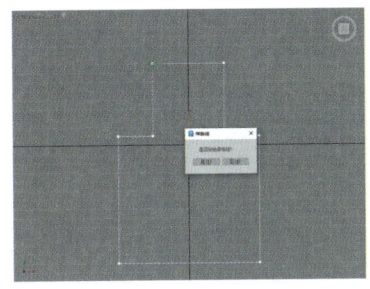

图 3-13

⚠ 提示：顶点的 4 种显示方式

选择顶点，右击，可以看到顶点有 4 种显示方式。

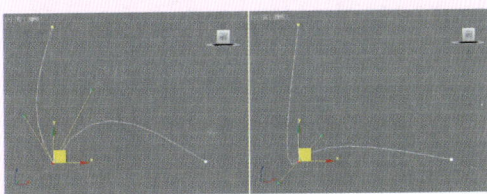

1. Bezier 角点：顶点的两侧各有一个滑块，通过拖动滑块可以分别设置两侧的弧度。

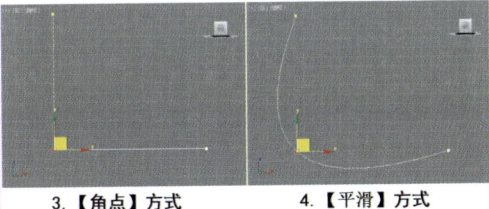

2. Bezier：顶点上只有一个滑块，通过拖动这一个滑块控制两侧同时变化（当无法正确拖动滑块时，需要稍微移动顶点的位置）。

3. 角点：自动设置该顶点为转折强烈的点。

4. 平滑：自动设置该顶点为过渡平滑的点。图 3-14 所示为 4 种不同显示方式的对比效果。

图 3-14

3.2.4 矩形

使用【矩形】工具可以创建长方形、圆角矩形等效果，如镜子、茶几、沙发扶手等。创建一个矩形，如图 3-15 所示。其参数如图 3-16 所示。

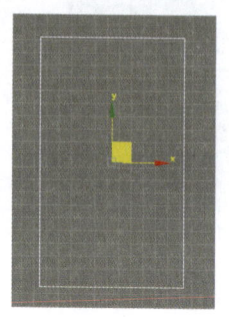

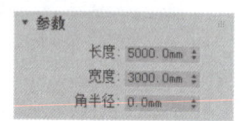

图 3-15　　　　图 3-16

- **角半径**：通过设置角半径可以制作圆角矩形效果。图 3-17 所示为设置【角半径】为 0 mm 和 500 mm 的对比效果。

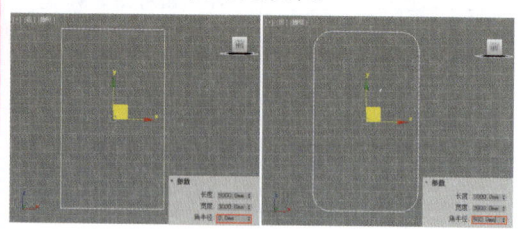

图 3-17

3.2.5　圆、椭圆

使用【圆】和【椭圆】工具可以创建圆形效果，如吊灯、茶几等。创建一个圆，如图 3-18 所示；创建一个椭圆，如图 3-19 所示。

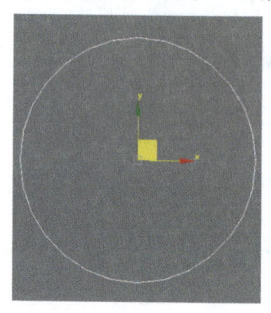

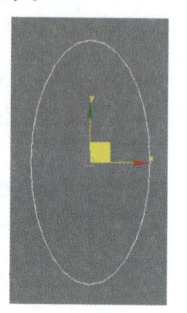

图 3-18　　　　图 3-19

3.2.6　弧

创建一个弧，如图 3-20 所示。

3.2.7　圆环

创建一个圆环，如图 3-21 所示。

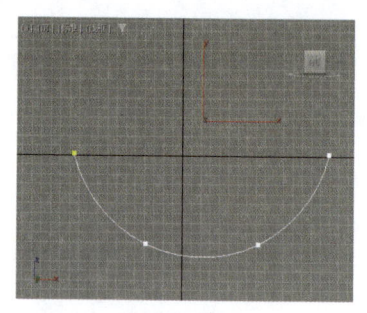

图 3-20

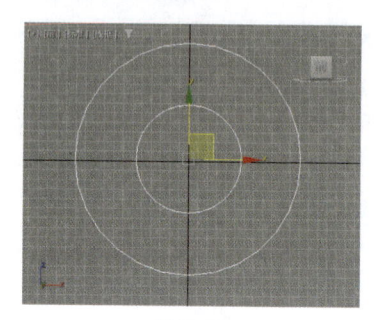

图 3-21

3.2.8　多边形

创建一个多边形，如图 3-22 所示。

3.2.9　星形

创建一个星形，如图 3-23 所示。

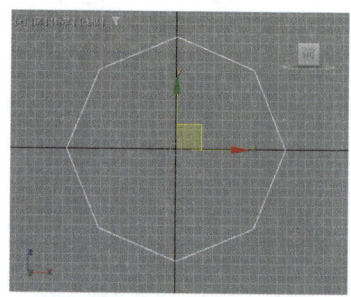

图 3-22

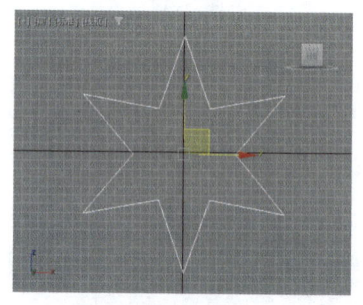

图 3-23

3.2.10 文本

【文本】工具用于创建文字。单击创建一组文字，如图3-24所示。其参数如图3-25所示。

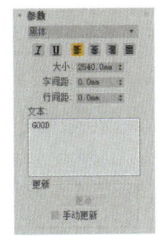

图3-24　　　　　图3-25

- **I**（斜体样式）：单击该按钮，可以将文本切换为斜体文本。
- **U**（下划线样式）：单击该按钮，可以将文本切换为下划线文本。
- （左对齐）：单击该按钮，可以将文本对齐到边界框的左侧。
- （居中）：单击该按钮，可以将文本对齐到边界框的中心。
- （右对齐）：单击该按钮，可以将文本对齐到边界框的右侧。
- （对正）：分隔所有文本行以填充边界框的范围。
- **大小**：设置文本高度，其默认值为100mm。
- **字间距**：调整文字间的间距。
- **行间距**：调整字行间的间距。
- **文本**：在此可输入文本，若要输入多行文本，可以按Enter键切换到下一行。

3.2.11 螺旋线

创建一个螺旋线，如图3-26所示。其参数如图3-27所示。

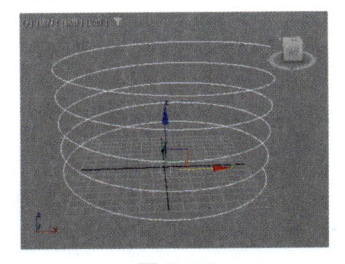

图3-26

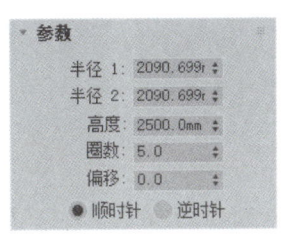

图3-27

3.2.12 徒手

在视图中使用【徒手】工具可以绘制更灵活的线，如图3-28所示。其参数如图3-29所示。

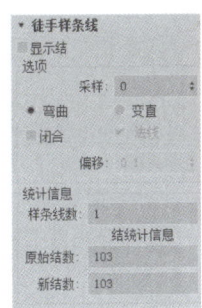

图3-28　　　　　图3-29

- **显示结**：勾选该选项，会显示出绘制线上的点。
- **采样**：数值越大，绘制的线越平滑。
- **弯曲/变直**：设置弯曲效果的线或笔直的线。
- **闭合**：勾选该选项，绘制的线会变为一条闭合的线。
- **样条线数**：显示样条线的个数。
- **原始结数/新结数**：显示绘制最初的结数和设置采样之后的结数。

3.3 扩展样条线

扩展样条线中包含了5种工具，分别为墙矩形、通道、角度、T形和宽法兰，如图3-30所示。这些工具用于制作室内外效果图的墙体结构。墙矩形、通道、角度、T形和宽法兰效果分别如图3-31~图3-35所示。

047

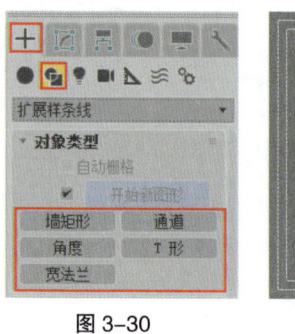

图 3-30 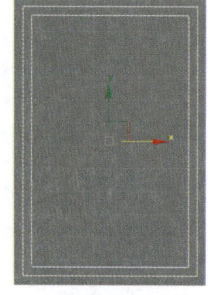　　　　　图 3-31

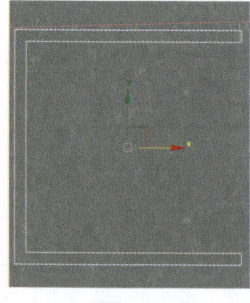

图 3-32 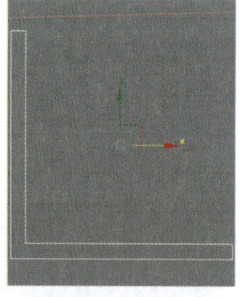　　　　　图 3-33

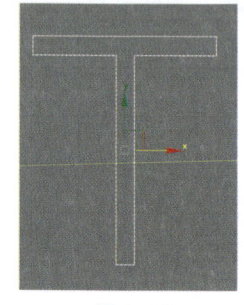

图 3-34 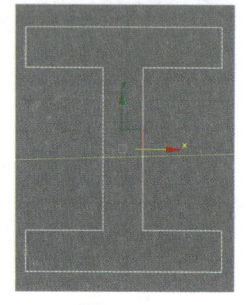　　　　　图 3-35

3.4　复合图形

复合图形中仅包含一种工具，即【图形布尔】，如图 3-36 所示。只有在选中场景中的二维图形时，才可以看到该工具变为可用状态，如图 3-37 所示。

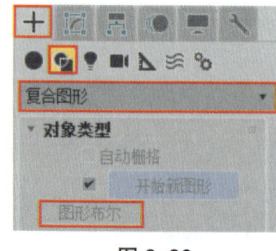

图 3-36 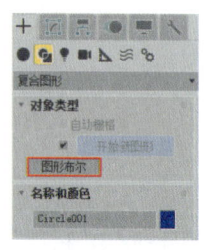　　　　　图 3-37

在视图中创建两个交叉位置的图形，然后使用【图形布尔】工具产生图形的作用。选择其中一个图形，单击【图形布尔】按钮，选择需要的【运算对象参数】，然后单击【添加运算对象】按钮，最后单击另外一个图形。如图 3-38 所示。

完成后的图形效果如图 3-39 所示。

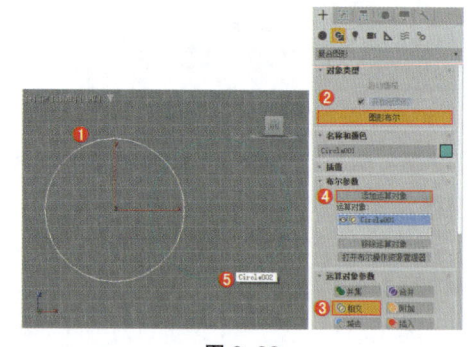

图 3-38

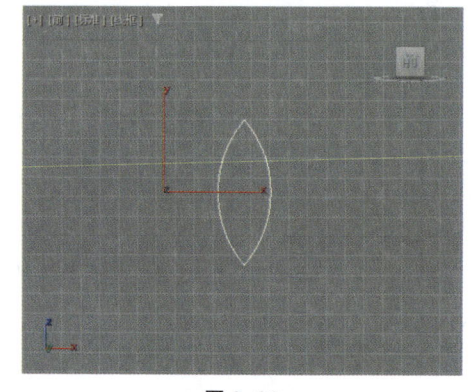

图 3-39

3.5　可编辑样条线

可编辑样条线是样条线建模中重要的技术，通过使用可编辑样条线的相关工具，可以将图形形状设置得更丰富。选择图形，右击执行【转换为】|【转换为可编辑样条线】命令，再次单击进行修改，即可选择顶点级别，如图 3-40 所示。对顶点位置进行调整，如图 3-41 所示。

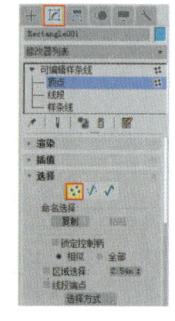

图 3-40

048

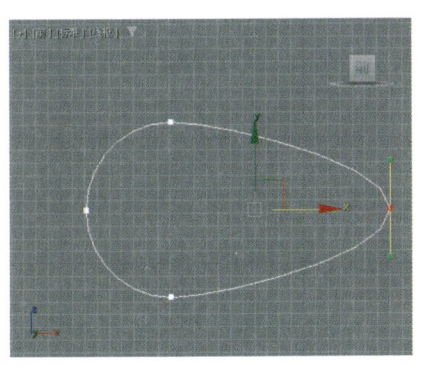

图 3-41

3.5.1 【顶点】级别下的参数

单击进入【顶点】级别（快捷键为1），参数如图3-42所示。

1.【选择】卷展栏

【选择】卷展栏提供了各种工具，用于访问不同的子对象层级和显示设置以及创建与修改选定内容，此外还显示了与选定实体有关的信息。其参数如图3-43所示。

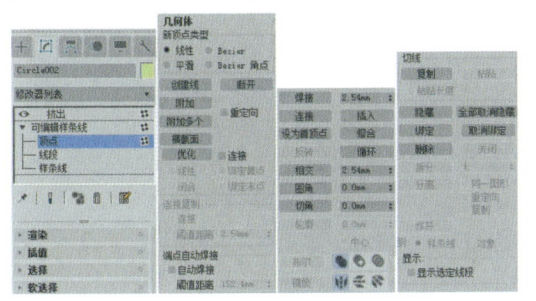

图 3-42

图 3-43

- （顶点）：最小的级别，指线上的顶点。
- （分段）：指连接两个顶点之间的线段。
- （样条线）：一个或多个相连线段的组合。
  - **复制**：将命名选择放置到复制缓冲区。
  - **粘贴**：从复制缓冲区中粘贴命名选择。

2.【软选择】卷展栏

在【软选择】卷展栏中可以选择邻接处的子对象，进行移动等操作，使其产生柔软的过渡效果。其参数如图3-44所示。

- **使用软选择**：勾选该选项后，才可以使用软选择。
- **边距离**：勾选该选项后，将软选择限制到指定的面数，该选择在进行选择的区域和软选择的最大范围之间。
- **衰减**：定义影响区域的距离。
- **收缩**：沿着垂直轴提高并降低曲线的顶点。
- **膨胀**：沿着垂直轴展开和收缩曲线。

3.【几何体】卷展栏

在【几何体】卷展栏中可以对图形进行很多操作，如断开、优化、焊接、切角等。其参数如图3-45所示。

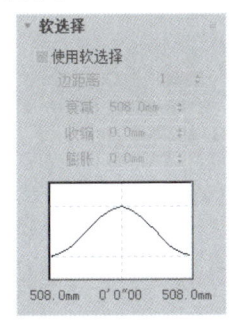

图 3-44

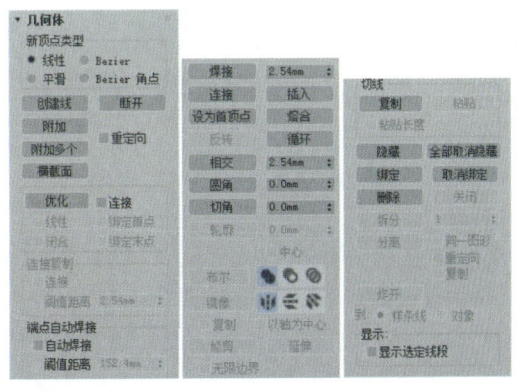

图 3-45

- **创建线**：向所选对象添加更多样条线。
- **断开**：可将选择的点断开。例如，选中一个顶点，如图 3-46 所示。单击【断开】按钮，如图 3-47 所示。此时单击选择顶点并移动其位置，可以看到已经由一个顶点变为了两个顶点，如图 3-48 所示。

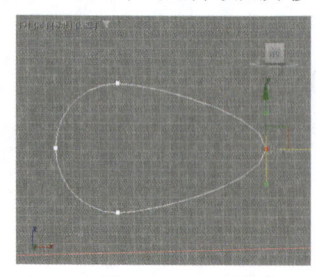

图 3-46 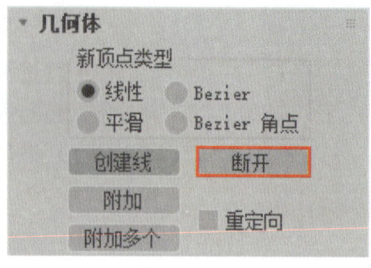　　　　　　图 3-47 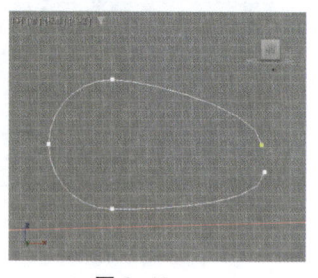　　　　　　图 3-48

- **附加**：将场景中其他样条线附加到所选样条线，使其变为一个图形。
- **附加多个**：单击该按钮，打开【附加多个】对话框，可在列表中选择需要附加的图形。
- **横截面**：在横截面形状外面创建样条线框架。
- **优化**：在线上添加顶点。进入顶点级别，如图 3-49 所示，单击【优化】按钮，如图 3-50 所示。此时在线上单击即可添加顶点，如图 3-51 所示。

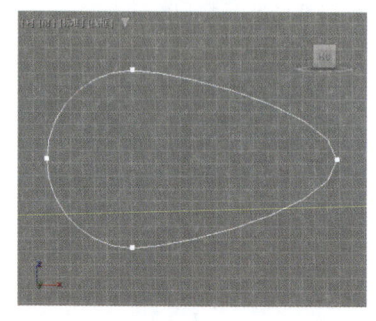

图 3-49 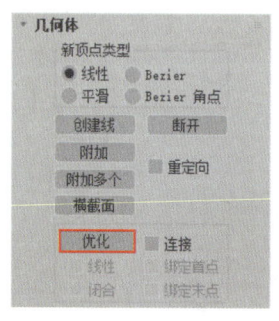　　　　　　图 3-50 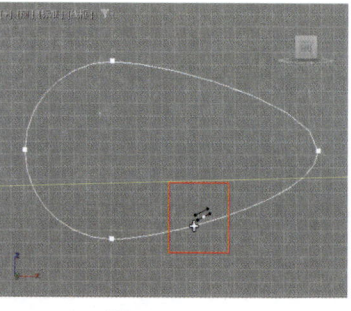　　　　　　图 3-51

- **连接**：启用时，通过连接新顶点创建一个新的样条线子对象。
- **自动焊接**：启用【自动焊接】后，会自动焊接在一定阈值距离范围内的顶点。
- **阈值距离**：用于控制在自动焊接顶点之前，两个顶点接近的程度。
- **焊接**：可以将两个顶点焊接在一起，变为一个顶点。选中两个顶点，如图 3-52 所示。单击【焊接】按钮，设置一个较大的【焊接】值，如图 3-53 所示。此时变为一个顶点，如图 3-54 所示。

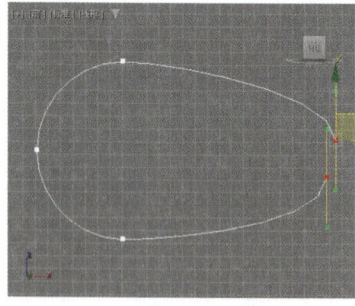

图 3-52 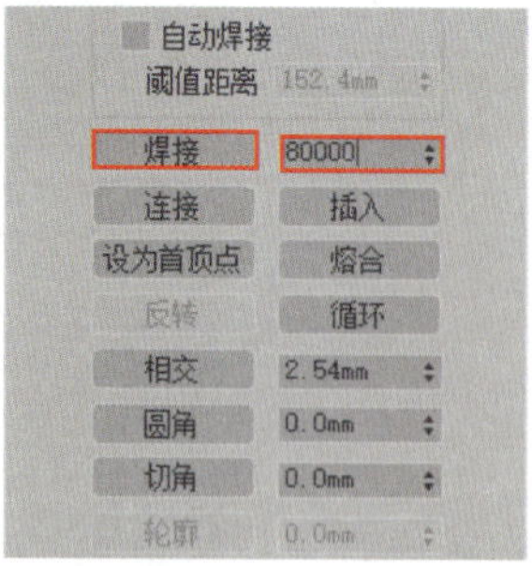　　　　　　图 3-53 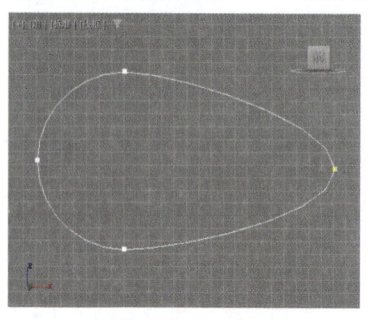　　　　　　图 3-54

- **连接**：连接两个顶点以生成一个线性线段，而无论顶点的切线值是多少。

● **设为首顶点**：指定所选形状中的哪个顶点是第1个顶点。

● **熔合**：将所有选定顶点移至它们的平均中心位置。

● **相交**：在属于同一个样条线对象的两个样条线的相交处添加顶点。

● **圆角**：可以将选择的顶点变为具有平滑过渡效果的两个顶点。选中一个顶点（图3-55），单击【圆角】按钮，然后在该点处单击并拖动鼠标，即可产生圆角效果，如图3-56所示。

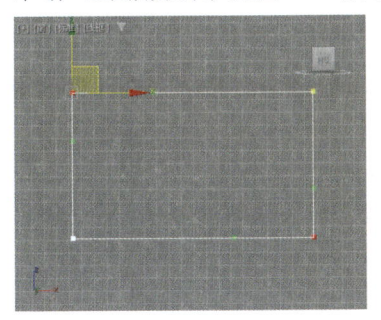

图3-55

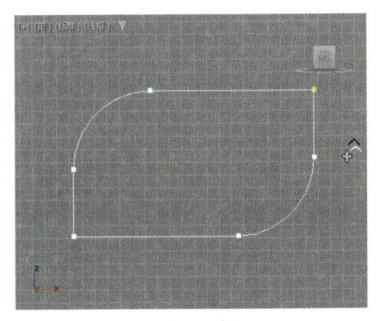

图3-56

● **切角**：可以将选择的顶点变为具有转角过渡效果的两个顶点。选中一个顶点（图3-57），单击【切角】按钮，然后在该点处单击并拖动鼠标，即可产生切角效果，如图3-58所示。

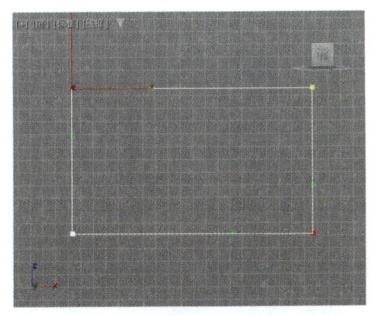

图3-57

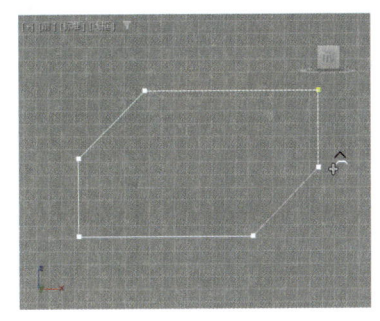

图3-58

● **复制**：单击此按钮，然后选择一个控制柄。此操作将把所选控制柄切线复制到缓冲区。

● **粘贴**：单击此按钮，然后单击一个控制柄。此操作将把控制柄切线粘贴到所选顶点。

● **粘贴长度**：单击此按钮，可以复制控制柄长度。

● **隐藏**：隐藏所选顶点和任何相连的线段。选择一个或多个顶点，然后单击【隐藏】按钮即可。

● **全部取消隐藏**：显示任何隐藏的子对象。

● **绑定**：允许创建绑定顶点。

● **取消绑定**：允许断开绑定顶点与所附加线段的连接。

● **删除**：删除所选的一个或多个顶点，以及与每个要删除的顶点相连的那条线段。

● **显示选定线段**：启用后，顶点子对象层级的任何所选线段将高亮显示为红色。

3.5.2 【线段】级别下的参数

单击进入【线段】级别（快捷键为2），参数如图3-59所示。

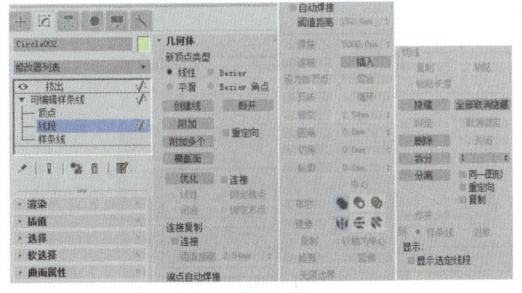

图3-59

● **隐藏**：选择线段，单击此按钮即可将其暂时隐藏。

- **全部取消隐藏**：单击此按钮即可全部显示被隐藏的线段。
- **拆分**：单击此按钮可以将线段拆分成多条线段。

3.5.3 【样条线】级别下的参数

单击进入【样条线】级别 ∧（快捷键为 3），参数如图 3-60 所示。

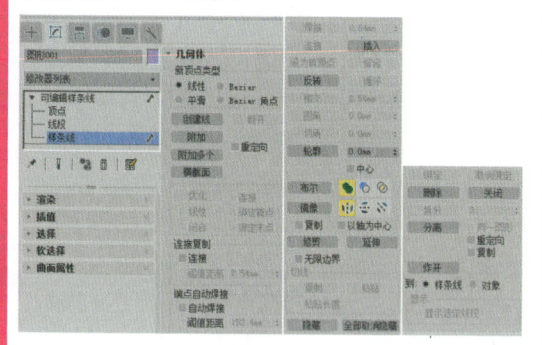

图 3-60

- **插入**：多次单击此按钮，可以插入多个顶点使图形产生变化。
- **轮廓**：可以在轮廓后面输入数值，然后按 Enter 键绘制轮廓效果；也可以单击【轮廓】按钮，并在图形上拖动以绘制轮廓效果。选择一个样条线，单击【轮廓】按钮，并在图形上拖动，如图 3-61 所示。此时出现了轮廓效果，如图 3-62 所示。

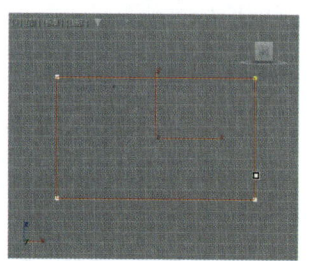

图 3-61

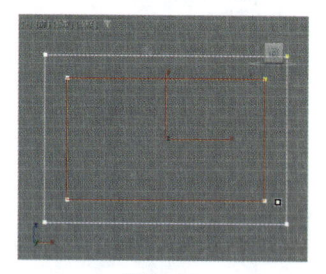

图 3-62

- **布尔**：单击此按钮后的 ●（并集）、●（差集）、●（交集）按钮，可以完成两个样条线的并集、差集、交集运算操作。
- **镜像**：可以沿水平镜像、垂直镜像或双向镜像方向镜像样条线。
- **修剪**：使用此工具可以清理形状中的重叠部分，使端点接合在一个点上。
- **延伸**：使用此工具可以清理形状中的开口部分，使端点接合在一个点上。
- **无限边界**：为了计算相交，启用此选项后，可以将开口样条线视为无穷长。

练一练：使用【矩形】和【长方体】制作装饰画

扫一扫，看视频

本例将使用【矩形】和【长方体】制作装饰画。最终渲染效果如图 3-63 所示。

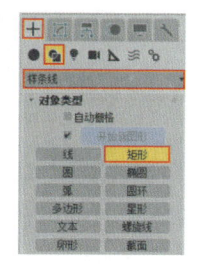

（1）执行 ＋（创建）| （图形）| 样条线 ▼ | 矩形 命令，如图 3-64 所示。在前视图中创建一个矩形，设置【长度】为 200 mm，【宽度】为 260 mm，如图 3-65 所示。

图 3-63　　　　　　图 3-64

（2）在【渲染】卷展栏中勾选【在渲染中启用】和【在视口中启用】选项，接着勾选【矩形】选项，设置【长度】为 10 mm，【宽度】为 5 mm，如图 3-66 所示。

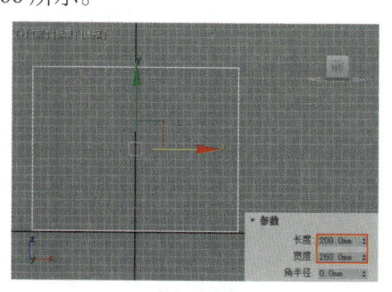

图 3-65

052

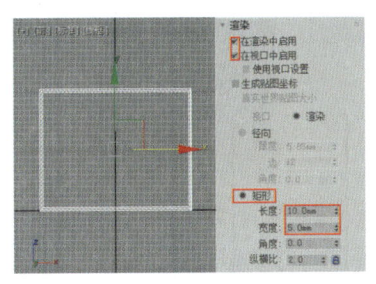

图 3-66

（3）执行 ╋（创建）｜●（几何体）｜标准基本体 ▼ ｜ 长方体 命令，在透视图中创建一个长方体，设置【长度】为 195 mm，【宽度】为 255 mm，【高度】为 2 mm，如图 3-67 所示。

（4）案例最终效果如图 3-68 所示。

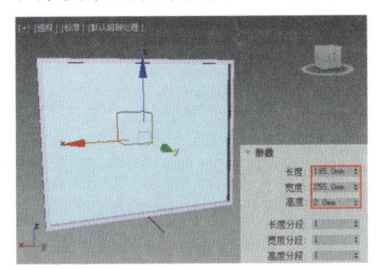

图 3-67

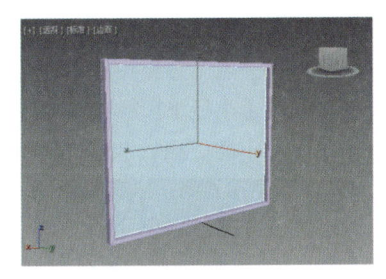

图 3-68

练一练：使用【切角长方体】和【线】制作脚凳

本例将使用【切角长方体】和【线】制作脚凳。最终渲染效果如图 3-69 所示。扫一扫，看视频

（1）执行【创建】｜【几何体】｜ 扩展基本体 ▼ ｜【切角长方体】命令，在顶视图中创建一个切角长方体，设置【长度】为 5000 mm，【宽度】为 8000 mm，【高度】为 550 mm，【圆角】为 50 mm。设置完成后将其放置在合适的位置，如图 3-70 所示。

图 3-69

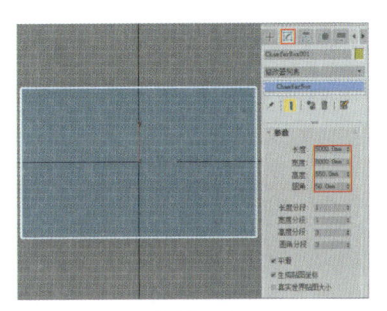

图 3-70

（2）再次创建一个切角长方体，设置【长度】为 5000 mm，【宽度】为 4000 mm，【高度】为 800 mm，【圆角】为 80 mm。设置完成后将其放置在合适的位置，如图 3-71 所示。选中刚刚创建的切角长方体，按住 Shift 键并按住鼠标左键，将其沿 X 轴向右平移并复制，放置在合适的位置后释放鼠标，在打开的【克隆选项】对话框中设置【对象】为【复制】，【副本数】为 1，如图 3-72 所示。

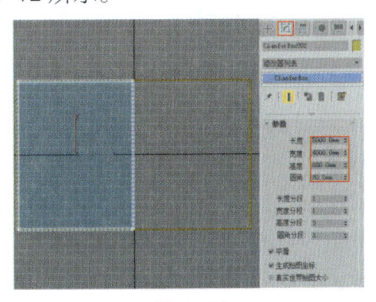

图 3-71

图 3-72

053

（3）执行【创建】|【图形】|【线】命令，在前视图中绘制样条线，在【渲染】卷展栏中勾选【在渲染中启用】和【在视口中启用】选项，接着勾选【矩形】选项，设置【长度】为200 mm，【宽度】为326 mm，如图3-73所示。在透视图中选中刚刚绘制的样条线，然后按住Shift键并按住鼠标左键，将其沿Y轴向右平移并复制，放置在合适的位置后释放鼠标，在打开的【克隆选项】对话框中设置【对象】为【复制】，【副本数】为1，如图3-74所示。

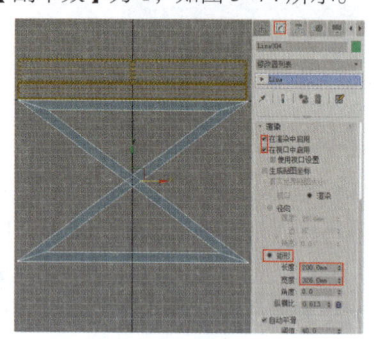

图3-73

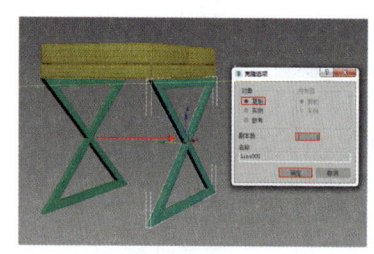

图3-74

（4）在顶视图中绘制样条线，勾选【在渲染中启用】和【在视口中启用】选项，接着勾选【矩形】选项，设置【长度】为312 mm，【宽度】为326 mm，如图3-75所示。设置完成后将其放置在合适的位置，如图3-76所示。

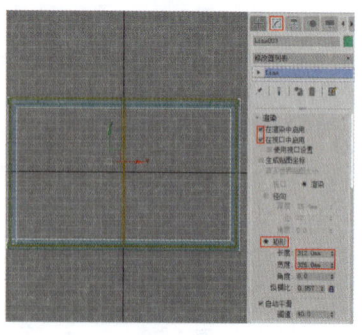

图3-75

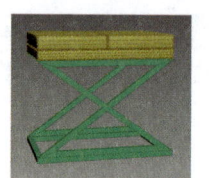

图3-76

综合实例：使用【圆柱体】【管状体】和【线】制作装饰镜

本例将使用【圆柱体】【管状体】和【线】制作装饰镜。最终渲染效果如图3-77所示。

扫一扫，看视频

图3-77

（1）执行 +（创建）|●（几何体）|标准基本体 ▼ | 圆柱体 命令。在透视图中创建一个圆柱体，设置【半径】为40 mm，【高度】为2 mm，如图3-78所示。

（2）执行 +（创建）|●（几何体）|标准基本体 ▼ | 管状体 命令。创建一个管状体，设置【半径1】为40 mm，【半径2】为44 mm，【高度】为2 mm，如图3-79所示。

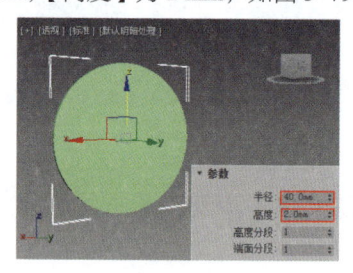

图3-78

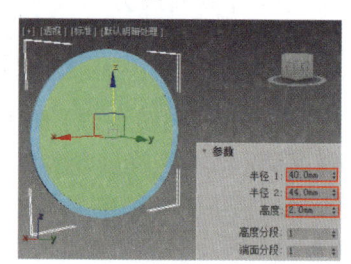

图3-79

（3）再次创建一个管状体，设置【半径1】为 44 mm，【半径2】为 45 mm，【高度】为 2 mm，如图 3-80 所示。

（4）在合适的位置创建一个圆柱体，设置【半径】为 1.5 mm，【高度】为 1 mm，如图 3-81 所示。

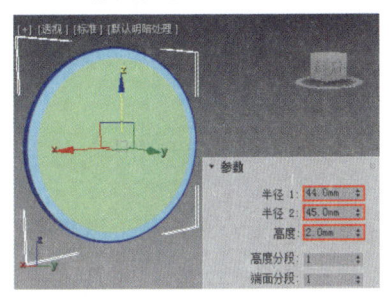

图 3-80

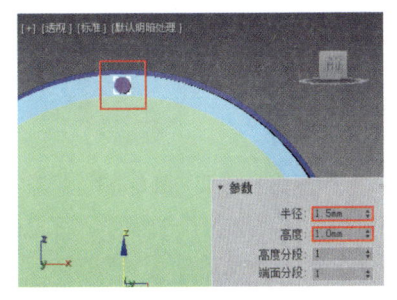

图 3-81

（5）单击【层次】按钮，然后单击 仅影响轴 按钮，接着将轴心放置在圆柱体和管状体的中心位置，如图 3-82 所示。

（6）再次单击 仅影响轴 按钮，完成对轴心的设置。单击【选择并旋转】和【角度捕捉切换】按钮，按住 Shift 键并按住鼠标左键将其沿 Y 轴向右旋转 15 度，释放鼠标后，在打开的【克隆选项】对话框中设置【对象】为【复制】，【副本数】为 23，如图 3-83 所示。效果如图 3-84 所示。

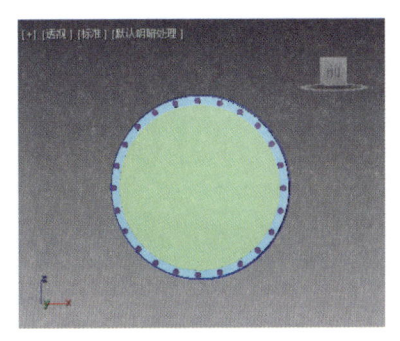

图 3-83

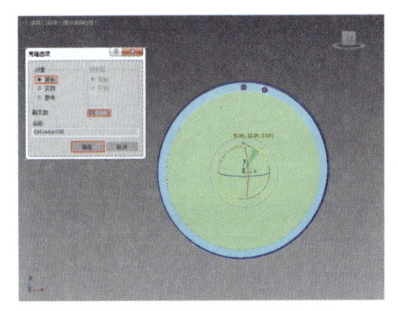

图 3-84

（7）执行 ＋（创建）｜ （图形）｜ 样条线 ｜ 线 命令，如图 3-85 所示。在前视图中创建一个闭合的样条线，如图 3-86 所示。

图 3-85

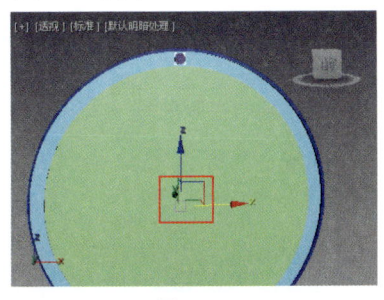

图 3-82

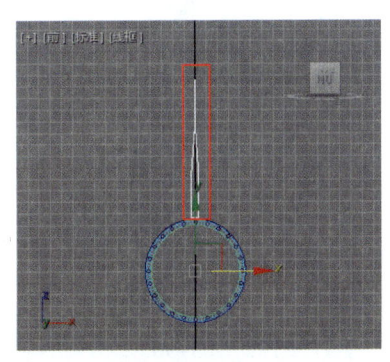

图 3-86

第 3 章 样条线建模

055

（8）单击【修改】按钮，在【渲染】卷展栏中勾选【在渲染中启用】和【在视口中启用】选项。勾选【矩形】选项，设置【长度】为 3 mm，【宽度】为 2 mm，如图 3-87 所示。效果如图 3-88 所示。

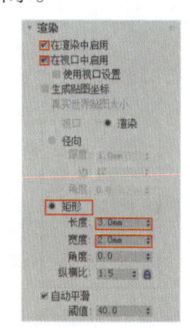

图 3-87

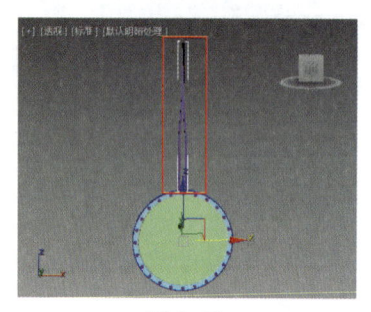

图 3-88

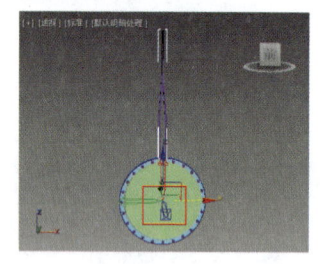

（9）单击【层次】按钮，然后单击【仅影响轴】按钮，接着将轴心位置放置在圆柱体和管状体的中心位置，如图 3-89 所示。再次单击【仅影响轴】按钮，完成对轴心的设置。

图 3-89

（10）单击【选择并旋转】和【角度捕捉切换】按钮，按住 Shift 键并按住鼠标左键将其沿 Y 轴向右旋转 10 度，释放鼠标后，在打开的【克隆选项】对话框中设置【对象】为【复制】，【副本数】为 35，如图 3-90 所示。最终效果如图 3-91 所示。

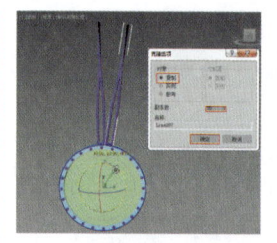

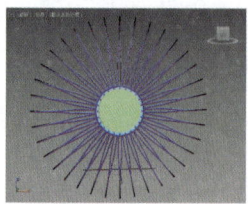

图 3-90　　　　　图 3-91

3.6 课后练习：使用【圆】【文本】【线】并加载【挤出】修改器制作钟表

本例将使用【圆】【文本】【线】并加载【挤出】修改器制作钟表。最终渲染效果如图 3-92 所示。

扫一扫，看视频

图 3-92

通过运用线条和挤出的操作，可以使建立模型的过程更为明晰简洁。

（1）执行【+】（创建）|【图形】|样条线|圆命令，在前视图中创建一个圆形，如图 3-93 所示。在【修改】面板的【插值】卷展栏中设置【步数】为 20，在【参数】卷展栏中设置【半径】为 150 mm，如图 3-94 所示。

图 3-93

图 3-94

056

（2）加载【挤出】修改器，设置【数量】为20 mm，如图3-95所示。效果如图3-96所示。

（3）执行 ╋（创建）|〇（图形）|样条线|文本按钮，在前视图中单击，设置【字体】为宋体，【大小】为50 mm，在【文本】文本框中输入12，如图3-97所示。在前视图中单击添加文字并使用 ✥（移动并选择）工具将其移动到图3-98所示的位置。

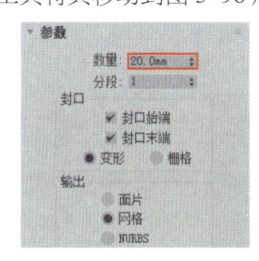

图 3-95

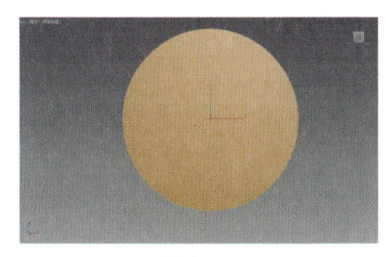

图 3-96

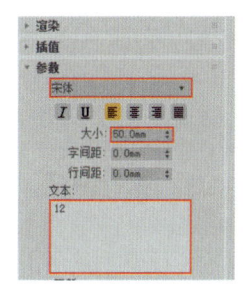

图 3-97

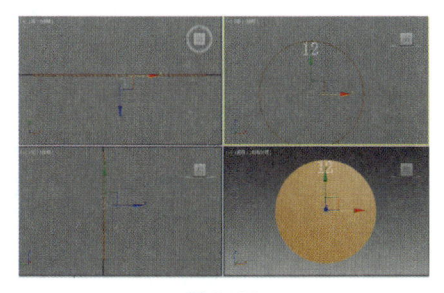

图 3-98

（4）为文字加载【挤出】修改器，设置【数量】为5 mm，如图3-99所示。效果如图3-100所示。

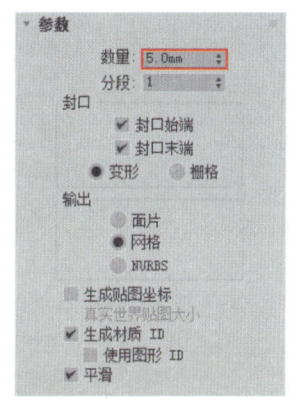

图 3-99

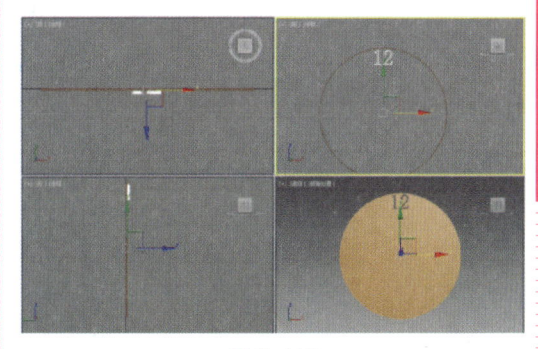

图 3-100

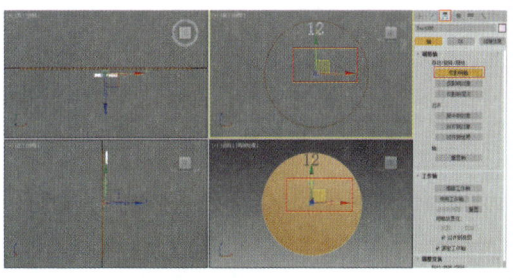

（5）选中文字，单击【层次】按钮，并单击 仅影响轴 按钮，接着将轴心移动到圆形的中心，再次单击 仅影响轴 按钮，将其取消，如图3-101所示。

图 3-101

（6）单击 ⟲（旋转并选择）按钮，并在 （角度捕捉切换）工具上右击，在打开的【栅格和捕捉设置】对话框中设置【角度】为30度，并按住Shift键将该组旋转复制11个，如图3-102和图3-103所示。效果如图3-104所示。

第 3 章 样条线建模

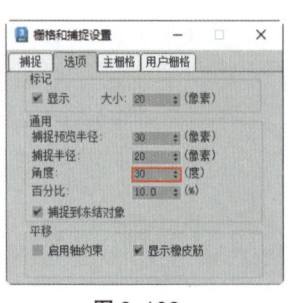

图 3-102 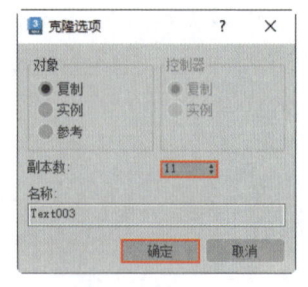　　　　　　　图 3-103 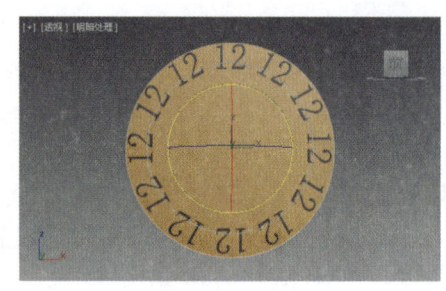　　　　　　　图 3-104

（7）依次选中文字，按照合理的顺序将文字的内容进行更改，并使用 C（旋转并选择）工具将其旋转到合适的角度，如图 3-105 所示。

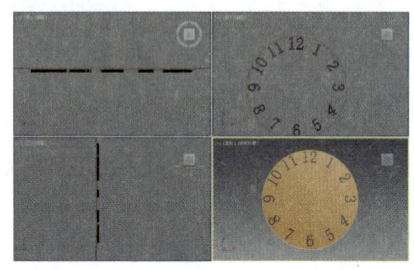

图 3-105

（8）使用　圆　工具在前视图中绘制圆形，制作钟表的针垫。【圆形】和【挤出】修改器的具体参数如图 3-106 和图 3-107 所示。位置如图 3-108 所示。

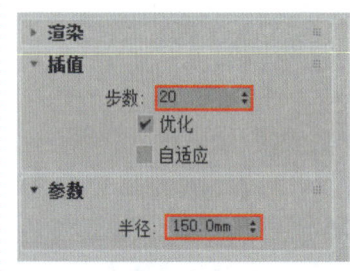

图 3-106 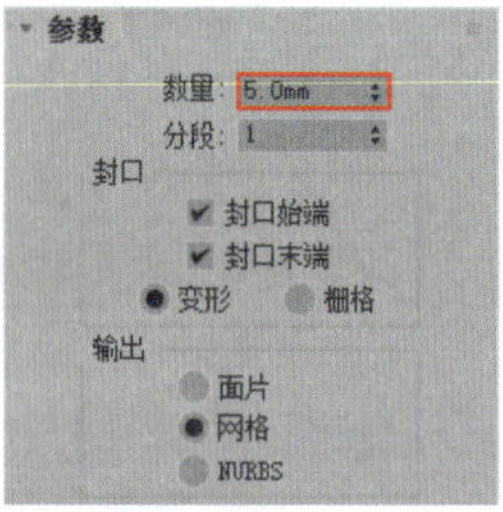　　　　　　　图 3-107 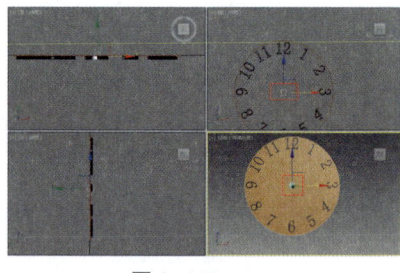　　　　　　　图 3-108

（9）执行 +（创建）| ⊙（图形）|样条线|　线　命令，在前视图中绘制如图 3-109 所示的图形，制作钟表的分针。加载【挤出】修改器，设置【数量】为 2 mm，如图 3-110 所示。效果如图 3-111 所示。

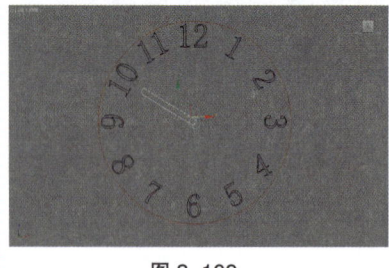

图 3-109 　　　　　　　图 3-110 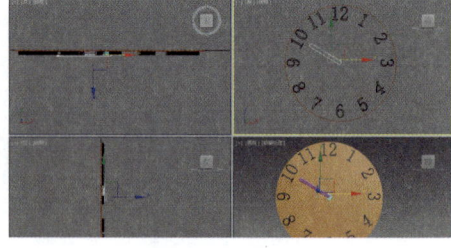　　　　　　　图 3-111

（10）使用相同的方法绘制其他指针，样式如图 3-112 所示。【挤出】修改器数量与刚才绘制的数量相同。效果如图 3-113 所示。

图 3-112 　　　　　　　　　图 3-113

（11）再次使用 ■ 圆 工具在前视图中绘制圆形，制作钟表指针的圆垫。设置【步数】为 20，【半径】为 100 mm，如图 3-114 所示。为其加载【挤出】修改器，设置【数量】为 5 mm，如图 3-115 所示。此时该模型的位置如图 3-116 所示。

图 3-114 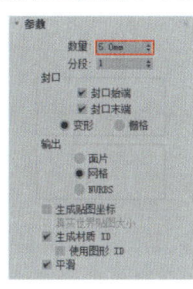　　　　　　　　图 3-115 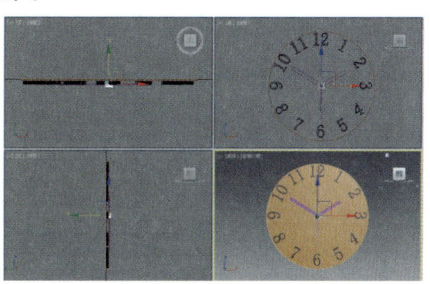　　　　　　　　图 3-116

3.7　随堂测试

1. 知识考查

（1）使用【样条线】工具绘制各种形态的线，并修改参数使其变为三维效果。
（2）将样条线转为可编辑样条线，进行更复杂的形态调节操作。

2. 实战演练

参考给定的作品，制作屏风模型。

参考效果	可用工具
	线、矩形

3. 项目实操

以"对称中式"为主题设计一款中式风格的线条纹样，该纹样可以作为装饰元素应用于很多模型表面，如柜子、墙壁等。要求如下：
（1）突出对称之美。
（2）线形结构。
（3）可应用【样条线】等工具。

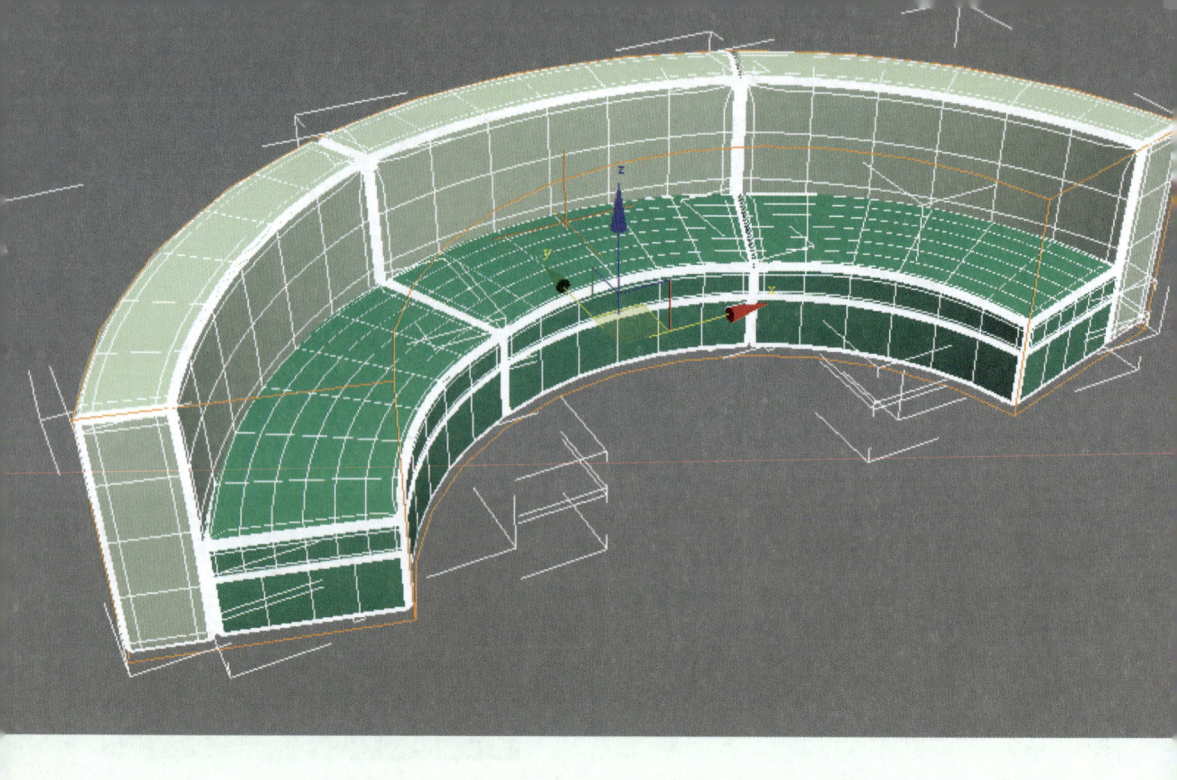

修改器建模

第 4 章

◆)) 学时安排

总学时：4 学时

理论学时：1 学时

实践学时：3 学时

◆)) 教学内容概述

本章将学习修改器建模。修改器建模是指需要为模型或图形加载修改器，并设置参数，从而产生新模型的建模方式。本章包括二维图形修改器和三维模型修改器两大部分内容。通常二维图形修改器可以使二维效果变为三维效果，而三维模型修改器通常可以改变模型本身的形态。

◆)) 教学目标

- 熟练掌握挤出、倒角、车削等二维图形修改器的使用方法
- 熟练掌握弯曲 FFD、壳、网格平滑等三维模型修改器的使用方法

4.1 认识修改器建模

本节将讲解修改器的基本知识，包括修改器的概念、为什么加载修改器以及修改器建模适合制作的模型类型。

4.1.1 修改器的概念

修改器是为图形或模型添加的工具，作用是使原来的图形或模型产生形态上的变化。

4.1.2 为什么要加载修改器

常使用修改器制作有明显变化的模型效果，如扭曲的模型（【扭曲】修改器）、弯曲的模型（【弯曲】修改器）、变形的模型（FFD 修改器）等。不同的修改器会使对象产生不同的效果，因此本章的知识点比较分散，需要多加练习。

4.1.3 修改器建模适合制作的模型

修改器建模常用于制作室内家具模型，通过为对象加载修改器使其产生模型的变化。例如，为模型加载【晶格】修改器制作水晶灯，为模型加载 FFD 修改器使其产生变形效果等。

4.1.4 编辑修改器

当模型创建完成后，可以单击进入【修改】面板，如图 4-1 所示。在此面板中不仅可以对模型参数进行设置，还可以为其加载修改器。

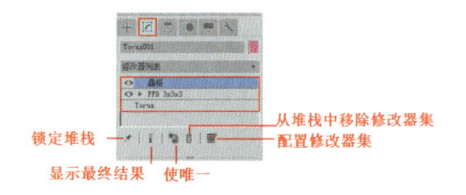

图 4-1

- **【锁定堆栈】**：假设场景中有很多加载了修改器的模型，如果只选择某一个模型并激活该按钮，此时只可以对当前选择的模型调整参数。

- **【显示最终结果】**：激活该按钮后，会在选定的对象上显示加载修改器后的最终结果。

- **【使唯一】**：激活该按钮后，可以将以【实操】方式复制的对象设置为独立的对象。

1. 复制修改器

模型上加载的修改器可以进行复制，然后粘贴到其他模型的修改器中。选择一个模型，单击修改，然后右击某个修改器，在弹出的快捷菜单中选择【复制】命令，如图 4-2 所示。然后选择其他模型，单击修改，在名称位置右击，在弹出的快捷菜单中选择【粘贴】命令，如图 4-3 所示。此时，这个模型就被粘贴上了与最开始模型一样的修改器，如图 4-4 所示。

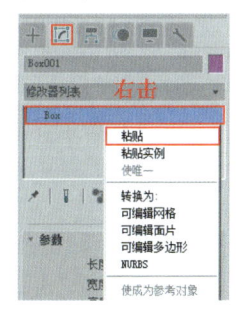

图 4-2　　图 4-3

图 4-4

2. 删除修改器

为模型加载完修改器后，如果需要删除，不要按 Delete 键。若按 Delete 键，则会将模型一同删除。正确的方法是选择修改器，然后单击（从堆栈中移除修改器）按钮，如图 4-5 所示。

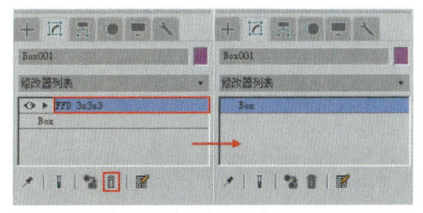

图 4-5

4.2 二维图形修改器的类型

二维图形修改器是针对二维图形的，通过对二维图形加载相应的修改器使其变为三维模型效果。常用的二维图形修改器有挤出、倒角、倒角剖面、车削等。

4.2.1 【挤出】修改器

【挤出】修改器可以快速将二维图形变为具有厚度或高度的三维模型（前提是图形为闭合图形，才会产生三维实体模型；若图形不是闭合的，则只会挤出高度而不是实体效果）。图 4-6 所示为加载【挤出】修改器前后的对比效果。

【挤出】修改器参数如图 4-7 所示。

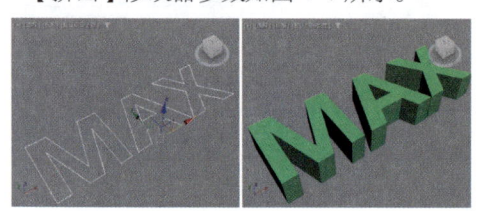

图 4-6

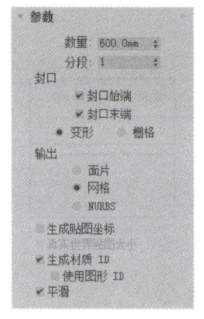

图 4-7

- **数量**：设置挤出的厚度，默认为 0 代表没有挤出。数值越大，挤出的模型越厚。
- **分段**：指定将要在挤出对象中创建线段的数目。
- **封口始端**：在挤出对象始端生成一个平面。
- **封口末端**：在挤出对象末端生成一个平面。
- **平滑**：将平滑应用于挤出图形。

闭合的图形和未闭合的图形在加载【挤出】修改器时，会产生不同的三维效果。

（1）对于闭合的图形，挤出后的效果是具有厚度的实体模型，如图 4-8 所示。

（2）对于未闭合的图形，挤出后的效果是没有厚度但是有高度的薄片模型，如图 4-9 所示。

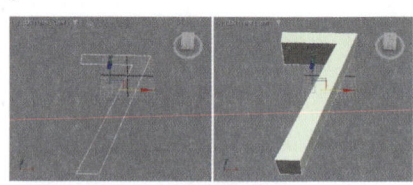

图 4-8

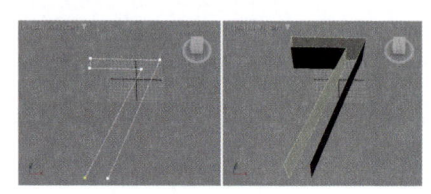

图 4-9

4.2.2 【倒角】修改器

【倒角】修改器可以在将二维图形挤出厚度的同时，在模型的边缘处产生倒角斜面的效果，使模型边缘细节更丰富，如图 4-10 所示。

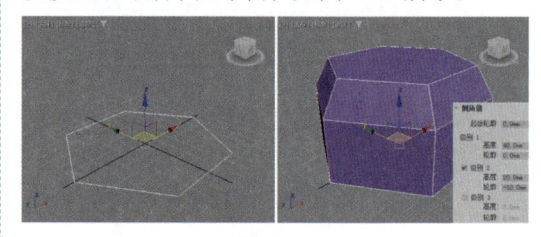

图 4-10

【倒角】修改器参数如图 4-11 所示。

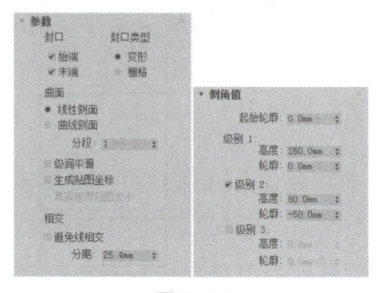

图 4-11

- **始端/末端**：使用对象的始端/末端进行封口。

- **变形**：为变形创建适合的封口面。
- **栅格**：在栅格图案中创建封口面。封装类型的变形和渲染要比渐进变形封装效果好。
- **线性侧面**：勾选此项后，级别之间的分段插值会沿着一条直线。
- **曲线侧面**：勾选此项后，级别之间的分段插值会沿着一条 Bezier 曲线。
- **分段**：在每个级别之间设置中级分段的数量。
- **级间平滑**：控制是否将平滑组应用于倒角对象侧面。封口会使用与侧面不同的平滑组。
- **避免线相交**：防止轮廓彼此相交。它通过在轮廓中插入额外的顶点并用一条平直的线段覆盖锐角来实现。
- **分离**：设置边之间所保持的距离。
- **起始轮廓**：设置轮廓从原始图形偏移的距离。非零设置会改变原始图形的大小。
- **级别 1**：包含两个参数，它们表示起始级别的改变。
- **高度**：设置级别 1 在起始级别之上的距离。
- **轮廓**：设置级别 1 的轮廓到起始轮廓的偏移距离。

4.2.3 【倒角剖面】修改器

应用【倒角剖面】修改器时需要两个二维图形。选择其中一个图形，然后为其加载【倒角剖面】修改器，并拾取另外一个图形，从而产生一个三维模型。需要注意的是，这两个图形一个是在左视图中创建的剖面图形，一个是在前视图中创建的路径图形，因此不要在同一个视图中创建。

【倒角剖面】修改器原理如图 4-12 所示。其参数如图 4-13 所示。

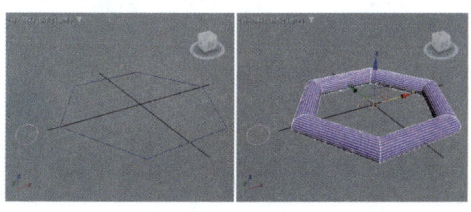

图 4-12

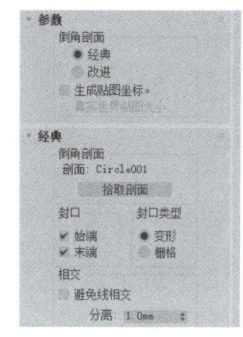

图 4-13

- **拾取剖面**：选中一个图形或 NURBS 曲线用于剖面路径。

实操：加载【倒角剖面】修改器制作油画框

本例将加载【倒角剖面】修改器制作油画框。最终渲染效果如图 4-14 所示。

扫一扫，看视频

图 4-14

（1）执行 ＋（创建）｜ （图形）｜ 样条线 ｜ 线 命令，如图 4-15 所示。在前视图中绘制图 4-16 所示的样条线。

（2）执行 ＋（创建）｜ （图形）｜ 样条线 ｜ 矩形 命令，在前视图中绘制一个矩形，设置【长度】为 5800 mm，【宽度】为 4860 mm，如图 4-17 所示。

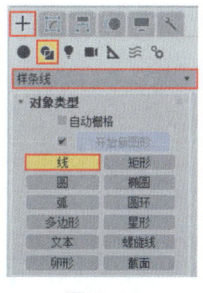

图 4-15

063

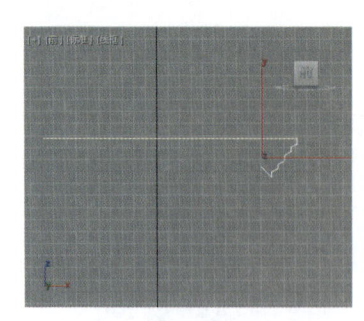

图 4-16

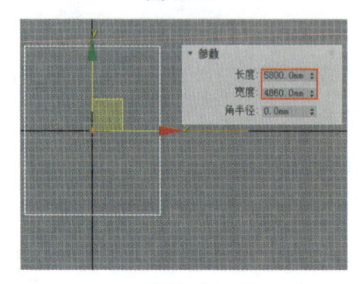

图 4-17

（3）为刚刚绘制的矩形加载【倒角剖面】修改器，在【参数】卷展栏中设置【倒角剖面】为【经典】，在【经典】卷展栏中单击 拾取剖面 按钮，接着单击上一步绘制的线条进行拾取，如图 4-18 所示。案例最终效果如图 4-19 所示。

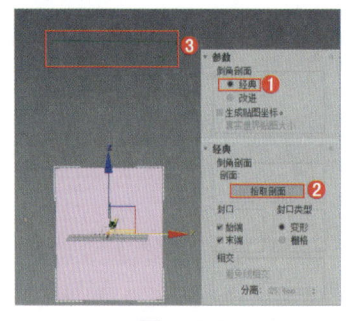

图 4-18

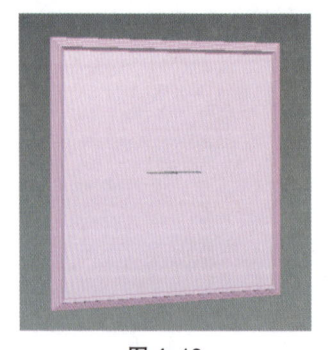

图 4-19

4.2.4 【车削】修改器

【车削】修改器的原理是通过绕轴旋转一个图形来创建 3D 模型。【车削】原理如图 4-20 所示。车削参数如图 4-21 所示。

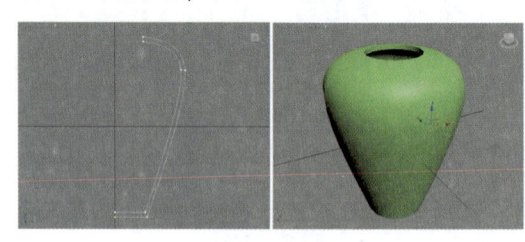

图 4-20

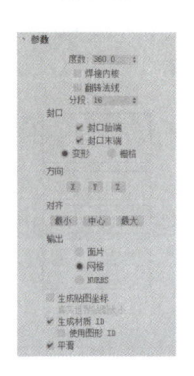

图 4-21

● 度数：确定对象绕轴旋转多少度。

● 焊接内核：通过将旋转轴中的顶点焊接来简化网格。

● 翻转法线：勾选该选项后，模型会产生内部外翻的效果。如果发现车削之后的模型"发黑"，则可以勾选该选项尝试一下。

● 分段：数值越大，模型越光滑。图 4-22 所示为设置分段为 6 和 60 的对比效果。

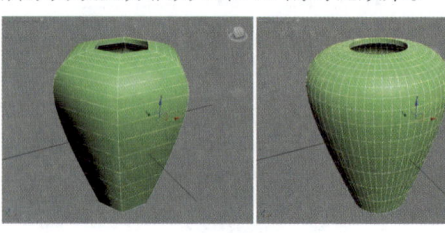

图 4-22

● X/Y/Z：设置轴的旋转方向。

● 对齐：将旋转轴与图形的最小、中心或最大范围对齐。

练一练：加载【车削】修改器制作台灯

本例通过为样条线加载【车削】修改器，制作出台灯的底部；创建管状体和圆柱体制作灯罩和灯柱模型。效果如图 4-23 所示。

图 4-23

扫一扫，看视频

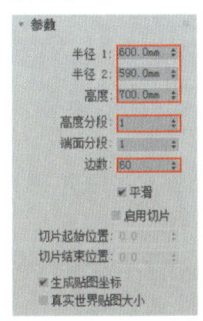

（1）执行 ✚（创建）｜●（几何体）｜标准基本体｜管状体 命令，在透视图中创建一个管状体，设置【半径 1】为 600 mm，【半径 2】为 590 mm，【高度】为 700 mm，【高度分段】为 1，【边数】为 60，如图 4-24 所示。效果如图 4-25 所示。

图 4-24

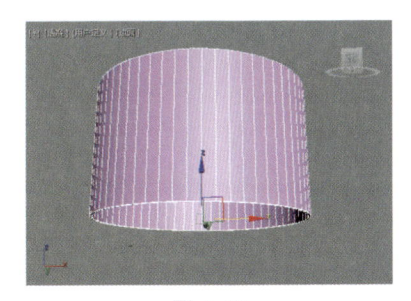

图 4-25

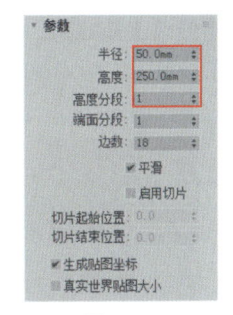

（2）执行 ✚（创建）｜●（几何体）｜标准基本体｜圆柱体 命令，在管状体下方创建一个圆柱体，设置【半径】为 50 mm，【高度】为 250 mm，【高度分段】为 1，如图 4-26 所示。效果如图 4-27 所示。

图 4-26

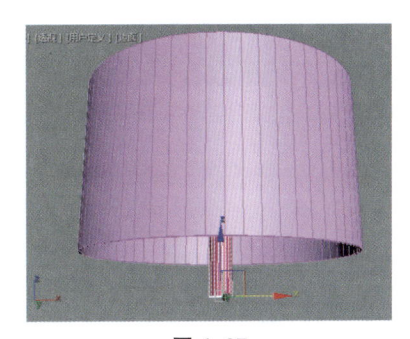

图 4-27

（3）执行 ✚（创建）｜ ❂（图形）｜样条线｜线 命令，如图 4-28 所示。在前视图中创建图 4-29 所示的样条线。

图 4-28

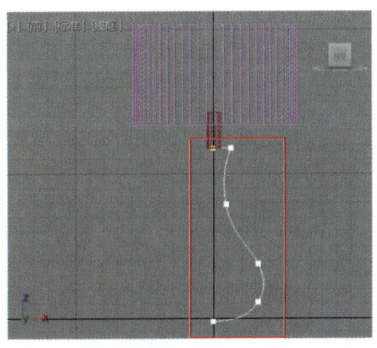

图 4-29

（4）单击【修改】按钮，为样条线加载【车削】修改器，勾选【翻转法线】，单击【对齐】栏中的【最小】按钮，如图 4-30 所示。此时模型效果如图 4-31 所示。

（5）最终效果如图 4-32 所示。

图 4-30 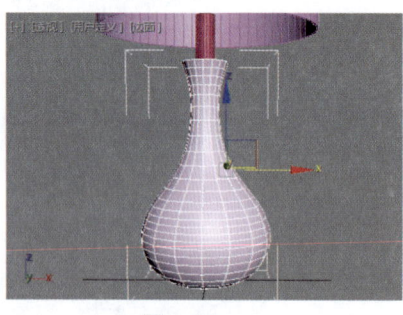　　　　　图 4-31 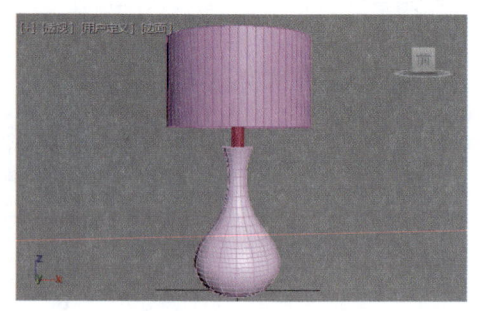　　　　　图 4-32

4.3　三维模型修改器的类型

三维模型修改器是专门针对三维模型的，通过为三维模型加载修改器，使模型的外观产生变化。常用的三维模型修改器类型有很多，如 FFD、弯曲、扭曲、壳、对称、晶格等。

4.3.1　【弯曲】修改器

【弯曲】修改器不仅可以将模型变弯曲，还可以限制模型弯曲的位置、角度、方向等。【弯曲】修改器参数如图 4-33 所示。

- **角度：** 从顶点平面设置要弯曲的角度。图 4-34 所示为设置角度为 0 和 90 的对比效果。需要注意的是，模型要有一定的分段，分段太少会导致效果错误或效果不佳。

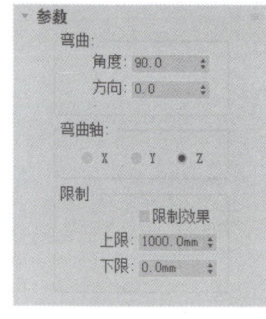

图 4-33 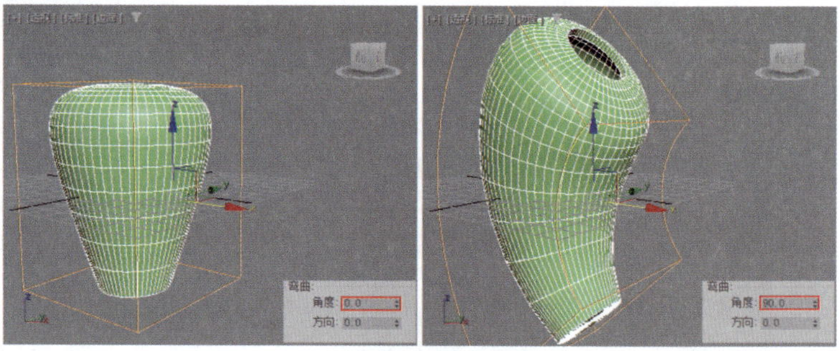　　　　　图 4-34

- **方向：** 设置弯曲相对于水平面的方向。图 4-35 所示为设置方向为 0 和 90 的对比效果。
- **弯曲轴：** 控制弯曲的轴向。图 4-36 所示为设置弯曲轴为 Z 和 Y 的对比效果。

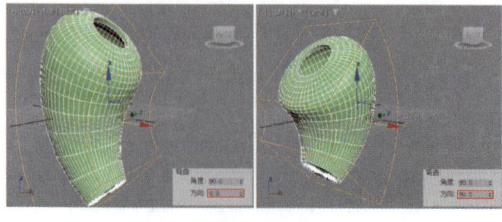

图 4-35 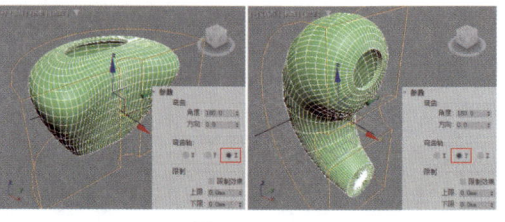　　　　　图 4-36

- **限制效果**：将限制约束应用于弯曲效果。
- **上限/下限**：控制产生限制效果的上限位置和下限位置。图 4-37 所示为取消勾选【限制效果】和勾选【限制效果】并设置【上限】为 55 mm 的对比效果。需要注意的是，不同模型，设置相同的上限/下限所产生的效果是不同的。

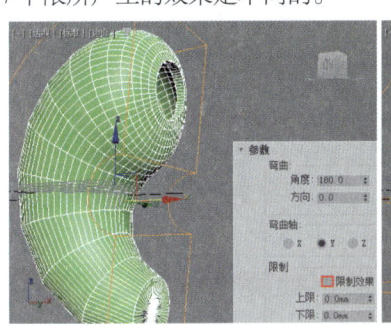

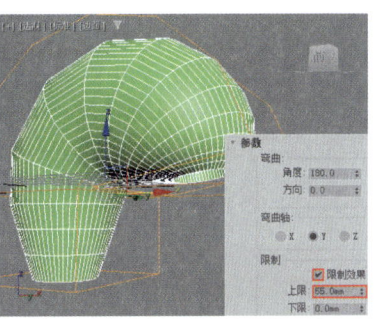

图 4-37

综合实例：加载【弯曲】修改器制作 C 形多人沙发

C 形多人沙发这种占据客厅面积很大的家具，往往对整个居室风格的表现起到举足轻重的作用，C 形多人沙发比起多人沙发外形更加灵活。最终渲染效果如图 4-38 所示。

（1）利用【切角长方体】工具 切角长方体 在顶视图中创建一个切角长方体，如图 4-39 所示。设置【长度】为 500 mm，【宽度】为 1200 mm，【高度】为 200 mm，【圆角】为 20 mm，【长度分段】为 4，【宽度分段】为 6，【高度分段】为 1，【圆角分段】为 10，如图 4-40 所示。

（2）选择上一步创建的其中一个切角长方体，使用 ✥（选择并移动）工具并按住 Shift 键将其沿 Z 轴进行复制，在打开的【克隆选项】对话框中选择【对象】为【复制】。效果如图 4-41 所示。

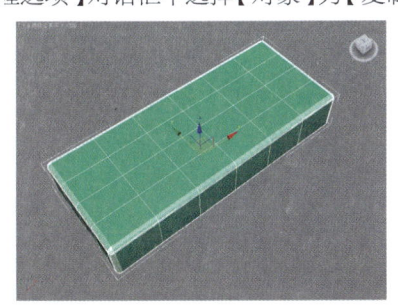

图 4-38

图 4-39 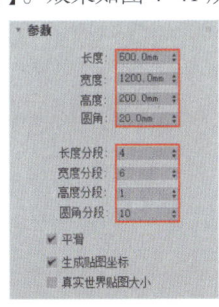　　　图 4-40 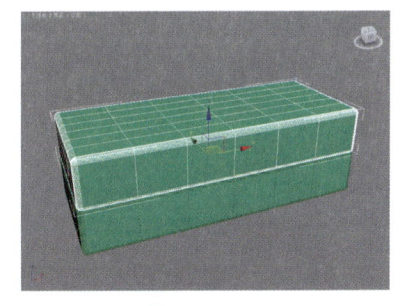　　　图 4-41

（3）进入【修改】面板，设置【高度】为 100 mm，如图 4-42 所示。效果如图 4-43 所示。

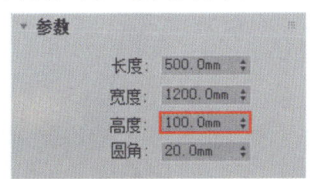

图 4-42 　　　图 4-43

067

（4）为其加载【编辑多边形】修改器，在【顶点】级别下，展开【编辑多边形模式】卷展栏，勾选【忽略背面】；展开【软选择】卷展栏，勾选【使用软选择】，激活【背面】，【衰减】设置为1200，如图4-44所示。然后沿Z轴移动图4-45所示的点。

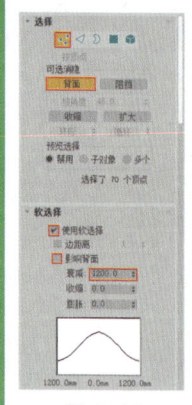

图4-44　　　　　图4-45

（5）选择上一步修改后的切角长方体，为其加载【网格平滑】修改器，设置【迭代次数】为1，如图4-46所示。效果如图4-47所示。

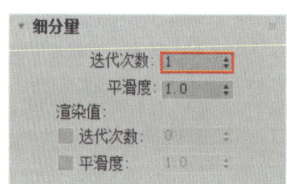

图4-46

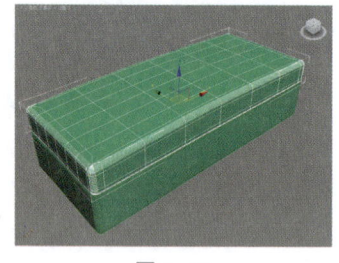

图4-47

（6）利用【切角长方体】工具在前视图中创建一个切角长方体，如图4-48所示。设置【长度】为700 mm，【宽度】为1200 mm，【高度】为200 mm，【圆角】为20 mm，【长度分段】为4，【宽度分段】为6，【圆角分段】为10，如图4-49所示。

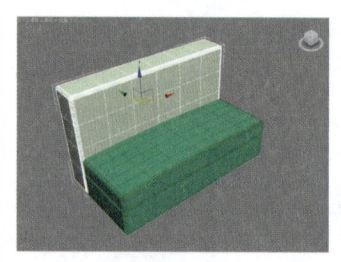

图4-48　　　　　图4-49

（7）选择上一步创建的切角长方体，为其加载【编辑多边形】修改器，在【顶点】级别下，展开【编辑多边形模式】卷展栏，勾选【忽略背面】；展开【软选择】卷展栏，勾选【使用软选择】，取消勾选【影响背面】，【衰减】设置为1200，如图4-50所示。沿Z轴移动图4-51所示的点。

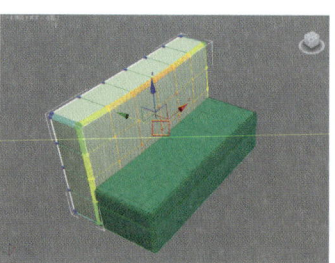

图4-50　　　　　图4-51

（8）加载【网格平滑】修改器，设置【迭代次数】为1，如图4-52所示。效果如图4-53所示。

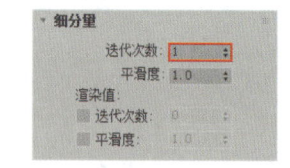

图4-52

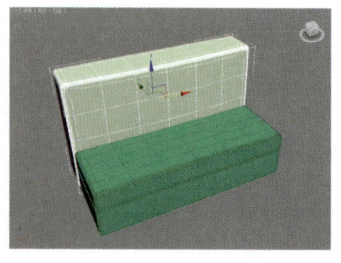

图4-53

（9）选择图中的模型，使用 （选择并移动）工具并按住 Shift 键将其沿 X 轴进行复制，如图 4-54 所示。在打开的【克隆选项】对话框中选择【对象】为【实例】,【副本数】设置为 2，如图 4-55 所示。

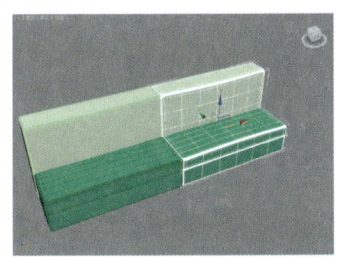

图 4-54

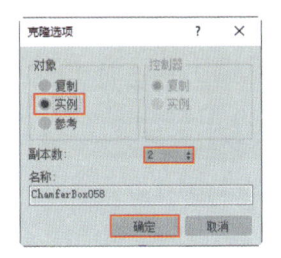

图 4-55

（10）利用【切角长方体】工具 切角长方体 在顶视图中创建 12 个长方体，如图 4-56 所示。设置【长度】为 100 mm,【宽度】为 100 mm,【高度】为 20 mm,【圆角】为 2,【长度分段】为 1,【圆角分段】为 5，如图 4-57 所示。

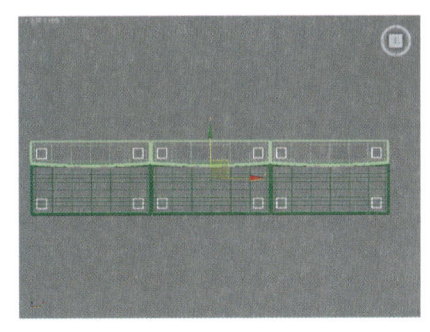

图 4-56

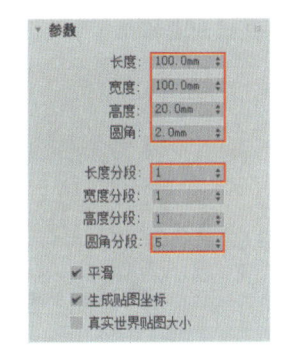

图 4-57

（11）按快捷键 Ctrl+A 选择所有模型，为其加载【弯曲】修改器,设置【角度】为 150,【方向】为 90,【弯曲轴】选择【X】，如图 4-58 所示。效果如图 4-59 所示。

（12）按照多边形建模的方法制作抱枕模型。最终模型效果如图 4-60 所示。

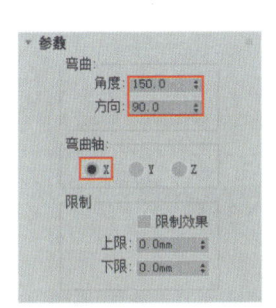

图 4-58 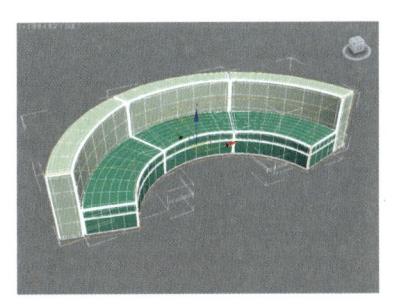　　　　图 4-59 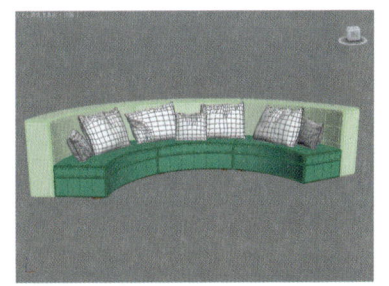　　　　图 4-60

4.3.2 【扭曲】修改器

【弯曲】修改器和【扭曲】修改器都可以对三维模型的外观产生较为明显的变化，从字面意思就可以看出两个修改器的功能。【扭曲】修改器可以将模型变扭曲旋转，常用来制作带有规则扭曲感的模型。【扭曲】修改器参数如图 4-61 所示。

● **角度**：设置扭曲的角度。图 4-62 所示为设置角度为 0 和 180 的对比效果。

069

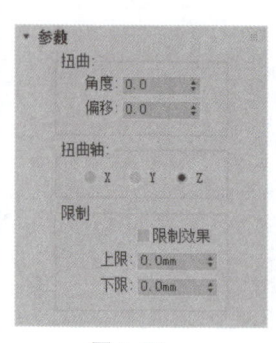

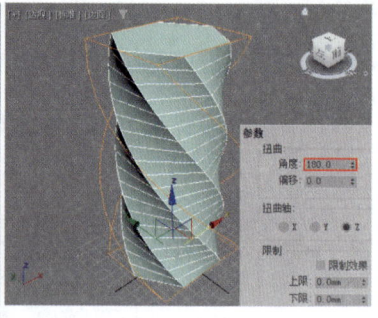

图 4-61

图 4-62

- **偏移**：使扭曲旋转在对象的任意末端聚团。图 4-63 所示为设置偏移为 0 和 95 的对比效果。

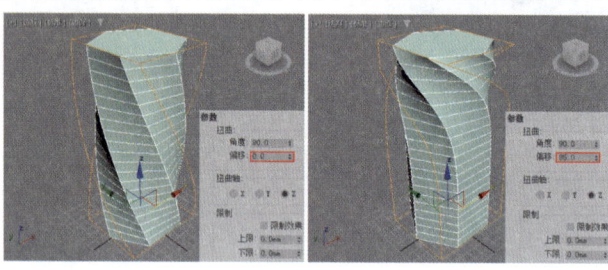

图 4-63

- **扭曲轴**：控制扭曲的轴向。

4.3.3 FFD 修改器

FFD 修改器通过选择【控制点】级别，然后移动控制点位置，使模型在外观上产生变化，常用来制作整体扭曲的模型。3ds Max 中包括 5 种 FFD 修改器，分别为 FFD 2×2×2、FFD 3×3×3、FFD 4×4×4、FFD（圆柱体）和 FFD（长方体）。这 5 种修改器的使用方法是一样的，区别在于控制点的数量不同，如图 4-64 所示。图 4-65 所示为模型加载 FFD 修改器，并通过调整控制点的位置，产生的模型变化效果。

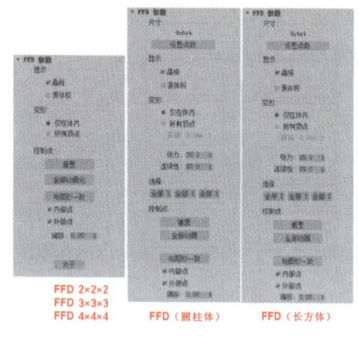

图 4-64

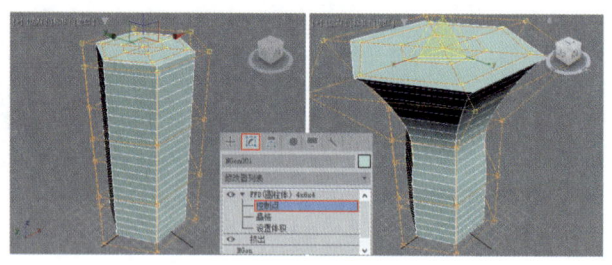

图 4-65

- **晶格**：绘制连接控制点的线条以形成栅格。
- **源体积**：控制点和晶格会以未修改的状态显示。
- **衰减**：决定着 FFD 效果减为 0 时离晶格的距离。仅在于勾选【所有顶点】选项时可用。
- **张力 / 连续性**：调整变形样条线的张力和连续性。
- **重置**：将所有控制点返回到它们的原始位置。

- **全部动画**：将【点】控制器指定给所有控制点，这样它们在【轨迹视图】中立即可见。
- **与图形一致**：在对象中心控制点位置之间沿直线延长线，将每一个 FFD 控制点移到修改对象的交叉点上，这将增加一个由【偏移】微调器指定的偏移距离。
- **内部点**：仅控制受【与图形一致】影响的对象内部点。
- **外部点**：仅控制受【与图形一致】影响的对象外部点。
- **偏移**：受【与图形一致】影响的控制点偏移对象曲面的距离。

> ⚠ 提示：在为模型加载修改器之前，要设置合适的分段

在为模型加载修改器时，模型的分段是很重要的。分段过少，容易造成模型无法实现需要的效果。例如，在加载 FFD、弯曲、扭曲等修改器时，分段尤为重要。

创建一个圆柱体，默认设置【高度分段】为 1，加载【弯曲】修改器之后，模型没有弯曲，如图 4-66 所示。

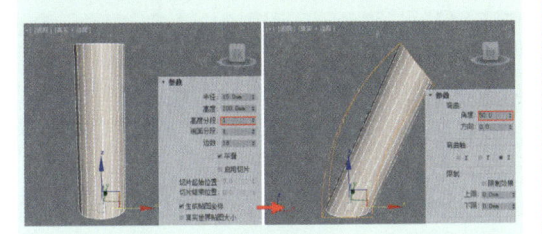

图 4-66

而创建一个圆柱体，设置【高度分段】为 10，加载【弯曲】修改器之后，模型的弯曲度很好，如图 4-67 所示。

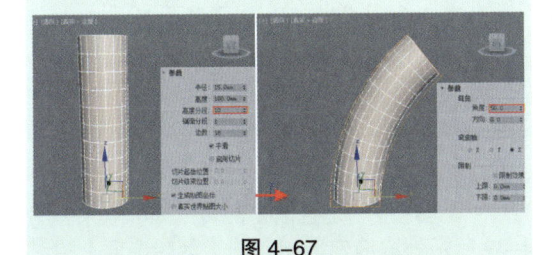

图 4-67

4.3.4 【晶格】修改器

【晶格】修改器可以将模型变成水晶结构效果，该结构包括两部分，分别是支柱（可以理解为框架）和节点（框架交汇处的节点）。【晶格】修改器参数如图 4-68 所示。

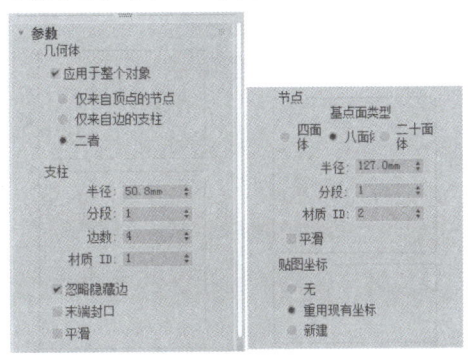

图 4-68

- **应用于整个对象**：应用到对象的所有边或线段上。
- **支柱**：控制晶格中的支柱结构的参数，包括半径、分段、边数等参数。创建一个圆柱体，加载【晶格】修改器，分别设置【支柱】的【半径】为 1 mm 和 3 mm，其对比效果如图 4-69 所示。

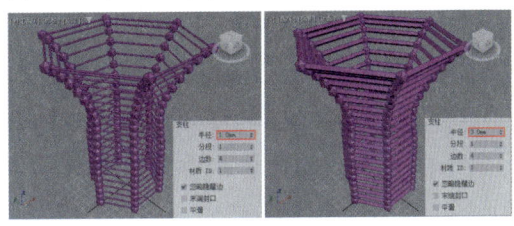

图 4-69

- **节点**：控制晶格中的节点结构的参数，包括半径、分段等参数。创建一个圆柱体，加载【晶格】修改器，分别设置【节点】的【半径】为 6 mm 和 12 mm，其对比效果如图 4-70 所示。

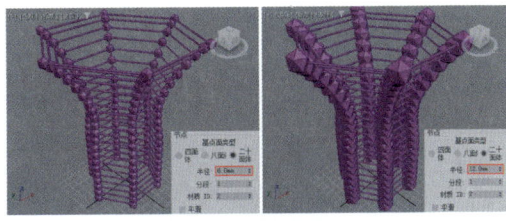

图 4-70

4.3.5 【壳】修改器

【壳】修改器可以为模型添加厚度效果，常用来制作能够显露出切面厚度的对象。【壳】修改器参数如图4-71所示。

- **内部量/外部量：** 控制向模型内或外产生厚度的数值，如图4-72所示。

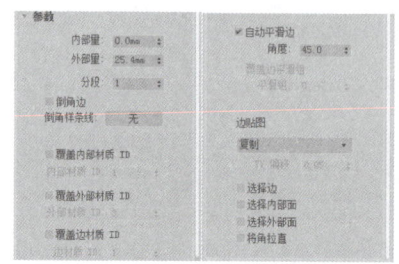

图4-71

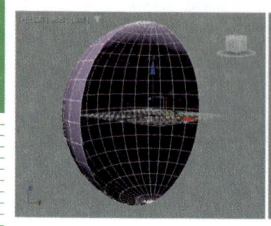

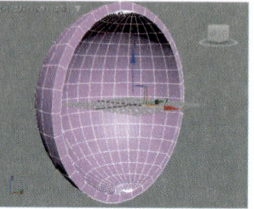

图4-72

- **倒角边：** 启用该选项并指定【倒角样条线】，3ds Max 会使用样条线定义边的剖面和分辨率。
- **倒角样条线：** 单击此按钮，然后选择打开样条线定义边的形状和分辨率。

4.3.6 【对称】修改器

【对称】修改器可以将模型沿 X、Y、Z 中的任一轴向进行镜像，使其产生对称的模型效果，常用来制作上下对称或左右对称的物体。因此，创建对称模型的方法最好就是只创建一侧模型，然后加载【对称】修改器创建另一侧模型。【对称】修改器参数如图4-73所示。

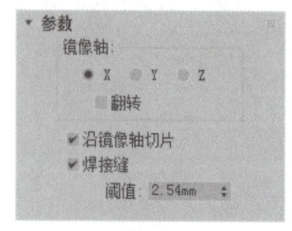

图4-73

（1）创建一个环形结，如图4-74所示。

（2）单击修改，为其加载【对称】修改器，如图4-75所示。

（3）单击▼按钮，选择【镜像】级别，如图4-76所示。

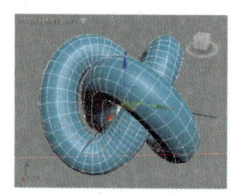

图4-74

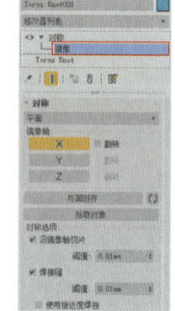

图4-75   图4-76

（4）此时在该状态下，沿 X 轴向右移动，即可看到模型产生了变化，如图4-77所示。

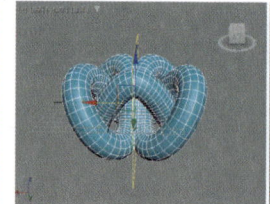

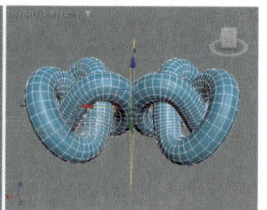

图4-77

- **镜像轴：** 设置镜像的轴向。图4-78所示为分别设置镜像轴为 Z 和 X 的对比效果。

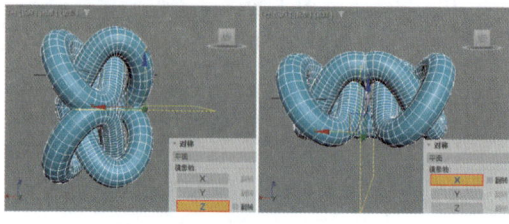

图4-78

- **翻转：** 控制是否需要翻转镜像的效果。图4-79所示为取消勾选和勾选【翻转选项】的对比效果。

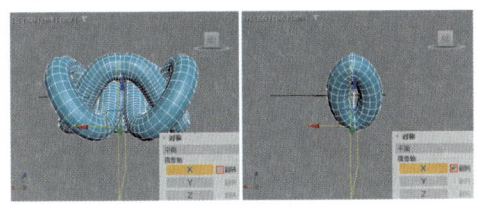

图 4-79

● 沿镜像轴切片：启用【沿镜像轴切片】，可以使镜像轴在定位于网格边界内部时作为一个切片平面。

● 焊接缝：启用【焊接缝】，可以确保沿镜像轴的顶点在阈值以内自动焊接。

● 阈值：阈值设置的值代表顶点在自动焊接起来之前的接近程度。

4.3.7 【细分】修改器、【细化】修改器、【优化】修改器

3ds Max 中的修改器可以增加或减少模型的多边形个数。

1.【细分】修改器

【细分】修改器可以增加模型的多边形个数，但是不会改变模型本身的外观形态。创建一个球体模型，为其添加【细分】修改器的对比效果如图 4-80 所示。

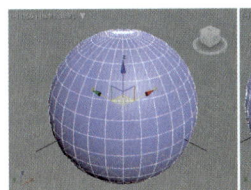

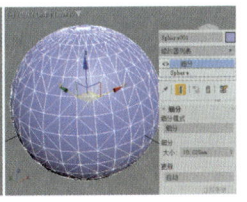

图 4-80

2.【细化】修改器

【细化】修改器可以增加模型的多边形个数，并且会使模型产生更加光滑的效果。创建茶壶模型，为其加载【细化】修改器的对比效果如图 4-81 所示。

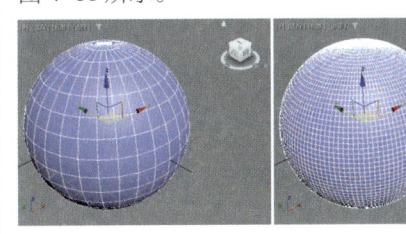

图 4-81

● （面）：将选择作为三角形面集来处理。

● （多边形）：拆分多边形面。

● 边：从面或多边形的中心到每条边的中点进行细分。应用于三角面时，也会将与选中曲面共享边的非选中曲面进行细分。

● 面中心：从面或多边形的中心到角顶点进行细分。

● 张力：决定新面在经过边细分后是平面、凹面还是凸面。

● 迭代次数：应用细分的次数。

3.【优化】修改器

【优化】修改器与【细分】和【细化】两个修改器相反，【优化】修改器可以减少模型的多边形个数，使模型多边形变少，视图操作更流畅。【优化】修改器参数如图 4-82 所示。加载【优化】修改器前后的对比效果如图 4-83 所示。

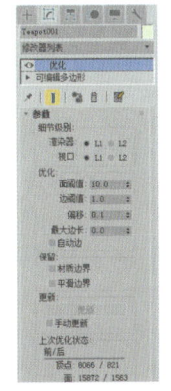

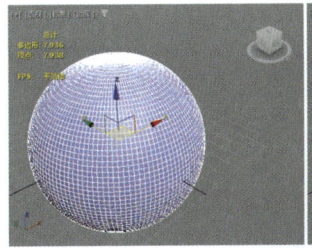

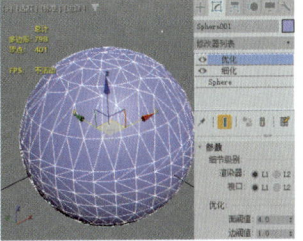

图 4-82

图 4-83

- **渲染器 L1/L2**：设置默认扫描线渲染器的显示级别。使用【视口 L1/L2】来更改保存的优化级别。
- **视口 L1/L2**：同时为视口和渲染器设置优化级别。该选项同时切换视口的显示级别。
- **面阈值**：用于控制哪些面将变形和崩塌的数值。
- **边阈值**：为开放边（只绑定了一个面的边）设置不同的阈值角度。较低的值保留开放边。
- **偏移**：帮助减少优化过程中产生的细长三角形或退化三角形，它们会导致产生渲染缺陷。
- **最大边长**：指定最大边长，超出该值的边在优化时无法拉伸。
- **自动边**：随着优化启用和禁用边。

4.3.8 【平滑】修改器、【网格平滑】修改器、【涡轮平滑】修改器

3ds Max 中有 3 种修改器可以使模型变得更平滑，分别是【平滑】修改器、【网格平滑】修改器和【涡轮平滑】修改器。

1.【平滑】修改器

【平滑】修改器可以使模型变得更平滑，但是平滑效果很一般，该修改器不会增加模型的多边形个数。创建一个球体模型，多边形个数为 80 个，如图 4-84 所示。为球体加载【平滑】修改器，默认取消勾选【自动平滑】，如图 4-85 所示。此时不但没有更平滑，反而出现了转折更强的效果，如图 4-86 所示。

若想使用【平滑】修改器使模型变平滑，则需要勾选【自动平滑】，并且增大【阈值】数值，如图 4-87 所示。加载【平滑】修改器之后的模型，其多边形个数没有增多，还是 80 个，并且平滑效果不太明显，如图 4-88 所示。

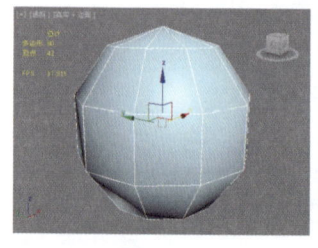

图 4-84 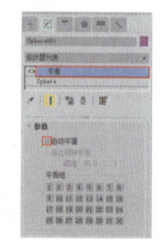　　　　图 4-85

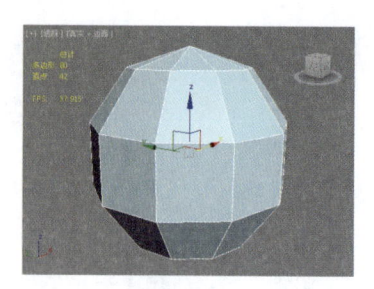

图 4-86

图 4-87 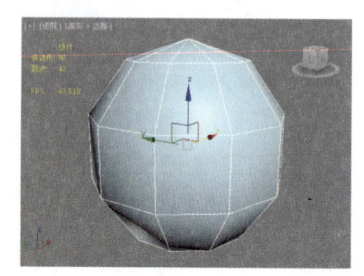　　　　图 4-88

2.【网格平滑】修改器

【网格平滑】修改器可以把模型变得非常平滑，但是会增加模型的多边形个数，此时多边形个数增加到了 180 个，如图 4-89 所示。【网格平滑】修改器参数如图 4-90 所示。

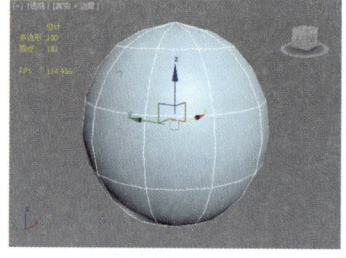

图 4-89 　　　　图 4-90

- **迭代次数**：控制平滑的程度。数值越大，越平滑，但是模型的多边形个数也越多，占用内存也越大，建议该数值不要超过 3。

3.【涡轮平滑】修改器

【涡轮平滑】修改器可以把模型变得非常平滑，也会增加模型的多边形个数，此时多边形个数增加至 1440 个，如图 4-91 所示。【涡轮平滑】修改器参数如图 4-92 所示。需要注意的是，过多的多边形个数会占用大量内存，会使 3ds Max 操作起来变得卡顿。

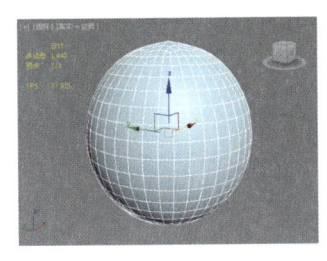

图 4-91 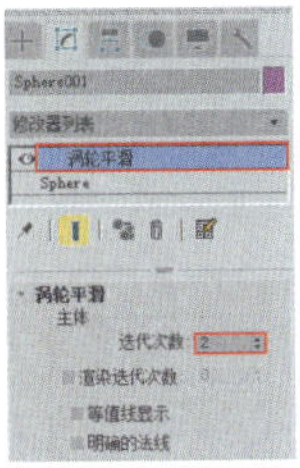　　　　　　　　图 4-92

4.4 课后练习：加载【挤出】和 FFD 修改器制作茶几

本例通过为卵形加载【挤出】修改器制作茶几桌面模型；为圆柱体加载 FFD 2×2×2 修改器制作茶几腿模型。效果如图 4-93 所示。

图 4-93　　　　　扫一扫，看视频

（1）执行 ➕（创建）｜ ⚙（图形）｜ 样条线 ▼ ｜ 卵形 命令，如图 4-94 所示。在顶视图中按住鼠标左键并拖动，创建一个卵形，设置【长度】为 165 mm，【宽度】为 110 mm，【厚度】为 0 mm，【角度】为 –112，如图 4-95 所示。

图 4-94 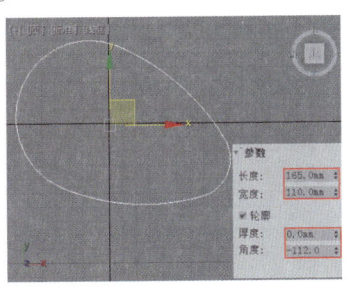　　　　　　　　图 4-95

（2）单击【修改】按钮，为卵形加载【挤出】修改器，接着设置【数量】为 4 mm，如图 4-96 所示。效果如图 4-97 所示。

（3）执行 ➕（创建）｜ ⚙（图形）｜ 标准基本体 ▼ ｜ 圆柱体 命令，在卵形下方创建一个圆柱体，设置圆柱体的【半径】为 6 mm，【高度】为 80 mm，如图 4-98 所示。

效果如图 4-99 所示。

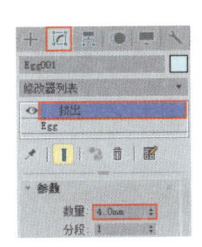

图 4-96 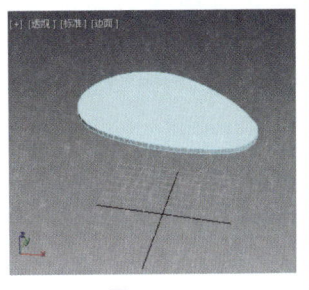　　　　　　　　图 4-97

图 4-98 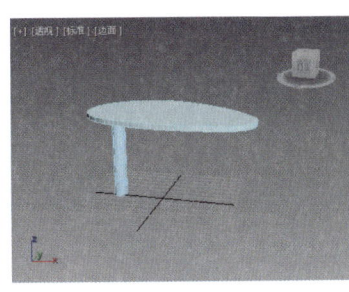　　　　　　　　图 4-99

（4）选择刚刚创建的圆柱体，为其加载 FFD 2×2×2 修改器，单击 ▼ 按钮，选择【控制点】级别，如图 4-100 所示。选择最下方的 4 个控制点，使用【选择并均匀缩放】工具将控制点向内等比缩放。效果如图 4-101 所示。

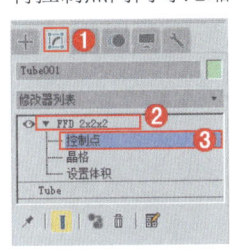

图 4-100 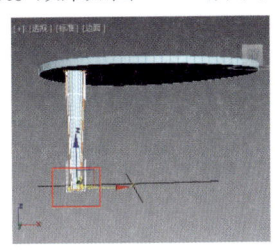　　　　　　　　图 4-101

（5）选择该圆柱体，使用【选择并旋转】工具，并激活【角度捕捉切换】工具，沿 Y 轴旋转 15 度。效果如图 4-102 所示。

（6）选择该圆柱体，按住 Shift 键并按住鼠标左键，将其移动并复制，如图 4-103 所示。使用【选择并旋转】工具将其沿 Z 轴适当地进行旋转，如图 4-104 所示。

（7）使用同样的方式继续复制并调整出第 3 条茶几腿模型，如图 4-105 所示。

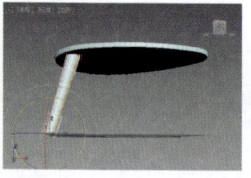

图 4-102

图 4-103

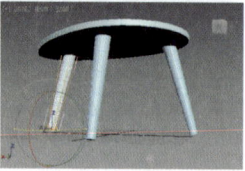

图 4-104

图 4-105

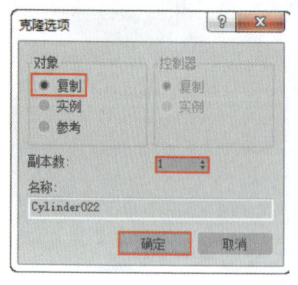

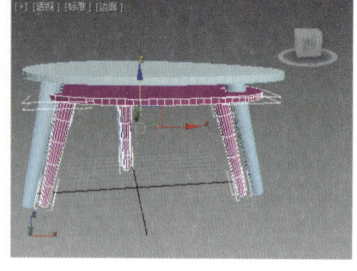

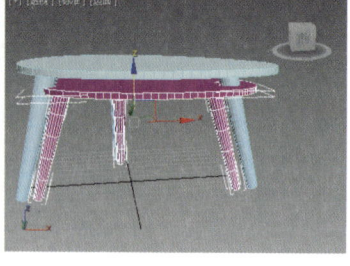

图 4-106

图 4-107

图 4-108

（8）选中卵形和 3 个圆柱体，使用【选择并缩放】工具，按住 Shift 键并按住鼠标左键将其沿 X、Y、Z 轴均匀缩放并复制。释放鼠标后，在打开的【克隆选项】对话框中设置【对象】为【复制】，【副本数】为 1，如图 4-106 所示。效果如图 4-107 所示。

（9）使用【选择并旋转】工具和【角度捕捉切换】工具，将其沿 Z 轴旋转 50 度。案例最终效果如图 4-108 所示。

4.5　随堂测试

1. 知识考查

（1）使用修改器将二维图形变为三维模型。
（2）使用修改器将三维模型进行形态变形。

2. 实战演练

参考给定的作品，制作水晶吊灯模型。

参考效果	可用修改器类型
	晶格

3. 项目实操

设计一款独具艺术感的茶几。要求如下：
（1）主题鲜明，具有一定的艺术性。
（2）造型简约。
（3）可使用修改器使模型产生变形，增加艺术感。

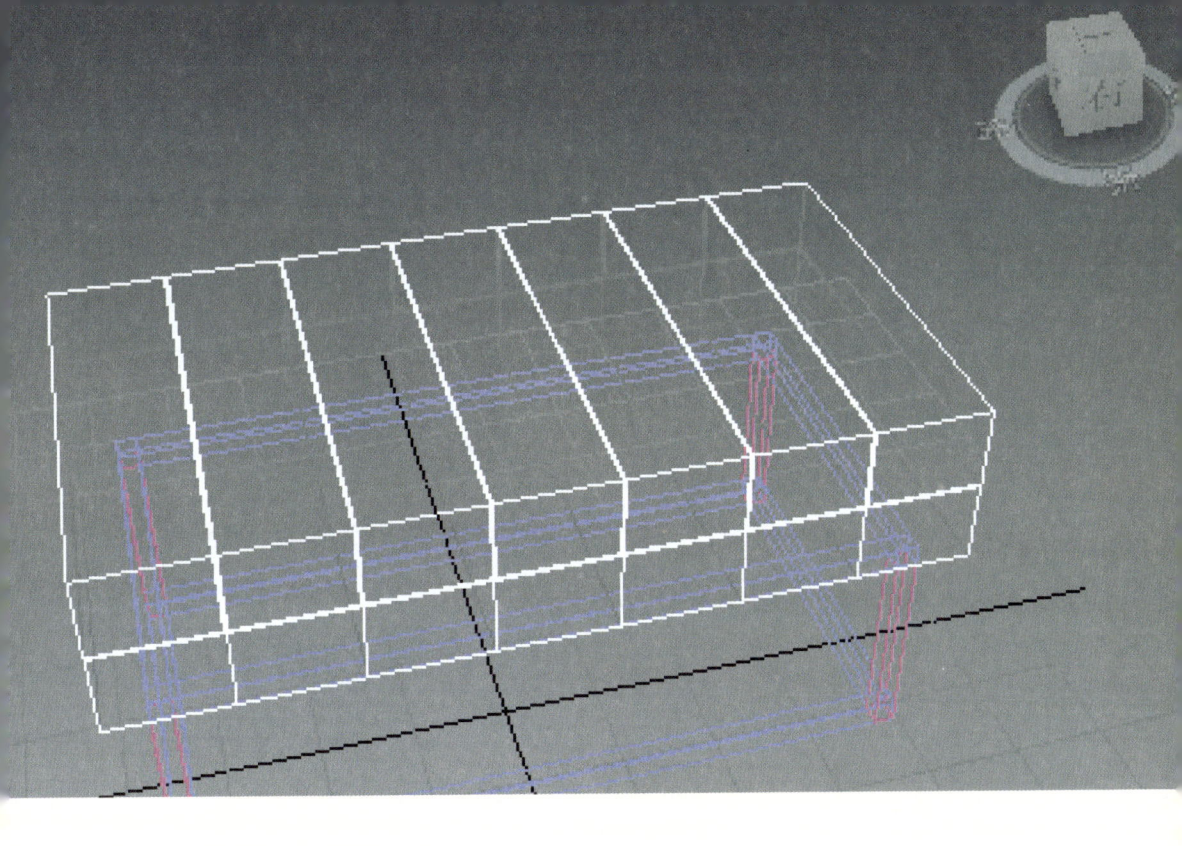

多边形建模

第 5 章

◄» 学时安排

总学时：8 学时

理论学时：1 学时

实践学时：7 学时

◄» 教学内容概述

本章将会学习多边形建模，这是最为复杂的建模方式。通过本章的学习，将掌握多边形建模的基本原理和操作技巧，了解如何创建、编辑和修改三维模型，为进一步创作三维模型打下坚实的基础。

◄» 教学目标

- 熟练掌握将模型转为可编辑多边形的方法
- 熟练掌握多边形建模常用工具的应用方法

5.1 认识多边形建模

本节将讲解多边形建模的基本知识，包括多边形建模的概念、多边形建模适合制作的模型类型、多边形建模常用流程及将模型转换为可编辑多边形的方法。

5.1.1 多边形建模的概念

多边形建模是 3ds Max 中最为复杂的建模方式，该建模方式功能强大，可以进行较为复杂的模型制作，是本书中最为重要的建模方式之一。通过对多边形的顶点、边、边界、多边形、元素这 5 种子级别的操作，使模型产生变化效果。因此，多边形建模是基于一个简单模型进行编辑更改而得到精细复杂模型效果的过程。

5.1.2 多边形建模适合制作的模型类型

在制作模型时，有一些复杂的模型效果很难使用几何体建模、样条线建模、修改器建模等建模方式制作，这时可以考虑使用多边形建模方式。由于多边形建模的应用广泛，因此可以使用该建模方式制作家具模型、室内墙体模型等。

实操：将模型转换为可编辑多边形

创建一个球体，单击修改可以看到出现了很多原始参数，如半径、分段，如图 5-1 所示。

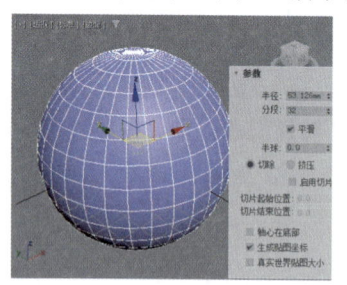

图 5-1

此时，可以将模型转换为可编辑多边形，常用的方法有以下两种。

方法 1：选择模型并右击，在弹出的快捷菜单中选择【转换为】|【转换为可编辑多边形】命令，如图 5-2 所示。

方法 2：选择模型并单击修改，为其加载【编辑多边形】修改器，如图 5-3 所示。

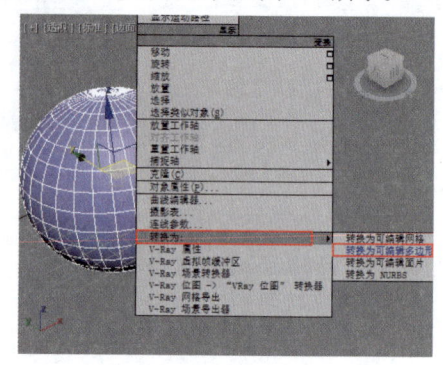

图 5-3

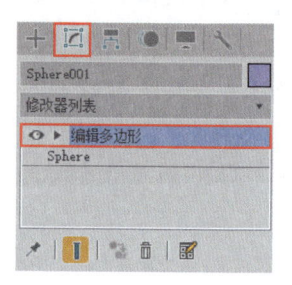

图 5-2

5.2 【选择】卷展栏

将模型转换为可编辑多边形后，单击修改进入【选择】卷展栏，此时可以选择任意一种子级别。参数面板如图 5-4 所示。

图 5-4

● **子级别类型**：包括【顶点】、【边】、【边界】、【多边形】和【元素】5 种级别。

● **按顶点**：除了【顶点】级别外，该选项可以在其他 4 种级别中使用。启用该选项后，只有选择所用的顶点才能选择子对象。

- **忽略背面**：启用该选项后，只能选中法线指向当前视图的子对象。
- **按角度**：启用该选项后，可以根据面的转折度数来选择子对象。
- **收缩**：单击该按钮，可以在当前选择范围中向内减少一圈。
- **扩大**：与【收缩】相反，单击该按钮，可以在当前选择范围中向外增加一圈。
- **环形**：使用该工具可以快速选择平行于当前的对象。
- **循环**：使用该工具可以快速选择当前对象所在的循环一周的对象。
- **预览选择**：选择对象之前，通过这里的选项可以预览光标滑过位置的子对象，有【禁用】、【子对象】和【多个】3个选项可供选择。

> 提示：选择顶点、边、多边形子级别的技巧

1. 熟用 Alt 键

（1）在选择多边形时，可以在前视图中框选图5-5所示的多边形。

（2）按住 Alt 键，在前视图中拖动鼠标指针，在顶部框选出一个范围，如图5-6所示。

（3）此时，可以将顶部的多边形排除，如图5-7所示。

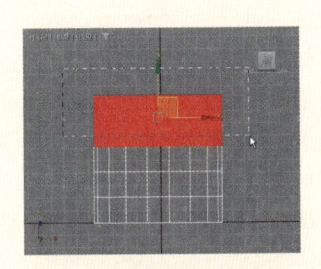

图5-5

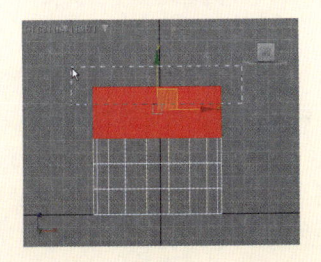

图5-6

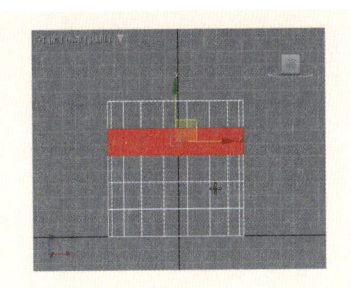

图5-7

2. 熟用 Ctrl 键

（1）在选择边时，可以在视图中单击选择边，如图5-8所示。

（2）按住 Ctrl 键，继续多次单击，此时就可以选择多条边，如图5-9所示。

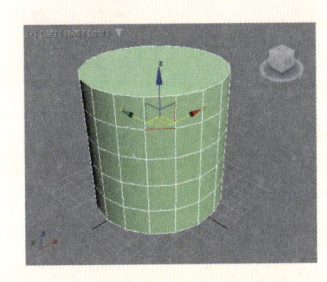

图5-8

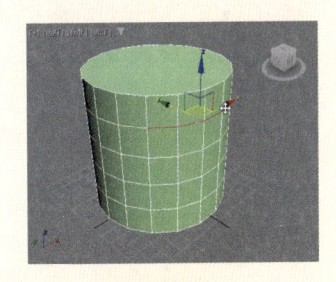

图5-9

> 提示：快速对齐顶点的方法

当不小心移动了某些顶点的位置，或需要将一些顶点对齐在一条水平线上时，可以通过使用 ■（选择并均匀缩放）工具进行操作。

（1）进入顶点子级别，在前视图中选择图5-10所示的参差不齐的顶点。

（2）使用 ■（选择并均匀缩放）工具，沿 Y 轴多次向下方拖动，即可使顶点变得整齐，如图5-11所示。

079

图 5-10

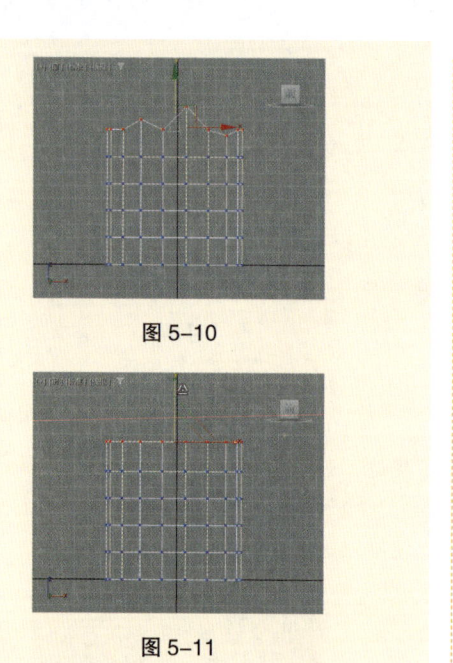

图 5-11

5.3 【软选择】卷展栏

选择一个顶点，勾选【使用软选择】，即可选择该点附近的多个点，并且在移动时会按照颜色影响移动的程度（颜色越红影响越大，越蓝影响越小），如图 5-12 和图 5-13 所示。

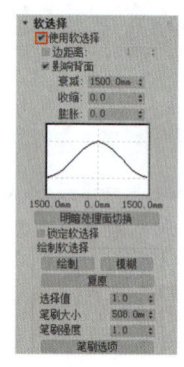

图 5-12

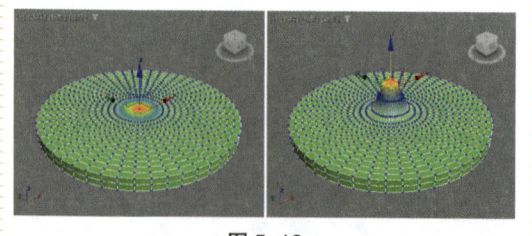

图 5-13

- 使用软选择：勾选该选项，可以开启软选

择操作。如果不需要使用软选择，那么可以取消勾选该选项。
- 边距离：勾选该选项，可以根据边距离显示颜色。
- 影响背面：勾选该选项，软选择将影响模型的背面。
- 衰减：控制软选择的影响范围，数值越大，范围越大。图 5-14 所示为设置衰减为 20 mm 和 60 mm 的对比效果。

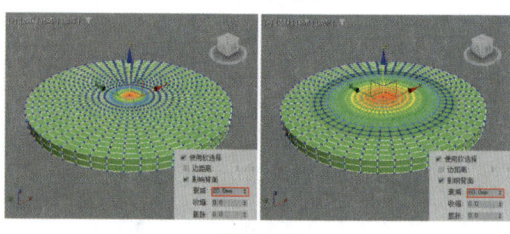

图 5-14

- 收缩：数值越大，红色区域越小。当数值非常大时，蓝色范围也将变小。
- 膨胀：数值越大，红色区域越大。在较大的膨胀数值下移动点的位置时，可以看到过渡比较强烈，不柔和。
- 锁定软选择：单击【绘制】按钮时，会自动勾选【锁定软选择】选项。如果需要继续设置【衰减】【收缩】等参数，需要取消勾选该选项。
- 绘制：单击【绘制】按钮，可以在模型表面拖动鼠标指针绘制选择区域。
- 模糊：单击该按钮并在模型的区域边缘绘制，可以使将顶点的颜色变柔和。
- 复原：类似于橡皮擦，可以使用该工具将选择区域取消。
- 选择值：数值越小，在绘制时红色越少，影响越弱。
- 笔刷大小：数值越大，绘制的模型的半径越大。
- 笔刷强度：数值越小，绘制的模型的顶点颜色越偏蓝色，即顶点受到的影响越小。
- 笔刷选项：单击该按钮，可以打开【绘制选项】对话框，在该对话框中可以设置用于绘制的多种参数。

⚠ **提示**：选择边，按住 Shift 键并按住鼠标左键，拖动鼠标，即可绘制新的多边形

这是一种新的建模思路，很多模型可以通过该方法，逐渐"拖动出来"，非常神奇和有趣。

（1）在一个未闭合的模型中，选择一条或多条边，如图 5-15 所示。

（2）按住 Shift 键并按住鼠标左键，沿 Z 轴向上拖动鼠标，即可拖动出新的多边形，如图 5-16 所示。

（3）除此之外，还可以使用【选择并均匀缩放】工具，按住 Shift 键，沿 X、Y、Z 轴向内拖动鼠标，也可以拖动出新的多边形，如图 5-17 所示。

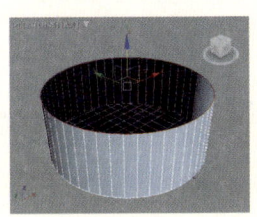

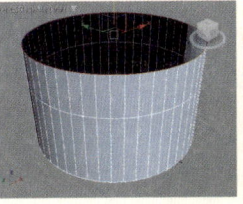

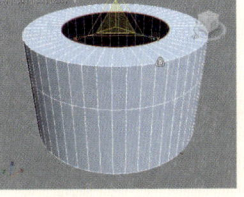

图 5-15　　　　图 5-16　　　　图 5-17

5.4 【编辑几何体】卷展栏

通过【编辑几何体】卷展栏可以完成附加、切片平面、分割、网格平滑等操作。参数面板如图 5-18 所示。

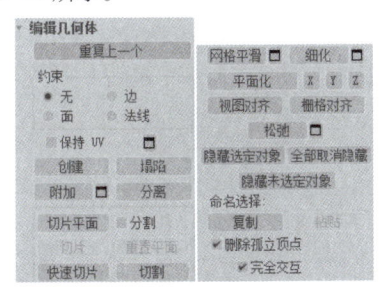

图 5-18

● **重复上一个**：单击该按钮，可以重复使用上次应用的命令。

● **约束**：使用现有的几何体来约束子对象的变换效果，共有【无】【边】【面】和【法线】4 种方式可供选择。

● **保持 UV**：启用该选项后，可以在编辑子对象的同时不影响该对象的 UV 贴图。

● **创建**：创建新的几何体。

● **塌陷**：在选择【顶点】子对象时，选择两个顶点，然后单击【塌陷】按钮，即可变为一个顶点。

● **附加**：使用该工具可以将其他模型附加在一起，变为一个模型。

● **分离**：将选定的子对象作为单独的对象或元素分离出来。

● **切片平面**：使用该工具可以沿某一平面切割网格对象。

● **分割**：启用该选项后，可通过【快速切片】工具和【切割】工具在划分边的位置处创建出两个顶点集合。

● **切片**：可以在切片平面位置处执行切割操作。

● **重置平面**：将执行过【切片】的平面恢复到之前的状态。

● **快速切片**：使用该工具可以在模型上创建一圈完整的分段，如图 5-19 所示。

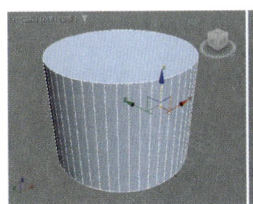

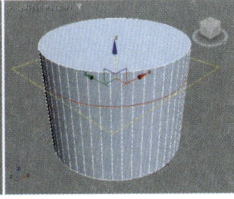

图 5-19

● **切割**：可以在模型上创建出新的边，非常灵活方便，如图 5-20 所示。

● **网格平滑**：使选定的对象产生平滑效果。

● **细化**：增加局部网格的密度，从而方便处

理对象的细节，多次使用该工具可以多次细化模型，如图5-21所示。

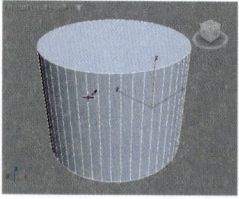

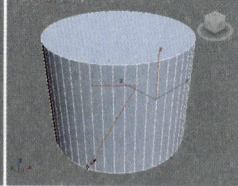

图5-20

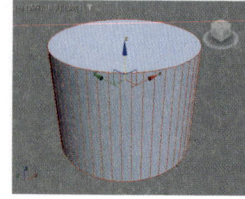

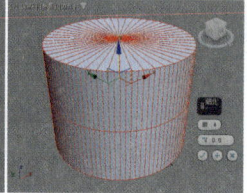

图5-21

● 平面化：强制所有选定的子对象成为共面。

● 视图对齐：使对象中的所有顶点与活动视图所在的平面对齐。

● 栅格对齐：使选定对象中的所有顶点与活动视图所在的平面对齐。

● 松弛：使当前选定的对象产生松弛平缓现象。

5.5 【细分曲面】卷展栏

通过【细分曲面】卷展栏可以将细分应用于采用网格平滑格式的对象，以便对分辨率较低的"框架"网格进行操作，同时查看更为平滑的细分结果。参数面板如图5-22所示。

图5-22

5.6 【细分置换】卷展栏

【细分置换】卷展栏用于细分可编辑多边形对象的曲面近似设置。参数面板如图5-23所示。

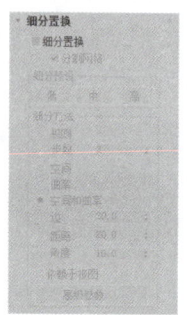

图5-23

5.7 【绘制变形】卷展栏

通过【绘制变形】卷展栏可以推/拉或者在对象曲面上拖动鼠标指针来使模型产生凹凸效果，类似于绘画效果。参数面板如图5-24所示。

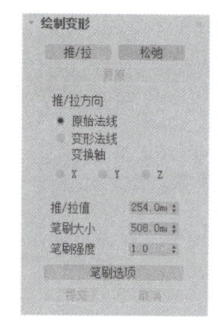

图5-24

● 推/拉：单击该按钮，按住鼠标左键并拖动，可以在模型上绘制凸起的效果。按住Alt键拖动，即可绘制凹陷的效果。

● 松弛：单击该按钮，按住鼠标左键并拖动，可以让模型更松弛平缓。

● 复原：通过绘制可以逐渐擦除或者反转【推/拉】或【松弛】的效果。

● 原始法线：勾选此选项后，对顶点的推/拉会使顶点以它变形之前的法线方向进行移动。

● 变形法线：勾选此选项后，对顶点的推/

拉会使顶点以它现在的法线方向进行移动。

● **变换轴 X、Y、Z**：勾选此选项后，对顶点的推/拉会使顶点沿着指定的轴进行移动。

● **推/拉值**：确定单个推/拉操作应用的方向和最大范围。

● **笔刷大小**：设置圆形笔刷的半径。只有笔刷圆之内的顶点才可以变形。

● **笔刷强度**：设置笔刷应用【推/拉】值的速率。

● **笔刷选项**：单击此按钮，可以打开【绘制选项】对话框，可以设置各种笔刷相关的参数。

5.8 【编辑顶点】卷展栏

单击进入【顶点】级别，可以找到【编辑顶点】卷展栏。通过【编辑顶点】卷展栏可以对顶点进行移除、挤出、焊接、切角等操作。参数面板如图 5-25 所示。

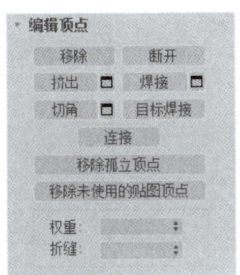

图 5-25

● **移除**：单击该按钮，可以将顶点进行移除处理。

● **断开**：选择顶点，单击该按钮后可以将顶点断开，变为多个顶点，如图 5-26 所示。

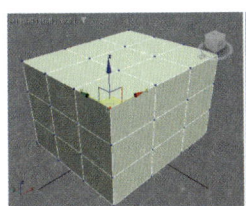

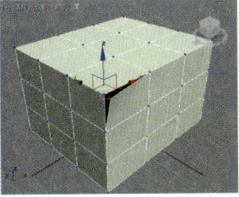

图 5-26

● **挤出**：单击该按钮，可以将顶点向后或向内进行挤出，使其产生锥形的效果，如图 5-27 所示。

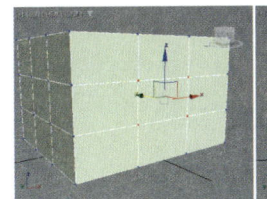

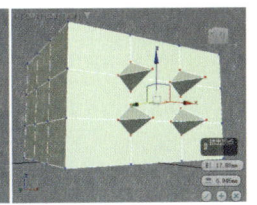

图 5-27

● **焊接**：当两个或多个顶点在一定的距离范围内时，单击该按钮，可以进行焊接，将两个或多个顶点焊接为一个顶点，如图 5-28 所示。

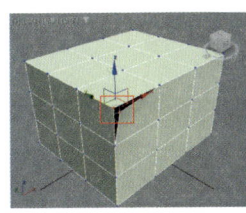

图 5-28

● **切角**：单击该按钮，可以将顶点切角为三角形的面效果，如图 5-29 所示。

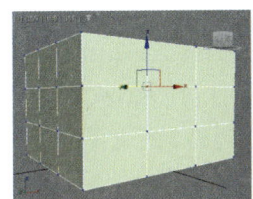

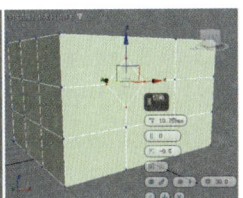

图 5-29

● **目标焊接**：选择一个顶点后，单击该按钮，可以将其焊接到相邻的目标顶点。

● **连接**：在选中的对角顶点之间创建新的边。

5.9 【编辑边】卷展栏

单击进入【边】级别，可以找到【编辑边】卷展栏。通过【编辑边】卷展栏可以对边进行挤出、焊接、切角、连接等操作。参数面板如图 5-30 所示。

● **插入顶点**：可以手动在选择的边上任意添加顶点。

● **移除**：选择边，单击该按钮可将边移除。

● **分割**：沿着选定边分割网格。对网格中心的单条边应用时，不会起任何作用。

● **挤出**：单击该按钮，可以在视图中挤出边，如图5-31所示。这是最常使用的工具，需要熟练掌握。

图5-30

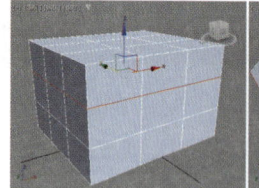

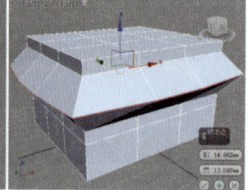

图5-31

● **焊接**：组合【焊接边】对话框指定的【焊接阈值】范围内的选定边。只能焊接仅附着一个多边形上的边，也就是边界上的边。

● **切角**：可以将选择的边进行切角处理产生平行的多条边，如图5-32所示。切角是最常使用的工具，需要熟练掌握。

● **目标焊接**：用于选择边并将其焊接到目标边。只能焊接仅附着一个多边形的边，也就是边界上的边。

● **桥**：单击该按钮，可以连接对象的边，但只能连接边界边，也就是只在一侧有多边形的边。

● **连接**：可以选择平行的多条边，并使用该工具产生垂直的边，如图5-33所示。

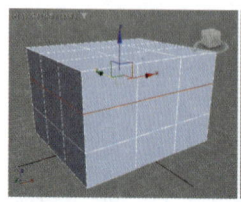

图5-32

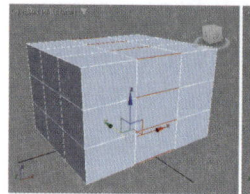

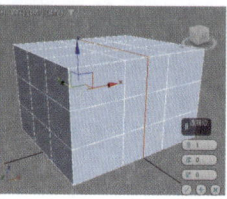

图5-33

● **利用所选内容创建图形**：可以将选定的边创建为新的样条线图形。选择边，单击【利用所选内容创建图形】按钮，当设置【图形类型】为【平滑】时，可以创建一条平滑的图形，如图5-34所示。

选择边，单击【利用所选内容创建图形】按钮，当设置【图形类型】为【线性】时，可以创建一条转角的图形，如图5-35所示。

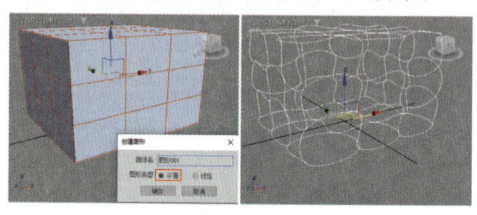

图5-34

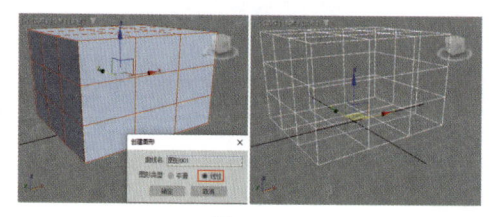

图5-35

⚠ **提示：为模型增加分段的方法**

在对模型进行多边形建模时，有时需要增加一些分段，使其制作更精细。其中有几种常用的工具，可以为模型增加分段。

1. 切角

进入【边】级别，选择几条边，然后单击 切角 后的【设置】按钮▢，即可产生平行于被选择边的新分段，如图5-36所示。

2. 连接

进入【边】级别，选择几条边，然后单击 连接 后的【设置】按钮▢，即可产生垂直于被选择边的新分段，如图5-37所示。

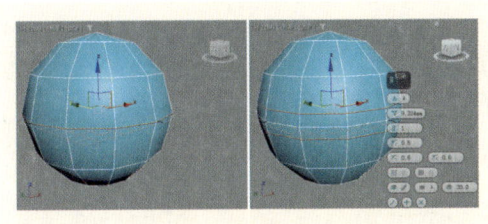

图 5-36

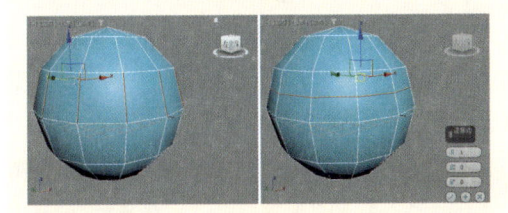

图 5-37

3. 快速切片

进入【顶点】级别，单击 快速切片 按钮，然后在模型上单击，接着移动鼠标，再次单击，即可添加一条循环的分段，如图 5-38 所示。

4. 切割

进入【顶点】级别，单击 切割 按钮，然后在模型上多次单击，即可添加任意形状的分段，非常灵活，如图 5-39 所示。

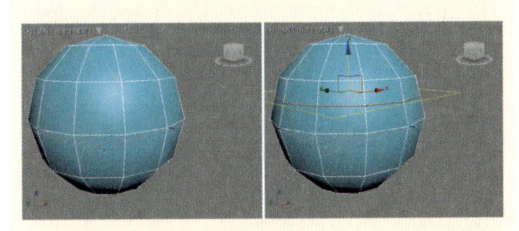

图 5-38

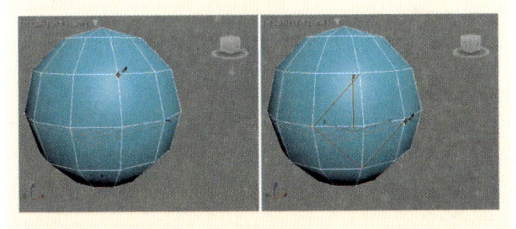

图 5-39

5. 细化

在不选择任何子级别的情况下，单击 细化 后的【设置】按钮，即可快速且均匀地增加分段，如图 5-40 所示。

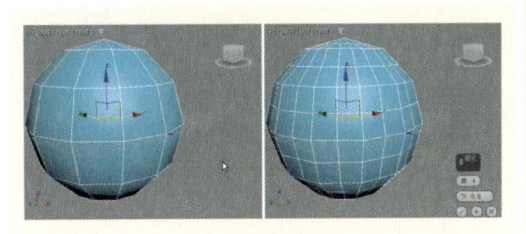

图 5-40

5.10 【编辑边界】卷展栏

单击进入【边界】级别，可以找到【编辑边界】卷展栏。通过【编辑边界】卷展栏可以对边界进行挤出、切角、封口等操作。参数面板如图 5-41 所示。

● 封口：进入【边界】级别，然后单击选择模型的边界。单击【封口】按钮，即可产生一个新的多边形将其闭合，如图 5-42 所示。

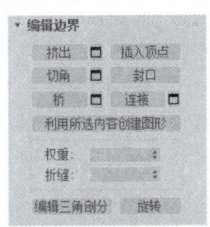

图 5-41

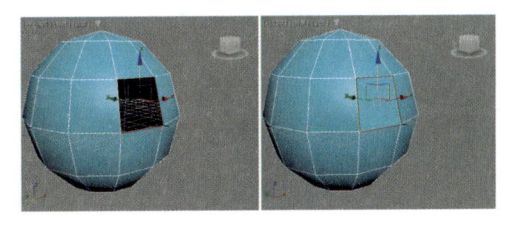

图 5-42

5.11 【编辑多边形】卷展栏

单击进入【多边形】级别，可以找到【编辑多边形】卷展栏。通过【编辑多边形】卷展栏可以对多边形进行挤出、轮廓、倒角、插入、桥等操作。参数面板如

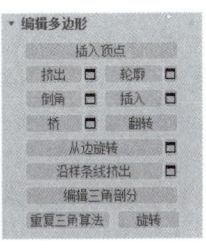

图 5-43

图 5-43 所示。

- **插入顶点**：可以手动在选择的多边形上任意添加顶点。
- **挤出**：可以将选择的多边形进行挤出效果处理。组、局部法线、按多边形这 3 种方式的效果各不相同。图 5-44～图 5-46 所示为设置为【组】【局部法线】【按多边形】的效果。

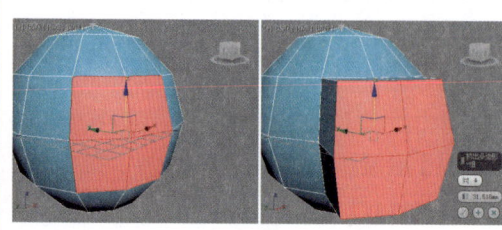

图 5-44

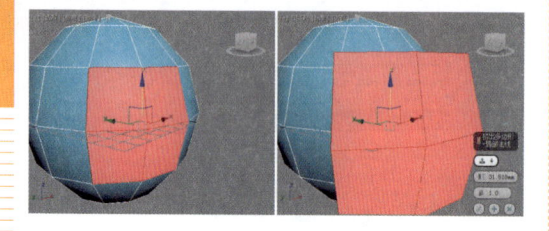

图 5-45

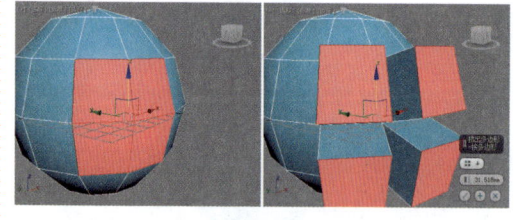

图 5-46

- **轮廓**：用于增加或减少每组连续的选定多边形的外边，如图 5-47 所示。
- **倒角**：与【挤出】比较类似，但是比【挤出】更为复杂，可以挤出多边形、也可以向内和外缩放多边形，如图 5-48 所示。

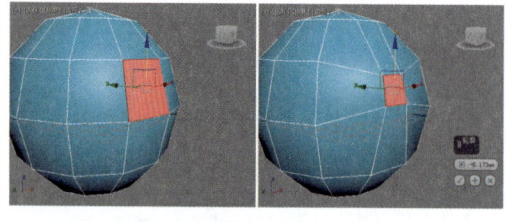

图 5-47

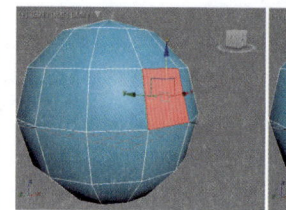

图 5-48

- **插入**：使用该工具可以制作出插入一个新多边形的效果，如图 5-49 所示。插入是最常使用的工具，需要熟练掌握。

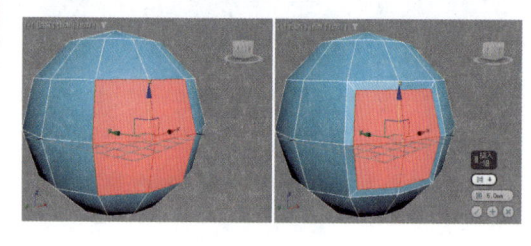

图 5-49

- **桥**：选择模型正反两面相对的两个多边形，并使用该工具可以制作出镂空的效果。
- **翻转**：翻转选定多边形的法线方向，从而使其面向用户的正面。
- **从边旋转**：选择多边形后，使用该工具可以沿着垂直方向拖动任何边，旋转选定的多边形。
- **沿样条线挤出**：沿样条线挤出当前选定的多边形。
- **编辑三角剖分**：通过绘制内边修改多边形细分为三角形的方式。
- **重复三角算法**：在当前选定的一个或多个多边形上执行最佳三角剖分。
- **旋转**：使用该工具可以修改多边形细分为三角形的方式。

5.12 【编辑元素】卷展栏

单击进入【元素】级别，可以找到【编辑元素】卷展栏。通过【编辑元素】卷展栏可以对元素进行翻转、旋转、编辑三角剖分等操作。参数面板如图 5-50 所示。

练一练：使用【切角】工具并加\载【网格平滑】修改器制作储物柜

本例将模型转换为可编辑多边形，并调整【顶点】的位置，使其产生模型部分凹陷的创意效果。使用【切角】工具将模型边缘切角，加载【网格平滑】修改器使模型变得更光滑。渲染效果如图 5-51 所示。

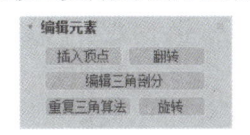

图 5-50

图 5-51

（1）在前视图中创建 1 个管状体，设置【半径 1】为 660 mm，【半径 2】为 630 mm，【高度】为 500 mm，【高度分段】为 1，【边数】为 4，取消勾选【平滑】选项，如图 5-52 所示。

（2）此时的模型效果如图 5-53 所示。

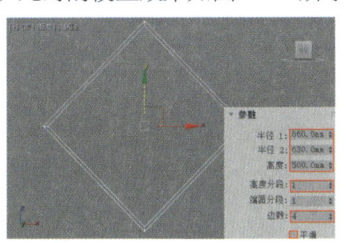

图 5-52

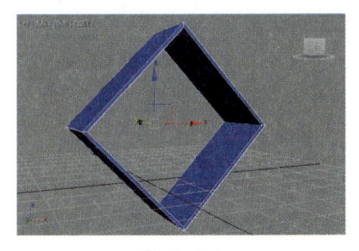

图 5-53

（3）单击 C（选择并旋转）工具，沿 Y 轴旋转 45 度，如图 5-54 所示。

（4）创建 1 个长方体，设置【长度】为 20 mm，【宽度】为 934 mm，【高度】为 940 mm，如图 5-55 所示。

（5）继续创建 3 个长方体，设置【长度】为 500 mm，【宽度】为 895 mm，【高度】为 0 mm，如图 5-56 所示。

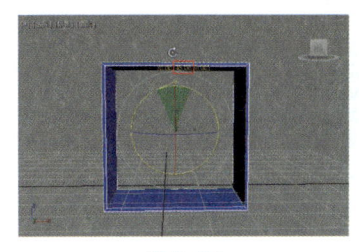

图 5-54

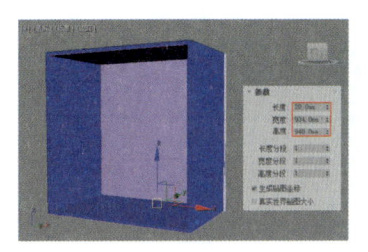

图 5-55

（6）继续创建 1 个长方体，设置【长度】为 20 mm，【宽度】为 900 mm，【高度】为 230 mm，【宽度分段】为 20，如图 5-57 所示。

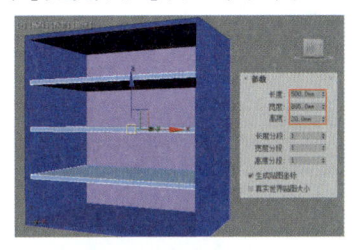

图 5-56

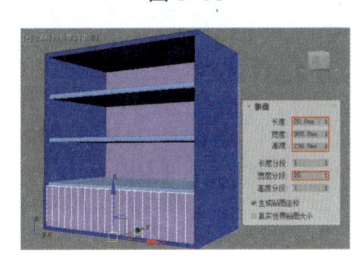

图 5-57

（7）选择刚刚创建的长方体，单击【修改】按钮，加载【编辑多边形】修改器，进入（顶点）级别，如图 5-58 所示。

（8）在前视图中调整部分顶点的位置，如图 5-59 所示。

（9）此时的模型效果如图 5-60 所示。

（10）进入（边）级别，选择模型边缘的边，注意不要多选或漏选，如图 5-61 所示。

第 5 章 多边形建模

087

图 5-58

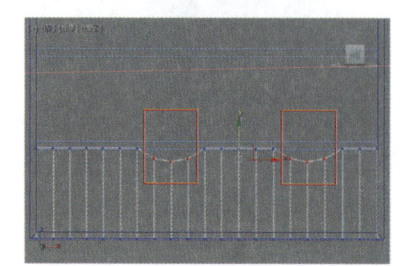

图 5-59

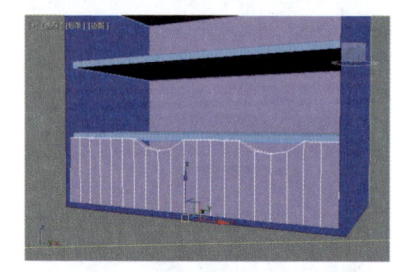

图 5-60

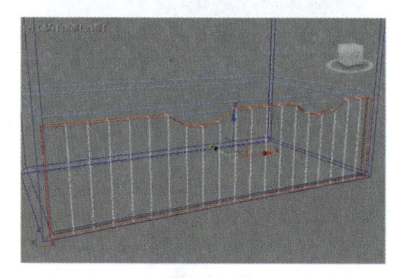

图 5-61

（11）单击【切角】后方的【设置】按钮▣，如图 5-62 所示。

（12）设置【数量】为 0 mm，如图 5-63 所示。

图 5-62

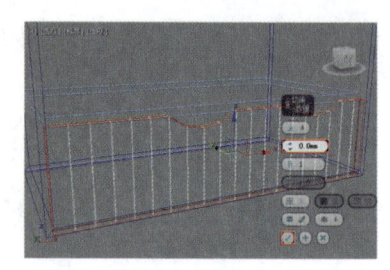

图 5-63

（13）再次单击◁（边）级别，取消选中任何级别。然后为该模型加载【网格平滑】修改器，设置【迭代次数】为 3，如图 5-64 所示。

（14）此时模型变得非常光滑，如图 5-65 所示。

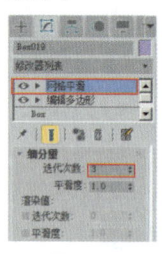

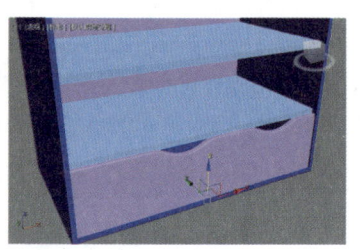

图 5-64　　　　图 5-65

（15）选中刚刚修改好的模型，按住 Shift 键将其沿 Z 轴向上拖动进行复制，在打开的对话框中设置【对象】为【复制】,【副本数】为 3，如图 5-66 所示。

（16）复制完成的模型如图 5-67 所示。

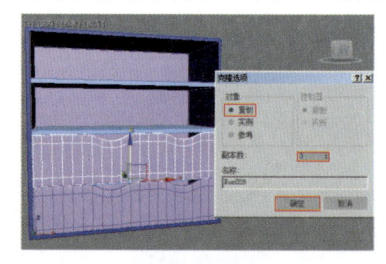

图 5-66

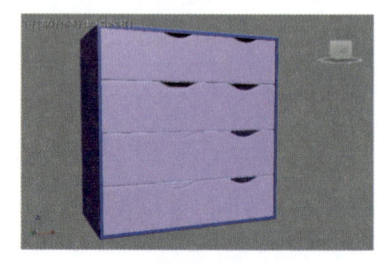

图 5-67

（17）选中两个模型，如图 5-68 所示。

（18）单击 ■（镜像）工具，在打开的对话框中选择【镜像轴】为 X，【克隆当前选择】为【不克隆】，如图 5-69 所示。

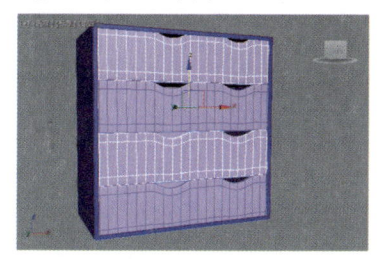

图 5-68

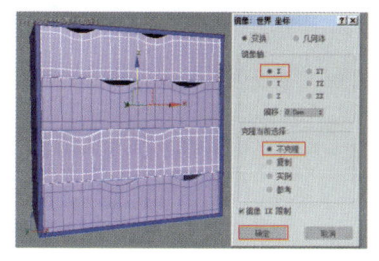

图 5-69

（19）使用【圆柱体】工具创建 1 个圆柱体，设置【半径】为 25 mm，【高度】为 250 mm，如图 5-70 所示。

（20）将圆柱体移动到柜子下方，如图 5-71 所示。

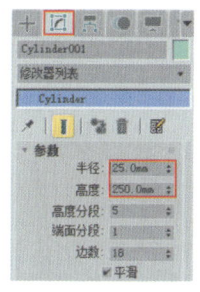

图 5-70

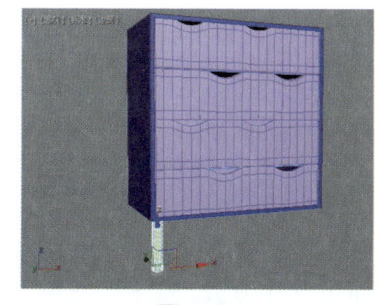

图 5-71

（21）选择刚刚创建完成的圆柱体，激活 ■（选择并旋转）和 ■（角度捕捉切换）工具，将其沿 Y 轴旋转 10 度，如图 5-72 所示。

（22）单击【修改】按钮，为其加载 FFD 2×2×2 修改器，并进入【控制点】级别，如图 5-73 所示。

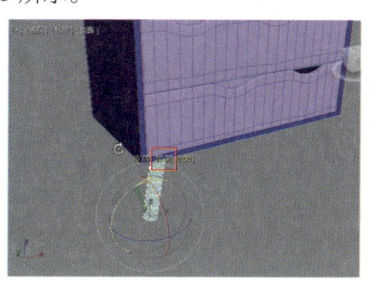

图 5-72

图 5-73

（23）选择模型底部的控制点，使用 ■（选择并均匀缩放）工具进行收缩，如图 5-74 所示。

（24）选择当前模型，单击 ■（镜像）工具，在打开对话框中设置【镜像轴】为 X，【偏移】为 850 mm，【克隆当前选择】为【复制】，如图 5-75 所示。

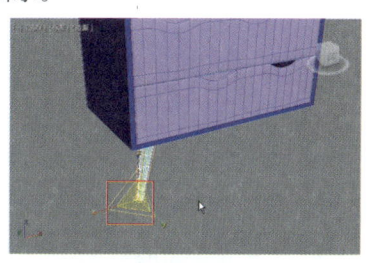

图 5-74

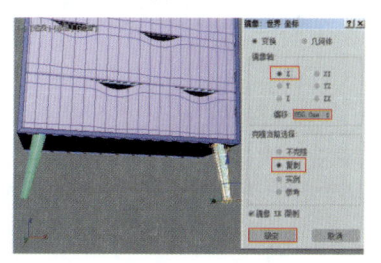

图 5-75

（25）选择此时的两个柜子腿模型，按住 Shift 键将其沿 Y 轴拖动进行复制，设置【对象】为【复制】，【副本数】为 1，如图 5-76 所示。

（26）最终模型效果如图 5-77 所示。

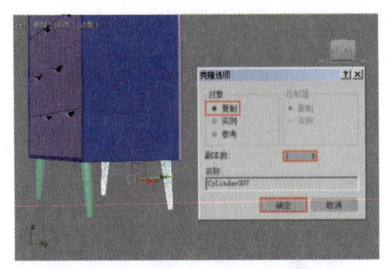

图 5-76

图 5-77

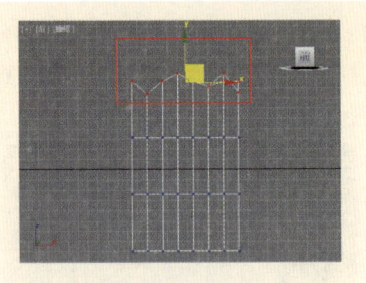

图 5-79

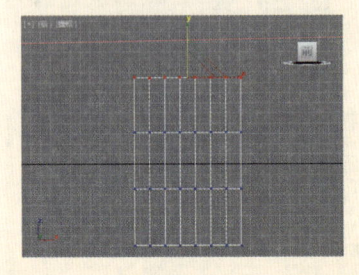

图 5-80

⚠ 提示：顶点快速对齐的方法

当不小心将某些顶点的位置移动了，或需要将一些顶点对齐在一条水平线上时，可以通过使用 ▦（选择并均匀缩放）工具进行操作。

（1）进入【顶点】子级别，如图 5-78 所示。

（2）在前视图中选择图 5-79 所示的参差不齐的顶点。

（3）单击 ▦（选择并均匀缩放）工具，并沿 Y 轴多次向下方拖动，即可使点变得整齐，如图 5-80 所示。

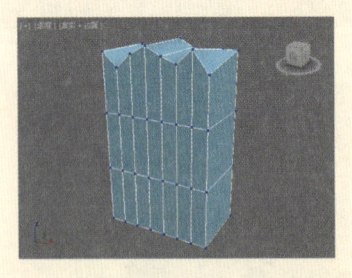

图 5-78

综合实例：加载【挤出】【编辑多边形】和【网格平滑】修改器制作边桌

本例重点讲解样条线的使用方法，通过绘制样条线制作出边桌的模型，搭配【挤出】修改器【编辑多边形】修改器和【网格平滑】修改器来修改模型的效果，使最终呈现的效果更加逼真。案例最终效果如图 5-81 所示。

扫一扫，看视频

图 5-81

（1）执行 ✚（创建）| ⦿（图形）|样条线 ▼ | 圆 命令，如图 5-82 所示。在透视图中绘制圆形，绘制完成后，在【渲染】卷展栏中勾选【在渲染中启用】和【在视口中启用】选项，勾选【径向】选项，设置【厚度】为 20 mm，【边】为 32。在【参数】卷展栏中设置【半径】为 200 mm，如图 5-83 所示。

090

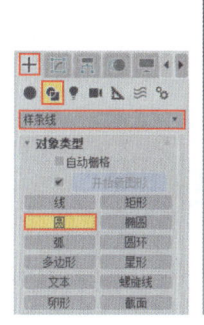

图 5-82 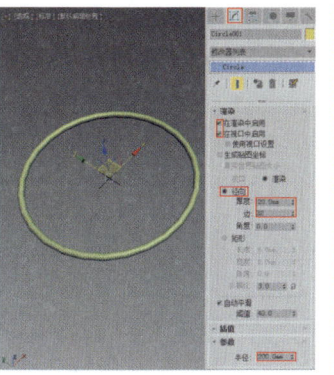　　　　　图 5-83

（2）执行 ✚（创建）| ◪（图形）| 样条线 ▼ | 线 命令，如图 5-84 所示。在前视图中绘制样条线。绘制完成后，在【渲染】卷展栏中勾选【在渲染中启用】和【在视口中启用】选项，勾选【径向】选项，设置【厚度】为 10 mm，如图 5-85 所示。

图 5-84

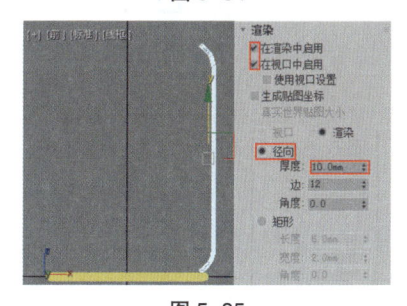

图 5-85

（3）绘制完成后单击【层次】按钮 ▦，并单击 仅影响轴 按钮，在顶视图中将轴移动到中心位置处，如图 5-86 所示。移动完成后再次单击 仅影响轴 按钮，完成对于轴心的设置。单击【选择并旋转】按钮 ⟳ 和【角度捕捉切换】按钮 ⊿，按住 Shift 键并按住鼠标左键，在顶视图中将其沿 Z 轴旋转 20 度，旋转完成后释放鼠标，在打开的【克隆选项】对话框中设置【对象】为【复制】，【副本数】为 17，如图 5-87 所示。

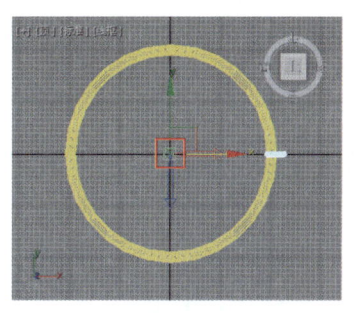

图 5-86

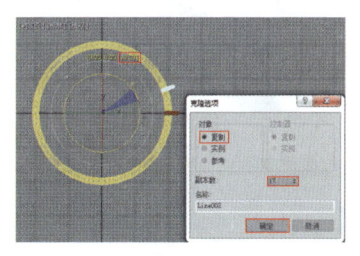

图 5-87

（4）此时模型效果如图 5-88 所示。

（5）在前视图中选择下方的圆形，按住 Shift 键并按住鼠标左键，在前视图中将其沿 Y 轴向上平移并复制，放置在合适的位置后释放鼠标，在打开的【克隆选项】对话框中设置【对象】为【复制】，【副本数】为 1，如图 5-89 所示。

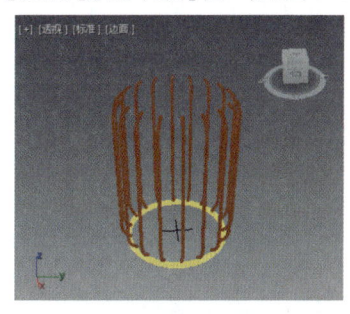

图 5-88

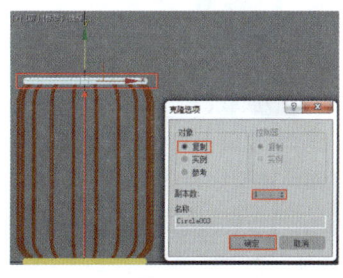

图 5-89

（6）在选中该模型的状态下，在【渲染】卷展栏中勾选【矩形】选项，设置【长度】为20 mm，【宽度】为10 mm，如图5-90所示。将选中的模型再次进行平移并复制。效果如图5-91所示。

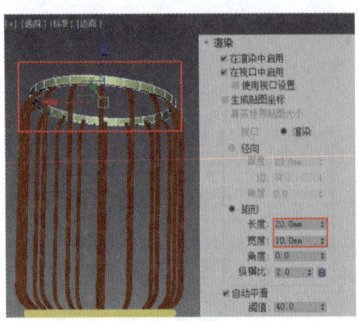

图5-90

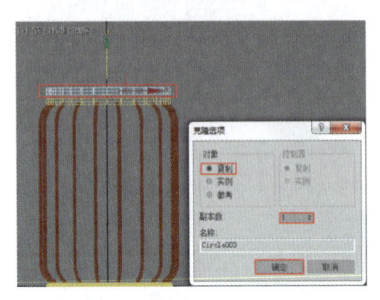

图5-91

（7）在【渲染】卷展栏中取消勾选【在渲染中启用】和【在视口中启用】选项，如图5-92所示。

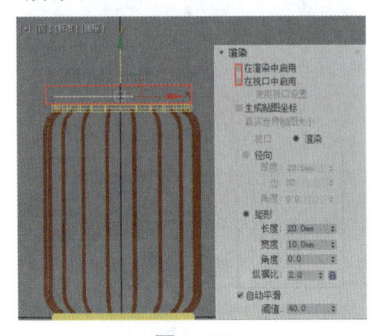

图5-92

（8）为圆形加载【挤出】修改器，并在【参数】卷展栏中设置【数量】为10 mm，如图5-93所示。

（9）为该模型加载【编辑多边形】修改器，进入【多边形】级别■，在透视图中选择多边形，如图5-94所示。

（10）单击【挤出】后方的【设置】按钮■，设置【高度】为10 mm，如图5-95所示。

（11）单击【倒角】后方的【设置】按钮■，设置【高度】为20 mm，【轮廓】为 –5 mm，如图5-96所示。

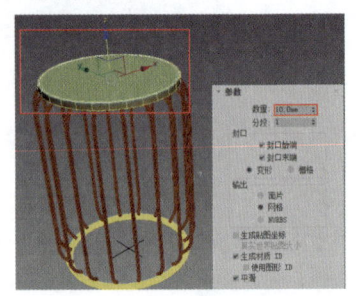

图5-93

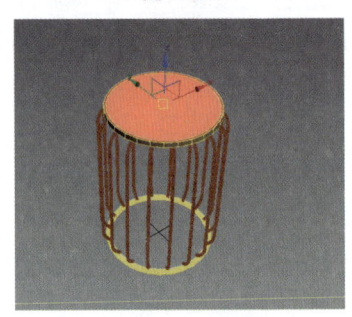

图5-94

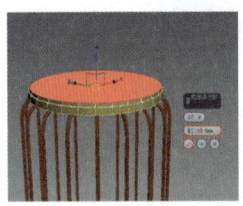

图5-95 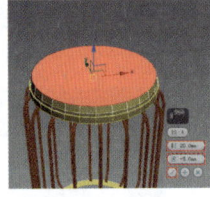　　　　　图5-96

（12）退出【多边形】级别■，为该模型加载【网格平滑】修改器，在【细分量】卷展栏中设置【迭代次数】为2，如图5-97所示。

（13）此时模型效果如图5-98所示。

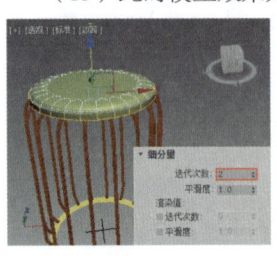

图5-97 　　　　　图5-98

5.13 课后练习：使用多边形建模制作脚凳

本例将使用多边形建模制作脚凳模型。最终渲染效果如图 5-99 所示。

图 5-99

扫一扫，看视频

（1）在透视图中创建 1 个长方体，设置【长度】为 900 mm，【宽度】为 25 mm，【高度】为 25 mm，如图 5-100 所示。

（2）使用同样的方法再次创建 1 个长方体，设置【长度】为 475 mm，【宽度】为 25 mm，【高度】为 25 mm，如图 5-101 所示。

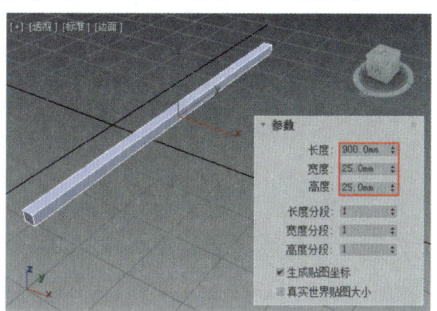

图 5-100

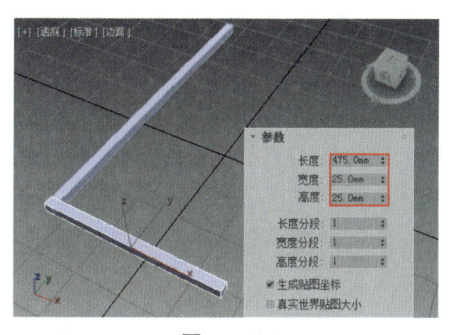

图 5-101

（3）按住 Ctrl 键加选刚刚创建的两个长方体模型，接着单击【镜像】按钮，在打开的【镜像：世界 坐标】对话框中设置【镜像轴】为 XY，【克隆当前选择】为【复制】，如图 5-102 所示。将其放置在合适的位置，如图 5-103 所示。

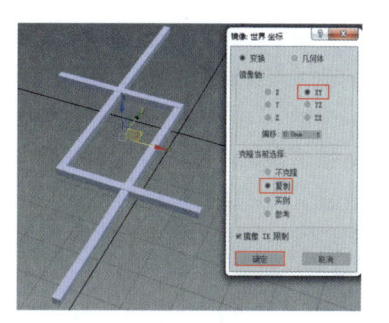

图 5-102

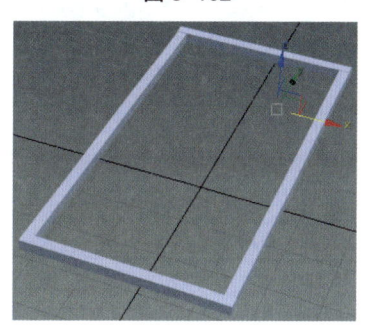

图 5-103

（4）再次创建 1 个长方体，设置【长度】为 250 mm，【宽度】为 25 mm，【高度】为 25 mm，如图 5-104 所示。选中刚刚创建的长方体模型，按住 Shift 键并按住鼠标左键，将其沿 X 轴向右平移并复制，移动到合适的位置后释放鼠标，在打开的【克隆选项】对话框中设置【对象】为【复制】，【副本数】为 1，如图 5-105 所示。

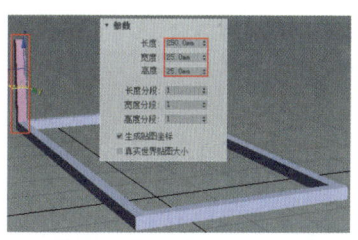

图 5-104

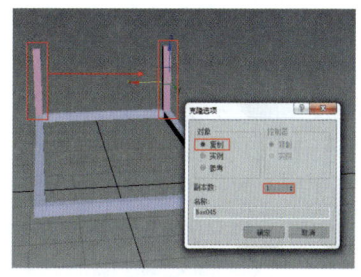

图 5-105

093

（5）按住 Ctrl 键加选这两个长方体模型，将其沿 Y 轴平移并复制。效果如图 5-106 所示。

（6）选中下方的 4 个长方体模型，按住 Shift 键并按住鼠标左键，将其沿 Z 轴向上平移并复制一份。效果如图 5-107 所示。

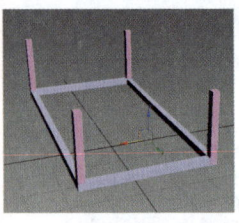

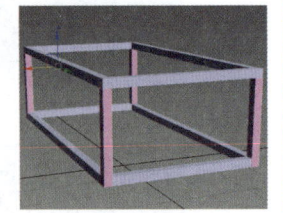

图 5-106　　　图 5-107

（7）再次创建 1 个长方体，设置【长度】为 1000 mm,【宽度】为 540 mm,【高度】为 200 mm,【长度分段】为 7,【宽度分段】为 1,【高度分段】为 2，如图 5-108 所示。设置完成后右击，在弹出的快捷菜单中执行【转换为】|【转换为可编辑多边形】命令，将该长方体模型转换为可编辑多边形，如图 5-109 所示。

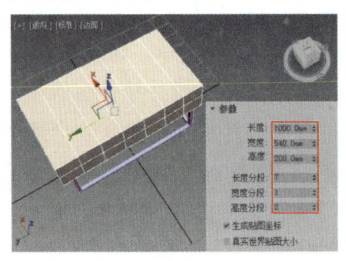

图 5-108

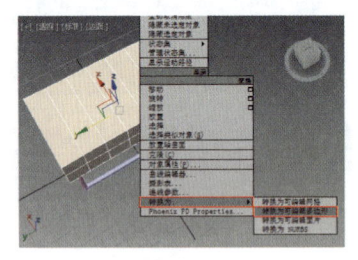

图 5-109

（8）进入【多边形】级别，然后按住 Ctrl 键加选 4 个多边形，如图 5-110 所示。单击【倒角】后方的【设置】按钮，设置【高度】为 1.5 mm,【轮廓】为 -1.5 mm，如图 5-111 所示。

（9）使用同样的方法将另外几个多边形进行倒角操作。效果如图 5-112 所示。

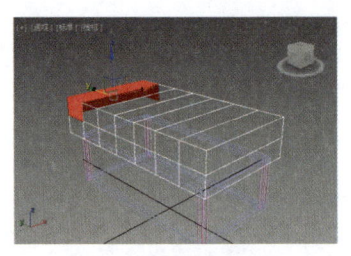

图 5-110

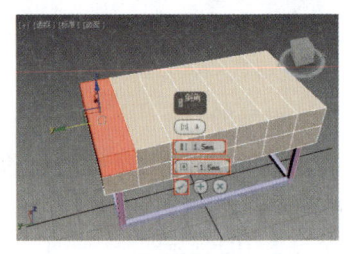

图 5-111

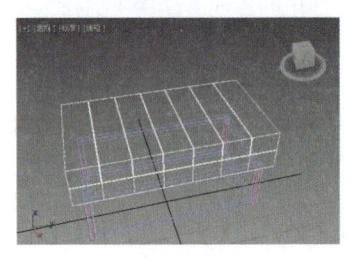

图 5-112

（10）选中多边形，单击【倒角】后方的【设置】按钮，设置【高度】为 0 mm,【轮廓】为 -1.5 mm，如图 5-113 所示。为该长方体加载【网格平滑】修改器，设置【迭代次数】为 3。效果如图 5-114 所示。

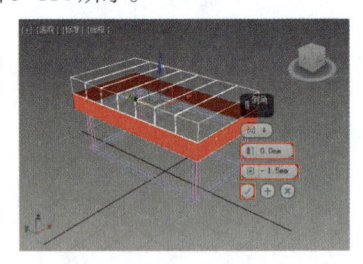

图 5-113

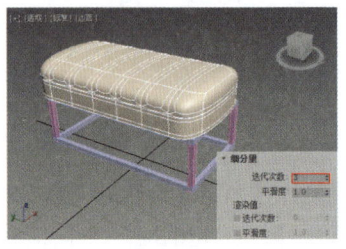

图 5-114

5.14　随堂测试

1. 知识考查
（1）使用多边形建模中的各种工具调整模型顶点、边、多边形的位置，使模型产生变形。
（2）使用多边形建模中的各种工具，如【插入】【挤出】等使模型产生更精细的变化。

2. 实战演练
参考给定的作品，制作柜子模型。

参考效果	可用工具
	多边形建模的【插入】【挤出】等工具

3. 项目实操
设计一款现代风格的沙发。要求如下：
（1）造型简单，现代风格。
（2）可应用多边形建模中的相关工具。

摄像机和渲染

第 6 章

◀) 学时安排

总学时：2 学时
理论学时：1 学时
实践学时：1 学时

◀) 教学内容概述

本章将会学习摄影机的应用技巧，摄影机在 3ds Max 中可以固定画面视角，还可以设置特效、控制渲染效果等。合理的摄影机视角会对作品的效果起到积极的作用。本章主要内容包括摄影机知识、标准摄影机、VRay 摄影机。另外，还会学习如何设置环境背景以及如何用 VRay 渲染器进行渲染。

◀) 教学目标

- 熟练掌握摄影机的创建方法
- 熟练掌握如何设置 VRay 渲染器参数

6.1 认识摄影机

本节将会学习摄影机的概念、为什么要使用摄影机以及如何创建摄影机。

6.1.1 摄影机的概念

在创建完成摄影机后，可以按 C 键切换至摄影机视图。在摄影机视图中可以调整摄影机，就好像正在通过其镜头进行观看。多个摄影机可以提供相同场景的不同视图，只需按 C 键进行选择即可。除此以外，摄影机还可以制作运动模糊摄影机效果、透视摄影机效果、景深摄影机效果等。

6.1.2 摄影机的功能

3ds Max 中的摄影机有很多功能，具体如下：
（1）固定作品角度，每次可以快速切换回来。例如，在透视图中创建一台摄影机，然后按 C 键即可切换至固定的视角，并查看渲染效果。
（2）增大空间感。摄影机视图可以增强透视感，使其产生更大的空间感受。
（3）添加摄影机特效或影响渲染效果，如运动模糊特效、景深特效。

实操：自动创建和手动创建一台摄影机

在 3ds Max 中可以自动创建物理摄影机，也可以手动创建任意一种摄影机。

1. 自动创建一台摄影机

打开"场景文件01.max"。激活透视图并旋转至合适视角，如图 6-1 所示。按快捷键 Ctrl+C，即可将当前视角变为摄影机视图视角，可以看到各个视图中已经自动新建了一台摄影机，并且右下角的摄影机视图的左上角也显示出了 PhysCamera001（物理摄影机 001）字样，表示目前右下角的视图为摄影机视图，如图 6-2 所示。

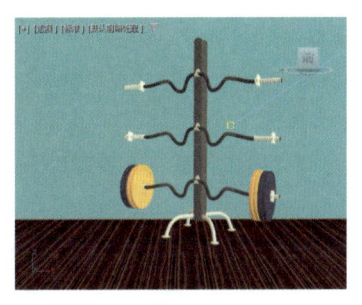

图 6-1

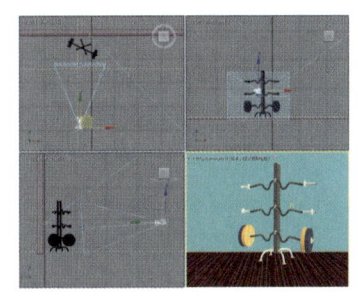

图 6-2

2. 手动创建一台摄影机

执行 ➕（创建）| 📷（摄影机）| 标准 | 目标 命令，如图 6-3 所示。在顶视图中拖动创建一台目标摄影机，如图 6-4 所示。

按 C 键切换到摄影机视图，此时的视角很不舒服，如图 6-5 所示。

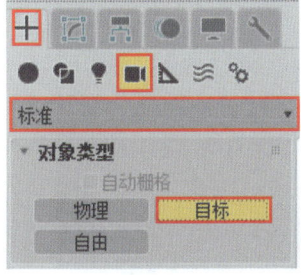

图 6-3 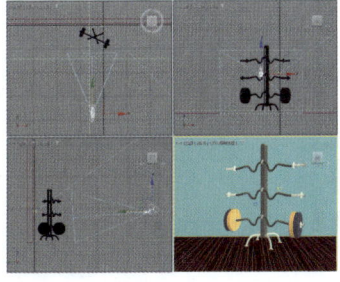　　　图 6-4 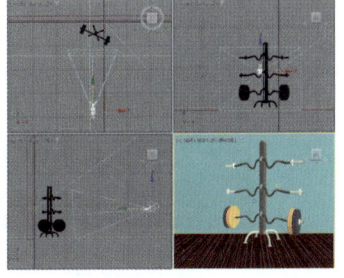　　　图 6-5

实操：调整摄影机视图的视角

（1）如果要将当前的摄影机视图视角更改为对准器械左侧的局部，那么可以借助界面右下角的几个图标完成操作。图标位置如图6-6所示。

（2）单击右下角的 ⚙（环游摄影机）按钮，按住鼠标左键并拖动，此时可以将摄影机视角进行转动，如图6-7所示。

（3）单击右下角的 ⚙（平移摄影机）按钮，按住鼠标左键并向右侧拖动，此时即可将视图对准器材的位置，但是发现视角距离器材太远，看不清细节部分，如图6-8所示。

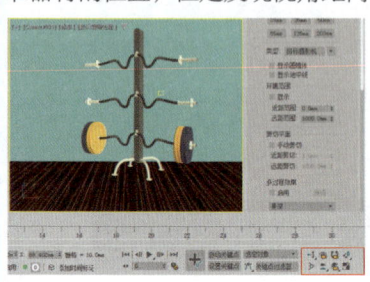

图6-6   图6-7   图6-8

（4）单击右下角的 ⚙（推拉摄影机）按钮，按住鼠标左键并向前拖动，此时可以将视角放大到器材的位置，但是发现视角稍微有一些偏，不在中心位置，如图6-9所示。

（5）再次单击右下角的 ⚙（平移摄影机）按钮，按住鼠标左键并向右上角拖动，即可将摄影机视角设置为对准器材的局部、器材在视图中心位置，如图6-10所示。

图6-9

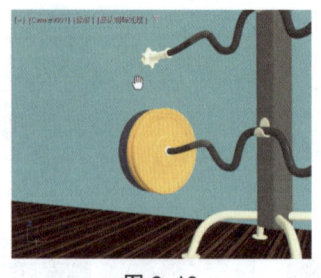

图6-10

6.2 【标准】摄影机

【标准】摄影机包括3种类型，分别为【物理摄影机】【目标摄影机】和【自由摄影机】，如图6-11所示。

图6-11

6.2.1 目标摄影机

【目标摄影机】是3ds Max中较常用的摄影机类型之一，它包括摄影机和目标点两个部分，如图6-12所示。其参数如图6-13所示。

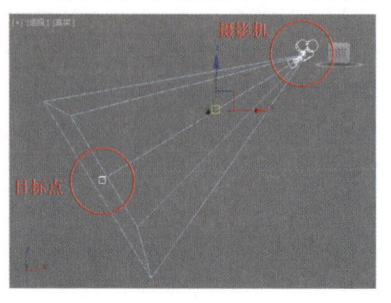

图6-12

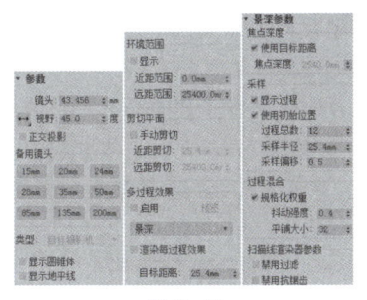

图 6-13

【参数】卷展栏主要用来设置镜头、焦距、环境范围等。

● 镜头：以 mm 为单位来设置摄影机的焦距。图 6-14 所示为设置镜头为 19mm 和 30mm 的对比效果。

图 6-14

● 视野：设置摄影机查看区域的宽度视野。图 6-15 所示为设置视野为 60 度和 130 度的对比效果。

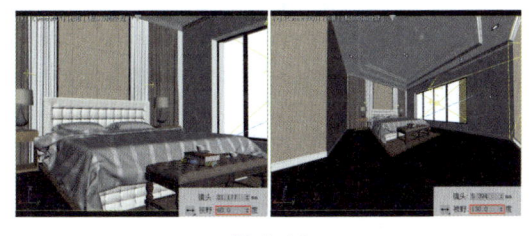

图 6-15

● 正交投影：勾选该选项后，摄影机视图为用户视图；取消勾选该选项，摄影机视图为标准的透视图。

● 备用镜头：预置了 15 mm、20 mm、24 mm 等 9 种镜头参数，可以单击选择需要的参数。

● 类型：可以设置【目标摄影机】和【自由摄影机】两种类型。

● 显示圆锥体：控制是否显示圆锥体。

● 显示地平线：控制是否显示地平线。

● 显示：显示摄影机锥形光线内的矩形，通常在使用环境和效果时使用，如模拟大雾效果。

● 近距/远距范围：设置大气效果的近距范围和远距范围。

● 手动剪切：勾选该选项，才可以设置近距剪切和远距剪切参数。

● 近距/远距剪切：设置近距剪切和远距剪切的距离，两个参数之间的区域是可以显示的区域。

● 多过程效果：该选项组中的参数主要用来设置摄影机的景深和运动模糊效果。

◎ 启用：勾选该选项，可以预览渲染效果。

◎ 多过程效果类型：包括【景深】和【运动模糊】两个选项。

◎ 渲染每过程效果：勾选该选项，会将渲染效果应用于多重过滤效果的每个过程（景深或运动模糊）。

● 目标距离：设置摄影机与其目标之间的距离。

6.2.2 自由摄影机

【自由摄影机】和【目标摄影机】的区别在于【自由摄影机】缺少目标点，这与【目标聚光灯】和【自由聚光灯】的区别一样。因此，不对【自由摄影机】作过多讲解，这两种摄影机中建议使用【目标摄影机】，因为使用【目标摄影机】调节位置更方便。

图 6-16 和图 6-17 所示为如何创建一台【自由摄影机】。

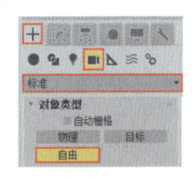

图 6-16

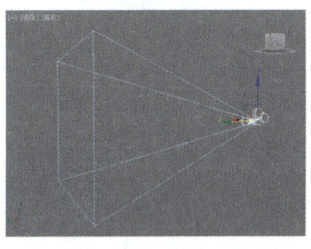

图 6-17

6.2.3 物理摄影机

【物理摄影机】是一种比较新的摄影机类型，其功能更强大。它与真实的摄影机原理有些类似，可以设置快门、曝光等参数。创建一台物理摄影机，如图 6-18 所示。其参数如图 6-19 所示。

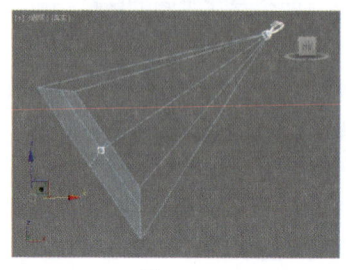

图 6-18

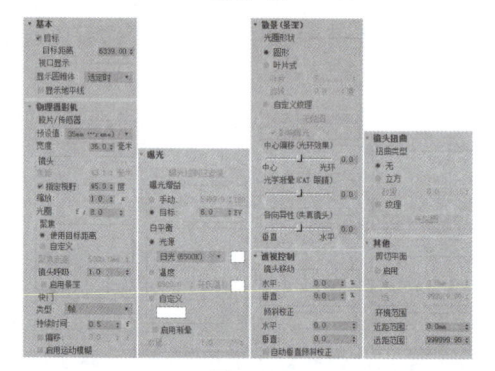

图 6-19

⚠ 提示：增大空间感的操作步骤

在摄影机视图中，单击 3ds Max 界面右下角的 ▷（视野）按钮，然后向后拖动鼠标，可使空间看起来更大一些，如图 6-20 所示。这个技巧常用在室内外效果图制作中。

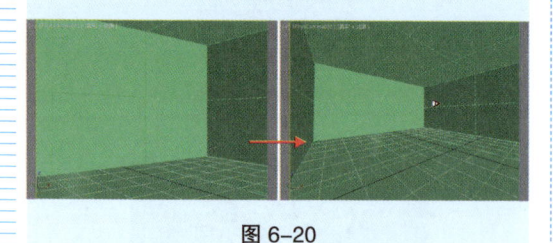

图 6-20

6.3 VRay 摄影机

VRay 摄影机是在安装 VRay 渲染器之后，才会出现的摄影机类型。VRay 摄影机比【标准】摄影机的功能更强大。VRay 摄影机包括【(VR) 穹顶摄影机】和【(VR) 物理摄影机】两种类型，如图 6-21 所示。其中【(VR) 物理摄影机】类型使用较多，因此本节仅对该类型进行详细讲解。

图 6-21

【(VR) 物理摄影机】的功能与现实中的相机功能相似，都有光圈、快门、曝光、ISO 等调节功能，用户通过【(VR) 物理摄影机】能制作出更真实的效果图。其参数面板如图 6-22 所示。

图 6-22

【基本参数】卷展栏中包括该摄影机的基本参数，如类型、光圈数、曝光、光晕等。

● 类型：包括照相机、摄影机（电影）和摄像机（DV）3 种类型。

● 目标：勾选该选项，可以手动调整目标点；取消勾选该选项，则需要通过设置目标距离参数进行调整。

● 胶片规格（mm）：设置摄影机所看到的

景色范围。值越大，看到的景色越多。
- **焦距（mm）**：设置摄影机的焦长数值。
- **视野**：控制视野的数值。
- **缩放因子**：设置摄影机视图的缩放。数值越大，摄影机视图拉得越近。图 6-23 所示为设置【缩放因子】为 1 和 2.5 的对比效果。

图 6-23

- **水平/垂直移动**：控制摄影机产生横向/纵向的偏移效果。
- **光圈数**：设置摄影机的光圈大小，主要用来控制最终渲染的亮度。数值越大，图像越暗。图 6-24 所示为设置【光圈数】为 8 和 0.8 的对比效果。

图 6-24

- **目标距离**：取消勾选摄影机的【目标】选项时，可以使用【目标距离】来控制摄影机的目标点的距离。
- **垂直/水平倾斜**：控制摄影机的扭曲变形系数。
- **指定焦点**：勾选该选项，可以手动控制焦点。
- **焦点距离**：控制焦距的大小。
- **曝光**：勾选该选项，利用【光圈数】【快门速度】和【胶片速度】设置才会起作用。
- **光晕**：勾选该选项，在渲染时图形四周会产生深色的黑晕。图 6-25 所示为取消勾选【光晕】和勾选【光晕】并设置数值为 5 的对比效果。

图 6-25

101

- 白平衡：控制图像的色偏。
- 自定义平衡：控制自定义摄影机的白平衡颜色。
- 温度：只有在设置白平衡为【温度】方式时才可以使用，控制温度的数值。
- 快门速度（s^-1）：设置进光的时间。数值越小，图像就越亮。图6-26所示为设置【快门速度】为200和80的对比效果。

图6-26

- 快门角度（度）：当摄影机选择【摄影机（电影）】时，该选项可用，用来控制图像的亮暗。
- 快门偏移（度）：当摄影机选择【摄影机（电影）】时，该选项可用，用来控制快门角度的偏移。
- 延迟（秒）：用于设置摄影机里的CCD矩阵延迟。
- 胶片速度（ISO）：该选项控制摄影机ISO感光度的数值。数值越大，图像越亮。图6-27所示为设置【胶片速度】为10和100的对比效果。

图6-27

6.4 认识渲染器

本节将讲解渲染器的基本知识，包括渲染器的概念、为什么要使用渲染器、渲染器的类型以及渲染器的设置步骤。

6.4.1 渲染器的概念

渲染器是指将一个三维空间的景观转变为成品图像，这个过程就是渲染。

6.4.2 为什么要使用渲染器

3ds Max 和 Photoshop 软件在成像方面有很多不同之处。在 Photoshop 中操作时，画布中显示的效果就是最终的作品效果，而3ds Max 视图中的效果却不是最终的作品效果，而仅仅是模拟效果，并且这种模拟效果可能会与最终渲染效果相差很多。因此，需要使用渲染器将最终的场景进行渲染，从而得到更真实的作品。图6-28和图6-29所示为3ds Max 中的视图效果和使用渲染器渲染完成的效果。

图6-28　　　　图6-29

6.4.3 渲染器的类型

渲染器的类型有很多，3ds Max 2024 默认自带的渲染器有 5 种，分别是 Quicksilver 硬件渲染器、ART 渲染器、扫描线渲染器、VUE 文件渲染器和 Arnold。这 5 种渲染器各有利弊，默认扫描线渲染器的渲染速度最快，但渲染功能较为一般，效果不真实。本书的重点是 V-Ray 渲染器，该渲染器不是 3ds Max 默认自带的，需要自行下载安装，V-Ray 渲染器需要关闭 3ds Max 并安装后才可使用。

6.4.4 渲染器的设置步骤

设置渲染器主要有以下两种方法。

方法 1

单击主工具栏中的 ![图标]（渲染设置）按钮，然后在打开的【渲染设置】对话框中设置【渲染器】为【V-Ray 5，update 2.3】，如图 6-30 所示。此时，渲染器已经被设置为 V-Ray 了，如图 6-31 所示。需要注意的是，本书使用的 V-Ray 渲染器为 V-Ray 5 版本。

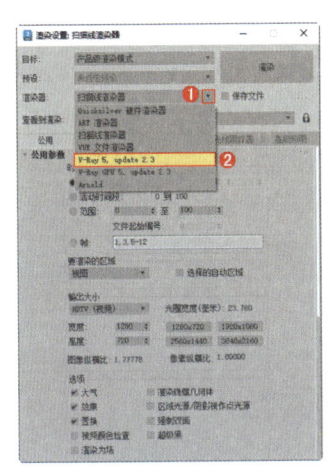

图 6-30 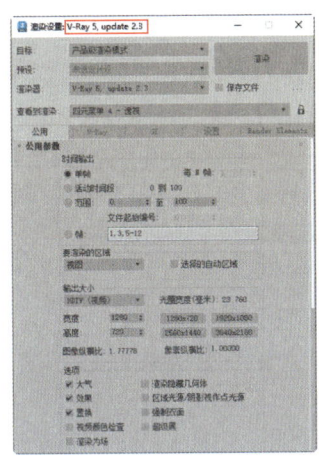　　　　　图 6-31

方法 2

单击主工具栏中的 ![图标]（渲染设置）按钮，然后在打开的【渲染设置】对话框中单击进入【公用】选项卡，展开【指定渲染器】卷展栏，设置【产品级】为【V-Ray 5，update 2.3】，如图 6-32 所示。此时渲染器已经被设置为 V-Ray 了，如图 6-33 所示。

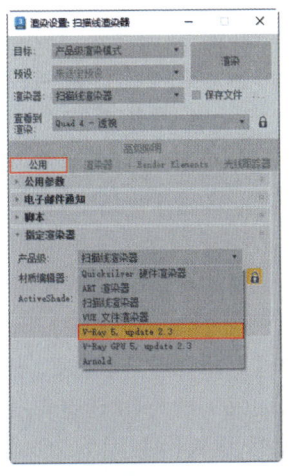

图 6-32 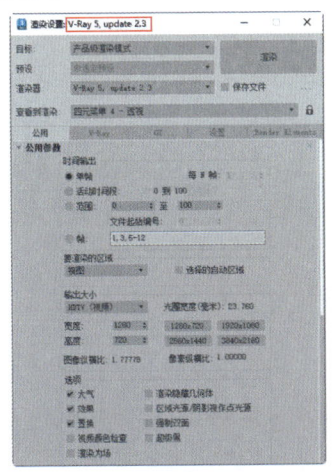　　　　　图 6-33

6.5　VRay 渲染器

VRay 渲染器是功能非常强大的渲染器，在安装 VRay 渲染器之后，很多功能才可以使用。其强大的反射、折射、半透明等效果，非常适合用于制作效果图。除此之外，VRay 灯光能模拟真实的光照效果。VRay 渲染器的【渲染设置】对话框中主要包括【公用】、V-Ray、GI、【设置】和 Render Elements（渲染元素）5 个选项卡，如图 6-34 所示。

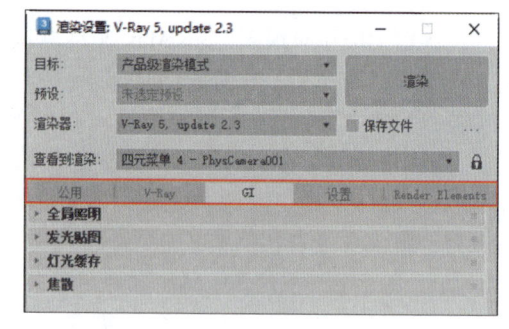

图 6-34

6.5.1　设置测试渲染的参数

测试渲染的特点是：渲染速度快、渲染质量差。

（1）单击主工具栏中的 ![] （渲染设置）按钮，在打开的【渲染设置】对话框中单击【渲染器】后的 ![] 按钮，设置方式为【V-Ray 5，update 2.3】，如图 6-35 所示。

（2）进入【公用】选项卡，设置【宽度】为 640，【高度】为 480，如图 6-36 所示。

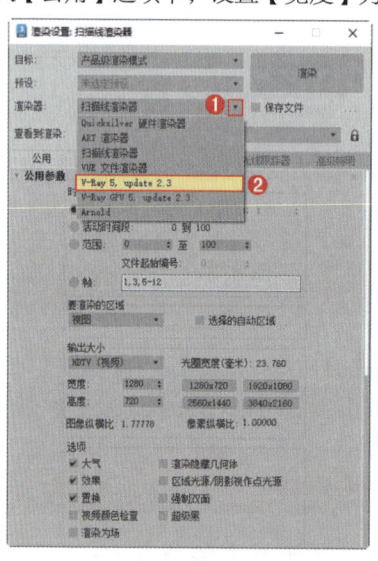

图 6-35　　　　　　图 6-36

（3）进入 V-Ray 选项卡，展开【帧缓冲区】卷展栏，取消勾选【启用内置帧缓冲区】选项；展开【全局开关】卷展栏，设置类型为【全光求值】，如图 6-37 所示。

（4）进入 V-Ray 选项卡，展开【图像采样器（抗锯齿）】卷展栏，设置【类型】为【渐进式】；展开【图像过滤器】卷展栏，设置【过滤器】为【区域】；展开【颜色贴图】卷展栏，设置【类型】为【指数】，如图 6-38 所示。

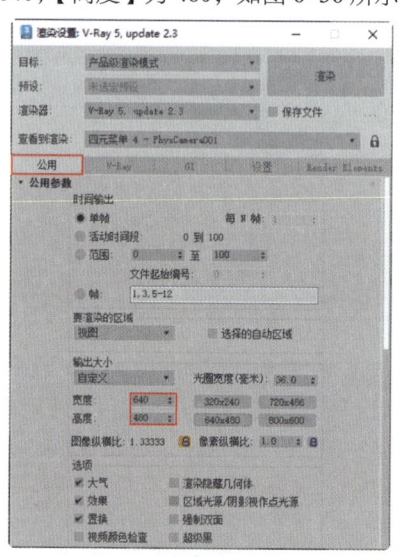

（5）进入 GI 选项卡，展开【全局照明】卷展栏，勾选【启用全局照明（GI）】选项，设置【首次引擎】为【发光贴图】,【二次引擎】为【灯光缓存】；展开【发光贴图】卷展栏，设置【当前预设】为【非常低】，勾选【显示计算相位】和【显示直接光】选项，如图 6-39 所示。

（6）进入 GI 选项卡，展开【灯光缓存】卷展栏,设置【细分】为 200,勾选【显示计算相位】选项，如图 6-40 所示。

（7）设置完成后，单击主工具栏中的 按钮，即可开始渲染。在渲染过程中可以发现其渲染速度很快，很快就隐约可以看清当前渲染的大致效果（噪点较多），等待时间越久，渲染越清晰（噪点较少），图 6-41 和图 6-42 所示为对比效果。因此，在测试渲染过程中，若发现灯光、材质、模型有任何问题，可以及时按 Esc 键暂停渲染。

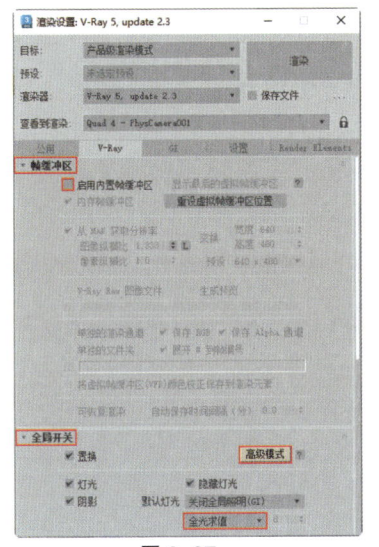

图 6-37

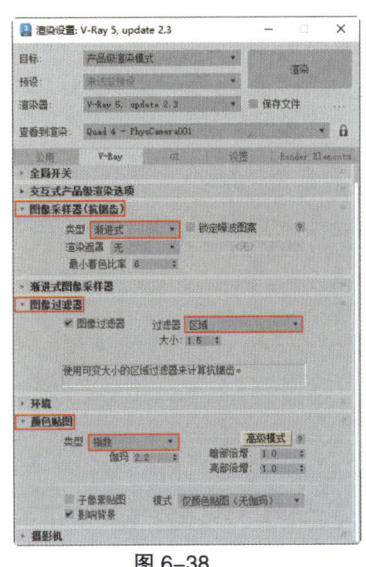

图 6-38

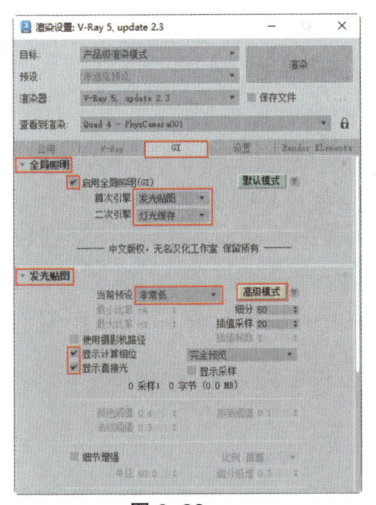

图 6-39

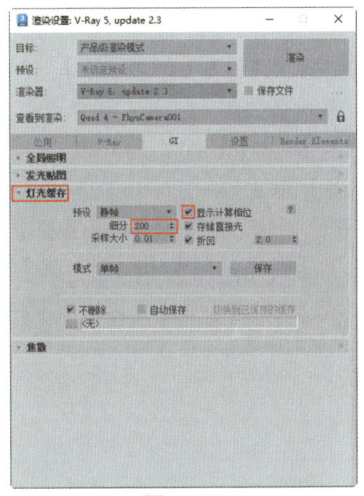

图 6-40

图 6-41

图 6-42

6.5.2 设置高精度渲染的参数

高精度渲染的特点是：渲染速度慢、渲染质量好。

（1）单击主工具栏中的 （渲染设置）按钮，在打开的【渲染设置】对话框中单击【渲染器】后的 按钮，设置方式为【V-Ray 5，update 2.3】，如图 6-43 所示。

（2）进入【公用】选项卡，展开【公用参数】卷展栏，设置【宽度】为 3000，【高度】为 2250，如图 6-44 所示。

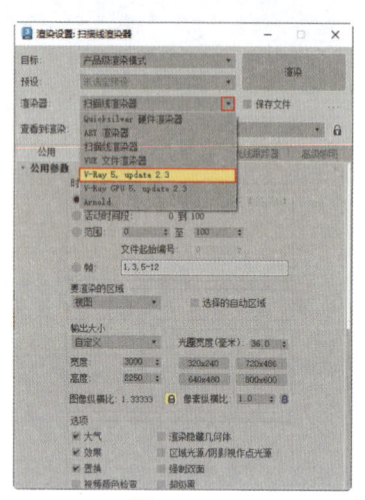

图 6-43 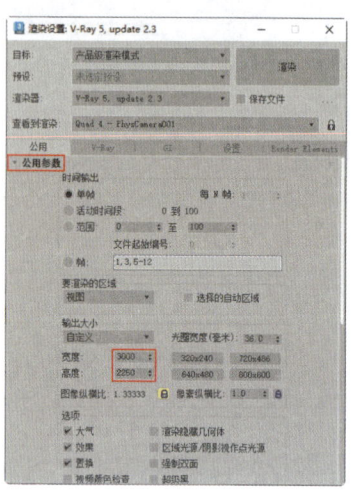　　　　　　图 6-44

（3）进入 V-Ray 选项卡，展开【帧缓冲区】卷展栏，取消勾选【启用内置帧缓冲区】选项；展开【全局开关】卷展栏，设置类型为【全光求值】，如图 6-45 所示。

（4）进入 V-Ray 选项卡，展开【图像采样器（抗锯齿）】卷展栏，设置【类型】为【渲染块】，设置【图像过滤器】为 Mitchell-Netravali；展开【颜色贴图】卷展栏，设置【类型】为【指数】，勾选【子像素贴图】选项，如图 6-46 所示。

（5）进入 GI 选项卡，展开【全局照明】卷展栏，勾选【启用全局照明（GI）】选项，设置【首次引擎】为【发光贴图】，【二次引擎】为【灯光缓存】；展开【发光贴图】卷展栏，设置【当前预设】为【低】，勾选【显示计算相位】和【显示直接光】选项，如图 6-47 所示。

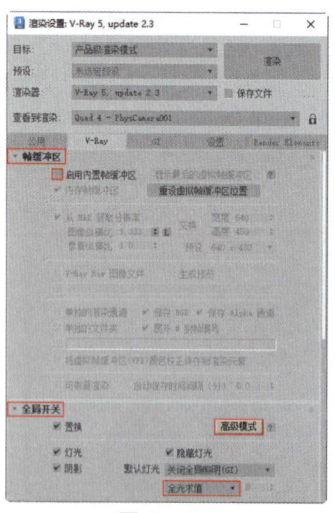

图 6-45 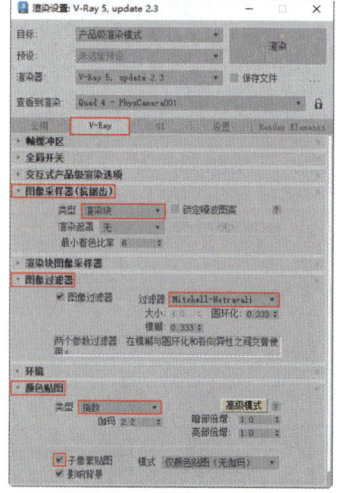　　　　　　图 6-46

(6)进入 GI 选项卡，展开【灯光缓存】卷展栏，设置【细分】为 1500，勾选【显示计算相位】选项，如图 6-48 所示。

(7)设置完成后，单击主工具栏中的 （渲染产品）按钮。等待一段时间之后即可渲染完毕，可以看到渲染的作品非常清晰，如图 6-49 所示。

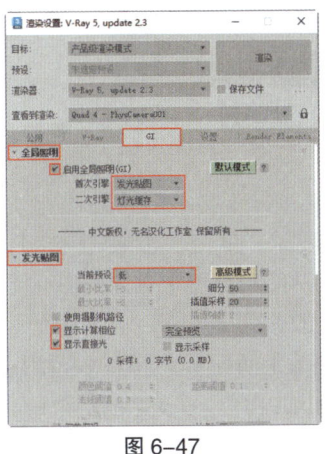

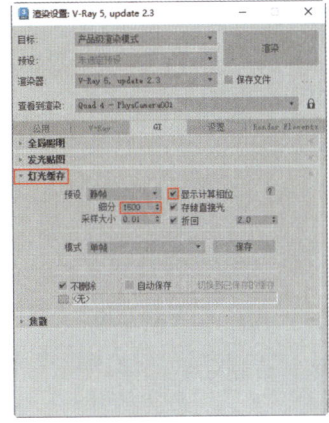

图 6-47

图 6-48

图 6-49

需要注意的是，每次打开 3ds Max 软件制作作品时，都需要重新设置 VRay 渲染器及其相关参数。

6.6 综合实例：休息室一角

本例制作休息室一角，休息室内的明亮灯光主要使用 VR 灯光和 VRayIES 光来制作。当制作这种室内场景时，要注意几种灯光的结合，一种灯光诠释不了灯光的立体感，通过多种灯光的结合，可以使最终效果更加逼真。最终渲染效果如图 6-50 所示。

扫一扫，看视频

图 6-50

6.6.1 设置 VRay 渲染器

(1)打开"场景文件 02.max"，如图 6-51 所示。

(2)按 F10 键，打开【渲染设置】对话框，设置【渲染器】为【V-Ray 5，update 2.3】，如图 6-52 所示。

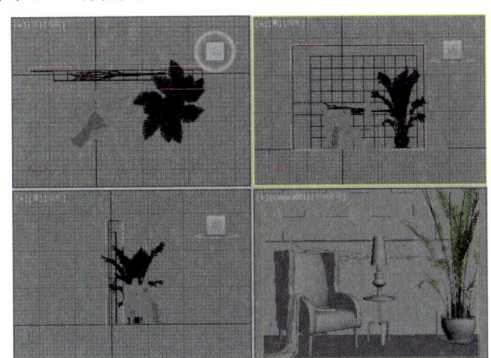

图 6-51

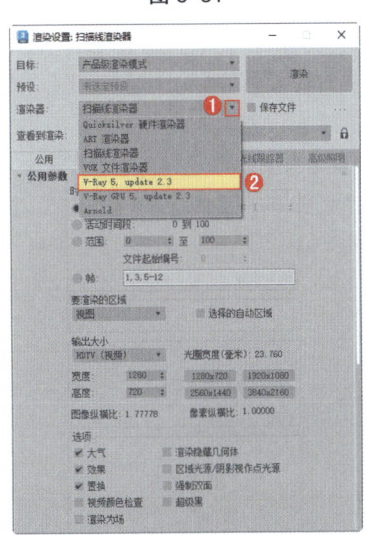

图 6-52

6.6.2 材质的表现

本小节讲述场景中的主要材质的表现方法，包括地面、墙面、沙发、台灯、植物等材质。效果如图 6-53 所示。

1. 地面

（1）按 M 键，打开【材质编辑器】对话框，选择一个材质球，单击 Standard 按钮，在打开的【材质/贴图浏览器】对话框中选择 VRayMtl，如图 6-54 所示。

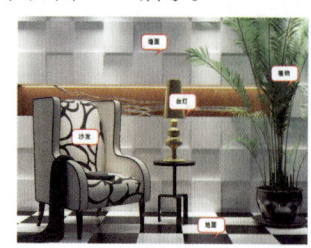

图 6-53

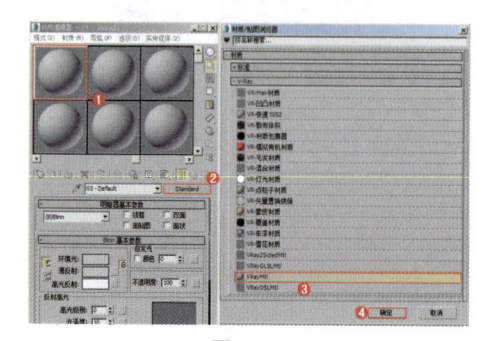

图 6-54

（2）将其命名为【地面】，在【漫反射】后面的通道上加载【棋盘格】程序贴图。展开【坐标】卷展栏，设置【瓷砖 U】为 2.8，【瓷砖 V】为 6，设置【反射】颜色为灰色，设置【光泽度】为 0.82，如图 6-55 所示。

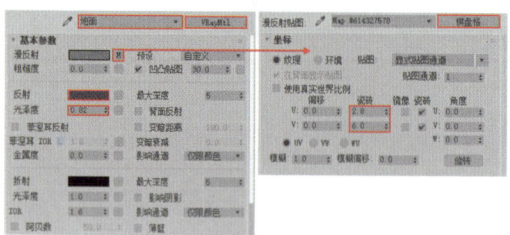

图 6-55

（3）将制作完毕的地面材质赋给场景中地面部分的模型，如图 6-56 所示。

图 6-56

2. 墙面

（1）按 M 键，打开【材质编辑器】对话框，选择一个材质球，单击 Standard 按钮，在打开的【材质/贴图浏览器】对话框中选择 VRayMtl，如图 6-57 所示。

（2）将其命名为【墙面】，设置【漫反射】和【反射】的颜色均为白色，如图 6-58 所示。

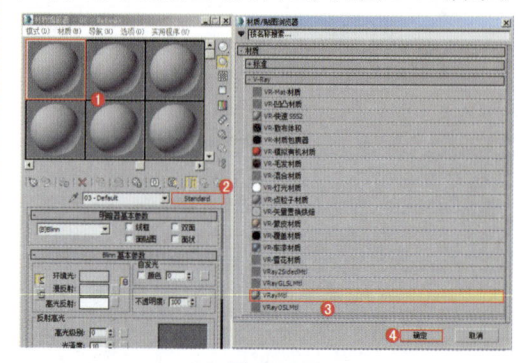

图 6-57

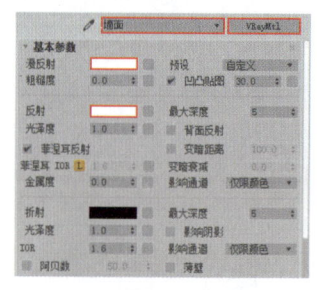

图 6-58

（3）将制作完毕的墙面材质赋给场景中墙面部分的模型，如图 6-59 所示。

图 6-59

3. 沙发

（1）按 M 键，打开【材质编辑器】对话框，选择一个材质球，单击 Standard 按钮，在打开的【材质/贴图浏览器】对话框中选择【混合】，如图 6-60 所示。

（2）将其命名为【沙发】，在【材质 1】后面的通道上加载 VRayMtl 材质，在【材质 2】后面的通道上加载 VRayMtl 材质，如图 6-61 所示。

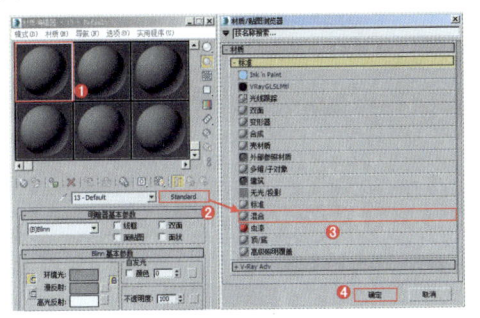

图 6-60

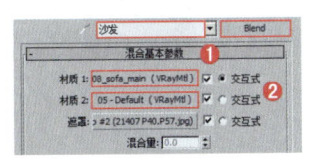

图 6-61

（3）单击进入【材质 1】后面的通道中，在【漫反射】后面的通道上加载【衰减】程序贴图，展开【衰减参数】卷展栏，在【颜色 1】后面的通道上加载 ArchInteriors_12_08_mohair_sofa2.jpg 贴图文件；展开【坐标】卷展栏，设置【瓷砖 U】和【瓷砖 V】均为 2，设置【模糊】为 0.8。在【颜色 2】后面的通道上加载 ArchInteriors_12_08_mohair_sofa2.jpg 贴图文件，展开【坐标】卷展栏，设置【瓷砖 U】和【瓷砖 V】均为 2，设置【模糊】为 0.8。设置【衰减类型】为 Fresnel，设置【折射率】为 2.1，如图 6-62 所示。

（4）在和【反射】后面的通道上加载【衰减】程序贴图，展开【衰减参数】卷展栏，设置【颜色 1】和【颜色 2】的颜色均为黑色，设置【衰减类型】为 Fresnel，设置【光泽度】为 0.7，如图 6-63 所示。

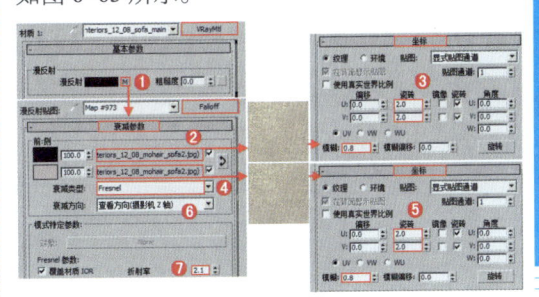

图 6-62

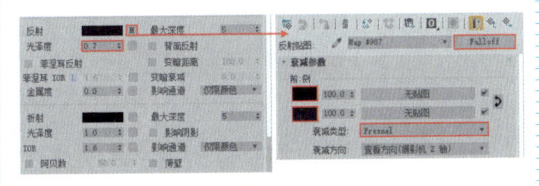

图 6-63

（5）展开【贴图】卷展栏，在【凹凸】后面的通道上加载 ArchInteriors_12_08_mohair_bump.jpg 贴图文件，展开【坐标】卷展栏，设置【瓷砖 U】和【瓷砖 V】均为 2.5，设置【模糊】为 0.6，设置【凹凸】的数量为 15，如图 6-64 所示。

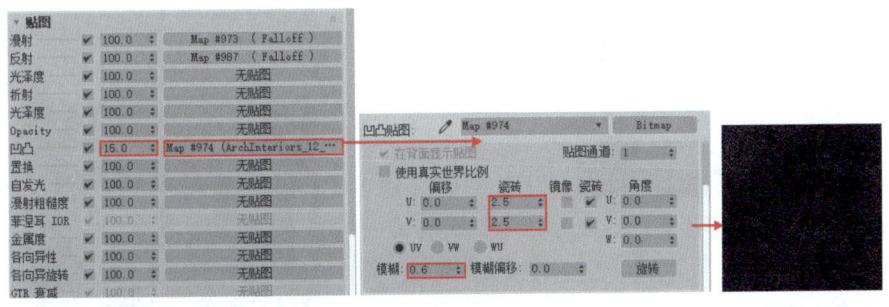

图 6-64

第 6 章 摄像机和渲染

109

（6）单击进入【材质2】后面的通道中，在【漫反射】后面的通道上加载【衰减】程序贴图，展开【衰减参数】卷展栏，设置【颜色1】的颜色为黑色，【颜色2】的颜色为深灰色，设置【衰减类型】为Fresnel。在【反射】后面的通道上加载【衰减】程序贴图，展开【衰减参数】卷展栏，设置【颜色1】的颜色为黑色，【颜色2】的颜色为深灰色，设置【衰减类型】为Fresnel，设置【光泽度】为0.7，取消勾选【菲涅耳反射】选项，如图6-65所示。

（7）展开【贴图】卷展栏，在【凹凸】后面的通道上加载ArchInteriors_12_08_mohair_bump.jpg贴图文件，展开【坐标】卷展栏，设置【瓷砖U】和【瓷砖V】均为2.5，设置【模糊】为0.6，设置【凹凸】的数量为15，如图6-66所示。

（8）返回【混合基本参数】卷展栏，在【遮罩】后面的通道上加载21407 P40.P57.jpg贴图文件，如图6-67所示。

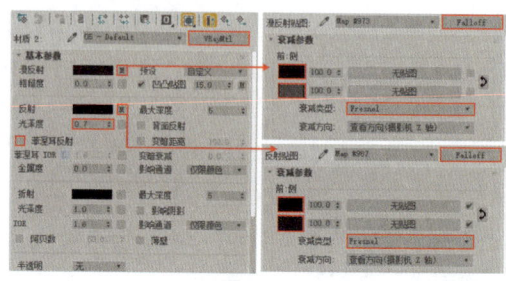

图6-65

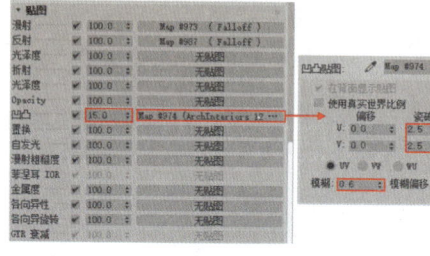

图6-66

（9）将制作完毕的沙发材质赋给场景中沙发部分的模型，如图6-68所示。

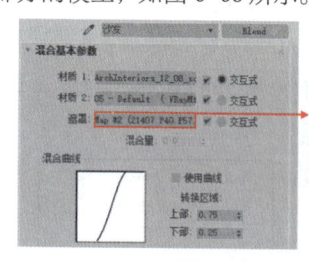

图6-67

图6-68

4.台灯

（1）选择一个空白材质球，将【材质类型】设置为VRayMtl，并命名为【台灯】，设置【漫反射】和【反射】的颜色均为黄色，设置【光泽度】为0.9，如图6-69所示。

（2）将制作完毕的台灯材质赋给场景中台灯部分的模型，如图6-70所示。

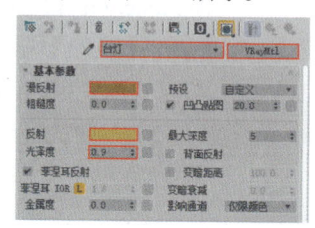

图6-69

图6-70

5. 植物

（1）选择一个空白材质球，将【材质类型】设置为 VRayMtl，并命名为【植物】，在【漫反射】后面的通道上加载 Arch41_035_leaf.jpg 贴图文件，展开【坐标】卷展栏，设置【角度 W】为 180，设置【反射】的颜色为深灰色，设置【光泽度】为 0.5，取消勾选【菲涅耳反射】选项，设置【折射】的颜色为深灰色，设置【光泽度】为 0.1，IOR（折射率）为 1.01，如图 6-71 所示。

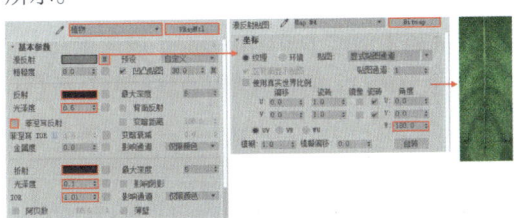

图 6-71

（2）展开【贴图】卷展栏，在【凹凸】后面的通道上加载 Noisel（噪波）程序贴图，展开【坐标】卷展栏，设置【瓷砖 X】为 0.05，设置【瓷砖 Y】和【瓷砖 Z】均为 0.1，展开【噪波参数】卷展栏，设置【大小】为 25，设置【相位】为 47，最后设置【凹凸】的数量为 30，如图 6-72 所示。

（3）将制作完毕的植物材质赋给场景中植物部分的模型，如图 6-73 所示。

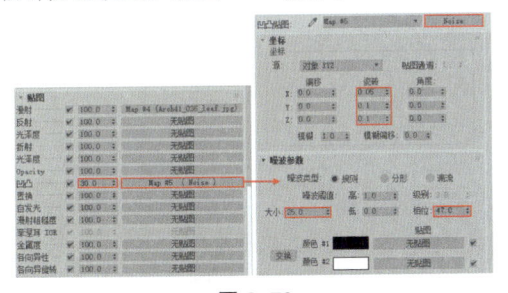

图 6-72

图 6-73

6.6.3 设置摄影机

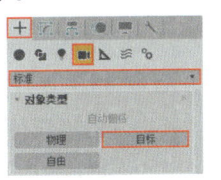

（1）执行 ✚（创建）| ■（摄影机）| 标准 ▼ | 目标 命令，如图 6-74 所示。在视图中单击并拖动创建摄影机，如图 6-75 所示。

图 6-74

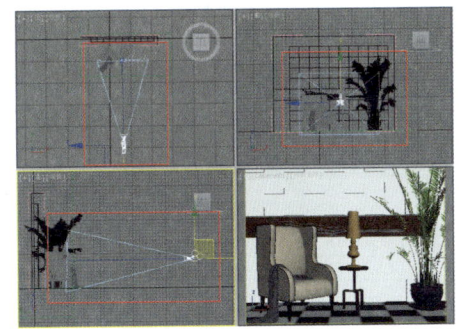

图 6-75

（2）选择刚刚创建的摄影机，单击进入【修改】面板，设置【镜头】为 57.682 mm，【视野】为 34.662 度，设置【目标距离】为 3900.342 mm，如图 6-76 所示。

（3）选择刚刚创建的摄影机，右击，在弹出的快捷菜单中选择【应用摄影机校正修改器】命令，如图 6-77 所示。

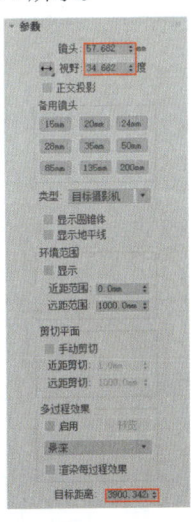

图 6-76

第 6 章 摄像机和渲染

111

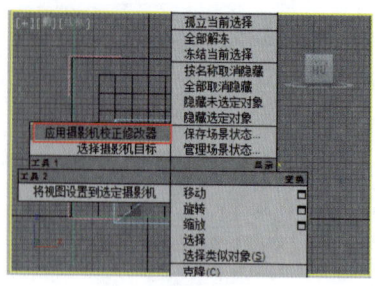

图 6-77

（4）此时，看到【摄影机校正】修改器被加载到了摄影机上，设置【数量】为1.737，【方向】为90，如图6-78所示。

（5）此时的摄影机视图效果如图6-79所示。

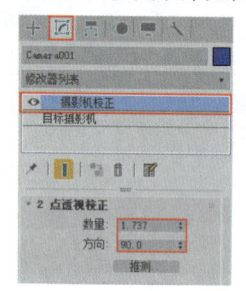

图 6-78

图 6-79

6.6.4 设置灯光并进行草图渲染

在这个休息室场景中，使用两部分灯光照明来表现，一部分使用了环境光效果，另一部分使用了室内灯光的照明。如果想得到好的效果，那么必须配合室内的一些照明，并且要设置辅助光源。

1. 创建凹槽内灯光

（1）在【创建】面板中单击 （灯光）按钮，设置【灯光类型】为VRay，然后单击 VR-灯光 按钮，如图6-80所示。

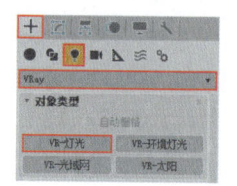

图 6-80

（2）在顶视图中拖动并创建1盏VR-灯光，使用 （选择并移动）工具将其放置到凹槽内，如图6-81所示。

（3）选择上一步创建的VR-灯光，在【常规】卷展栏中设置【类型】为【平面】，【长度】为2700 mm，【宽度】为220 mm，【倍增】为10，【颜色】为黄色；在【选项】卷展栏中勾选【不可见】选项，如图6-82所示。

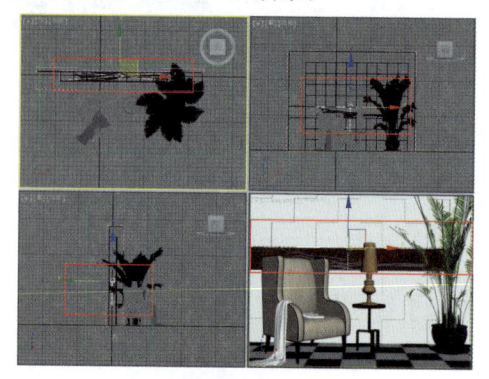

图 6-81

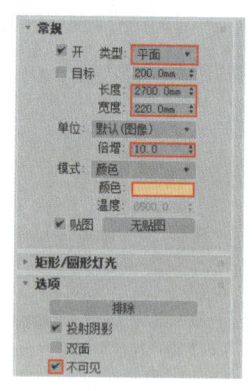

图 6-82

（4）按F10键，打开【渲染设置】对话框，设置【VRay】和GI选项卡下的参数，刚开始进行的是草图设置，目的是进行快速渲染，以观看整体效果，参数设置如图6-83所示。

（5）按快捷键Shift+Q，快速渲染摄影机视图。渲染效果如图6-84所示。

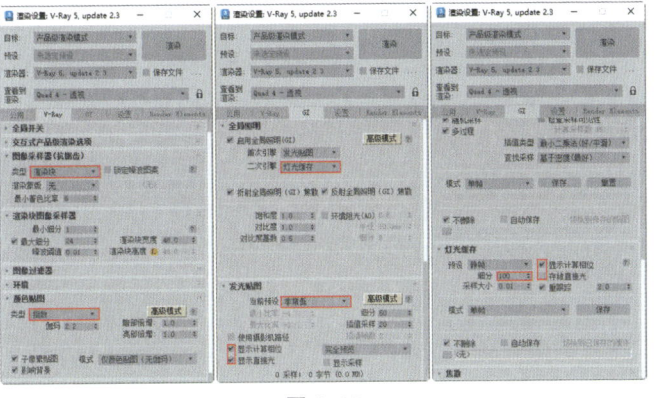

图 6-83

图 6-84

2. 使用【VR-灯光】（球体）制作灯罩内的灯光

（1）在【创建】面板中单击 💡（灯光）按钮，设置【灯光类型】为 VRay，然后单击 VR-灯光 按钮，在顶视图中拖动并创建 1 盏 VR-灯光，如图 6-85 所示。

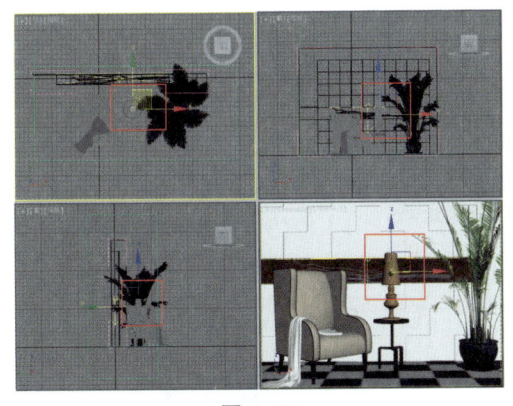

图 6-85

（2）选择上一步创建的 VR-灯光，在【常规】卷展栏中设置【类型】为【球体】，【半径】为 50 mm，【倍增】为 100，【颜色】为黄色；在【选项】卷展栏中勾选【不可见】选项，如图 6-86 所示。

（3）按快捷键 Shift+Q，快速渲染摄影机视图。渲染效果如图 6-87 所示。

图 6-86   图 6-87

3. 使用【VR-光域网】制作射灯

（1）在【创建】面板中单击 💡（灯光）按钮，设置【灯光类型】为 VRay，然后单击 VR-光域网 按钮，在视图中拖动并创建 6 盏 VR-光域网，如图 6-88 所示。

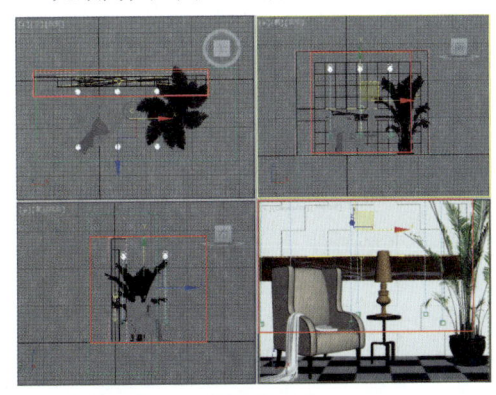

图 6-88

第 6 章 摄像机和渲染

113

（2）选择上一步创建的 VR-光域网，然后加载【灯光.IES】文件，设置【强度值】为 7000，取消勾选【区域高光】选项，如图 6-89 所示。

6.6.5 设置成图渲染参数

经过了前面的操作，已经将大量烦琐的工作做完了，下面需要做的就是把渲染的参数设置得高一些，再进行渲染输出。

（1）重新设置渲染参数。按 F10 键，在打开的【渲染设置】对话框中选择 V-Ray 选项卡，展开【图像采样器（抗锯齿）】卷展栏，设置【类型】为【渲染块】；展开【环境】卷展栏，勾选【全局照明（GI）环境】选项，设置【倍增】为 0.5；展开【颜色贴图】卷展栏，设置【类型】为【指数】，勾选【子像素贴图】选项，如图 6-90 所示。

（2）选择 GI 选项卡，展开【发光贴图】卷展栏，设置【当前预设】为【非常低】，设置【细分】为 50，【插值采样】为 20，勾选【显示计算相位】和【显示直接光】选项；展开【灯光缓存】卷展栏，设置【细分】为 120，【采样大小】为 0.02，勾选【显示计算相位】选项，如图 6-91 所示。

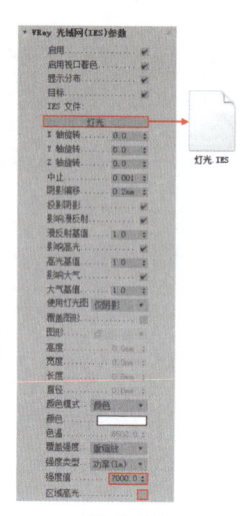

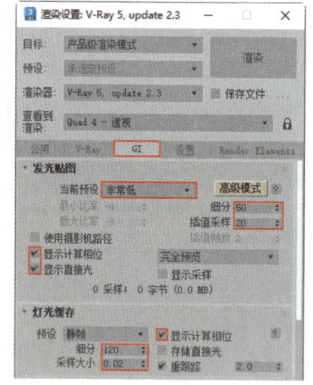

图 6-89

图 6-90　　　图 6-91

（3）选择【公用】选项卡，展开【公用参数】卷展栏，设置输出的尺寸为 300×225，如图 6-92 所示。

所示。

（4）等待一段时间后，渲染即可完成。最终效果如图 6-93 所示。

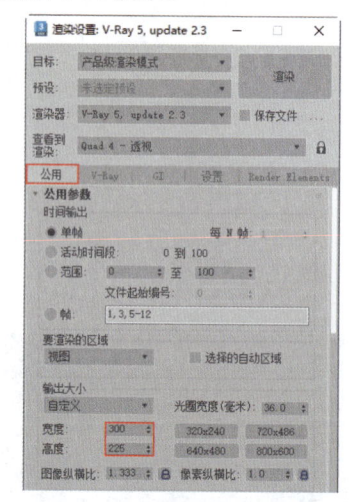

图 6-92

图 6-93

6.7　课后练习：卧室日景效果

扫一扫，看视频

本例是一个卧室场景。卧室场景中最为主要的是以【VR-太阳】模仿自然光，使环境效果更加真实，如图 6-94 所示。

图 6-94

6.7.1 设置 VRay 渲染器

（1）打开"场景文件03.max"，如图6-95所示。

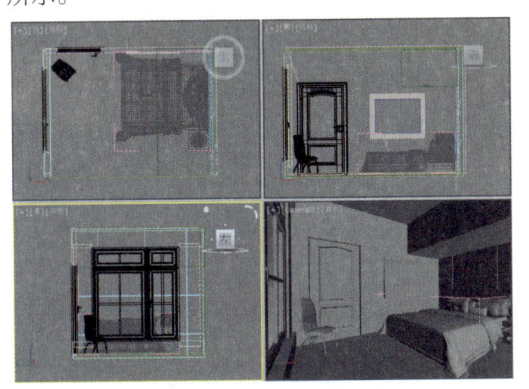

图 6-95

（2）按F10键，打开【渲染设置】对话框，设置【渲染器】为【V-Ray 5，update 2.3】，如图6-96所示。

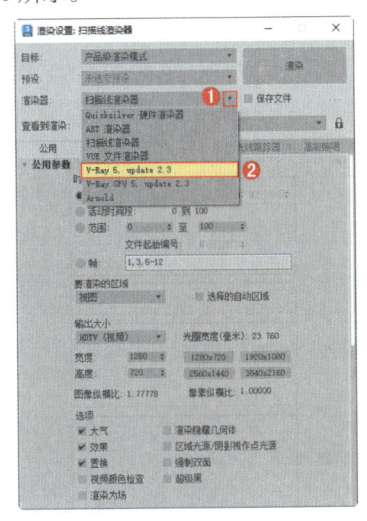

图 6-96

6.7.2 材质的表现

本小节讲解场景中的部分材质，包括木地板、被子、墙壁、装饰画、椅子等材质，如图6-97所示。

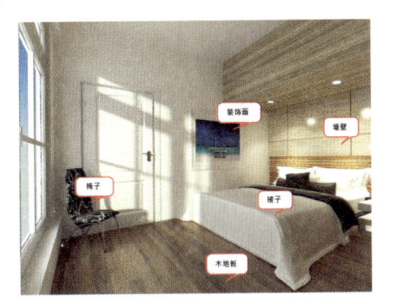

图 6-97

1. 木地板

（1）按M键，打开【材质编辑器】对话框，选择一个材质球，单击 Standard 按钮，在打开的【材质/贴图浏览器】对话框中选择VRayMtl。

（2）将其命名为【木地板】，在【漫反射】后面的通道上加载【深色地板.jpg】贴图文件。展开【坐标】卷展栏，设置【偏移U】为6.59，【偏移V】为-2.86，【瓷砖U】为4，【瓷砖V】为1.3，设置【模糊】为0.5，设置【反射】颜色为深灰色，设置【光泽度】为0.9，取消勾选【菲涅耳反射】选项，如图6-98所示。

（3）展开【贴图】卷展栏，在【凹凸】后面的通道上加载【深色地板.jpg】贴图文件。展开【坐标】卷展栏，设置【偏移U】和【偏移V】均为3，设置【模糊】为0.5，设置【凹凸】的数量为24，如图6-99所示。

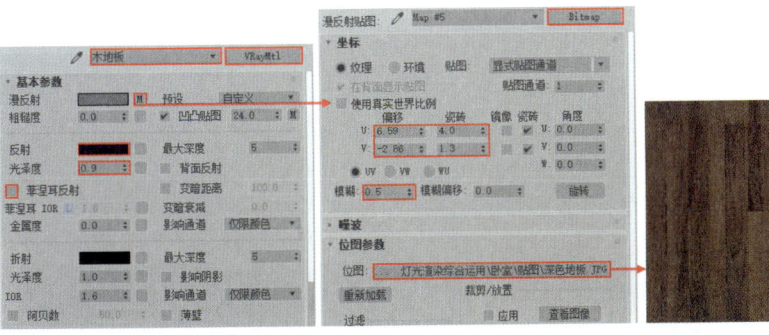

图 6-98

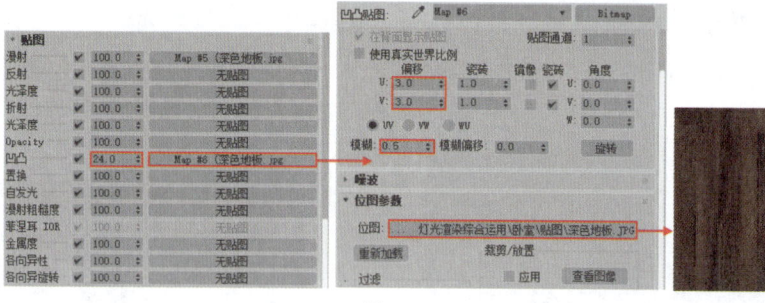

图6-99

（4）将制作完毕的木地板材质赋给场景中木地板部分的模型，如图6-100所示。

图6-100

2. 被子

（1）选择一个材质球，单击 Standard 按钮，在弹出的【材质/贴图浏览器】对话框中选择VRayMtl。将其命名为【被子】，在【漫反射】后面的通道上加载【衰减】程序贴图，展开【衰减参数】卷展栏，在【颜色1】后面的通道上加载 dizain-proect.ru_vol10_007.jpg 贴图文件，在【颜色2】后面的通道上加载 dizain-proect.ru_vol.jpg 贴图文件；在【反射】后面的通道上加载【衰减】程序贴图，展开【衰减参数】卷展栏，设置【颜色2】的颜色为蓝色，设置【衰减类型】为 Fresnel，如图6-101所示。

（2）将制作完毕的被子材质赋给场景中被子部分的模型，如图6-102所示。

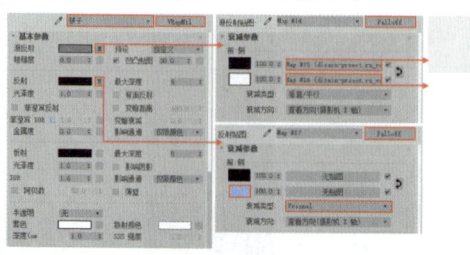

图6-101

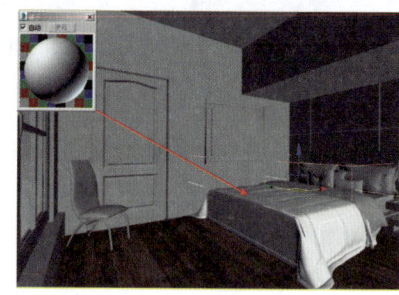

图6-102

3. 墙壁

（1）选择一个空白材质球，然后将【材质类型】设置为 VRayMtl，并命名为【墙壁】，在【漫反射】后面的通道上加载 d1.jpg 贴图文件，设置【反射】颜色为黑色，设置【光泽度】为 0.85，取消勾选【菲涅耳反射】选项，如图6-103所示。

（2）将制作完毕的墙壁材质赋给场景中墙壁部分的模型，如图6-104所示。

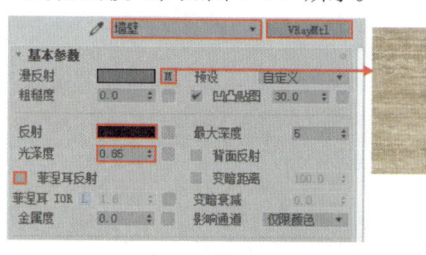

图6-103

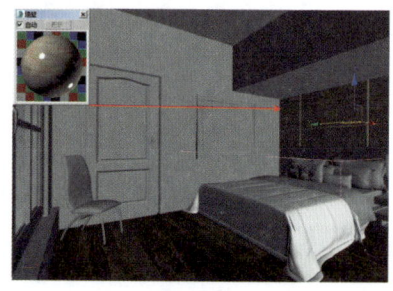

图6-104

4. 装饰画

(1)选择一个空白材质球并命名为【装饰画】,在【漫反射】后面的通道上加载 1125640400.jpg 贴图文件,在【反射高光】选项组中设置【高光级别】为 47,【光泽度】为 51,如图 6-105 所示。

(2)将制作完毕的装饰画材质赋给场景中装饰画部分的模型,如图 6-106 所示。

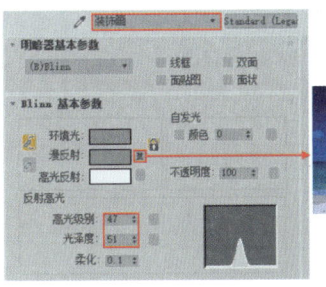

图 6-105

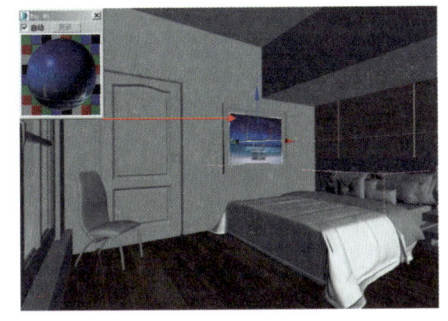

图 6-106

5. 椅子

(1)选择一个空白材质球,将【材质类型】设置为 VRayMtl,并命名为【椅子】,在【漫反射】后面的通道上加载 20071199595481771.jpg 贴图文件,如图 6-107 所示。

(2)将制作完毕的椅子材质赋给场景中椅子部分的模型,如图 6-108 所示。

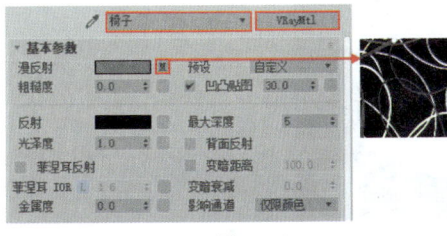

图 6-107

图 6-108

6.7.3 设置摄影机

(1)执行 ✚(创建)| ▇(摄影机)| 标准 | 目标 命令,如图 6-109 所示。在视图中单击并拖动创建摄影机,如图 6-110 所示。

(2)选择刚刚创建的摄影机,单击进入【修改】面板,设置【镜头】为 20.142 mm,【视野】为 83.572 度,设置【目标距离】为 8159.339 mm,如图 6-111 所示。

(3)此时的摄影机视图效果如图 6-112 所示。

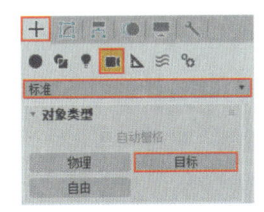

图 6-109

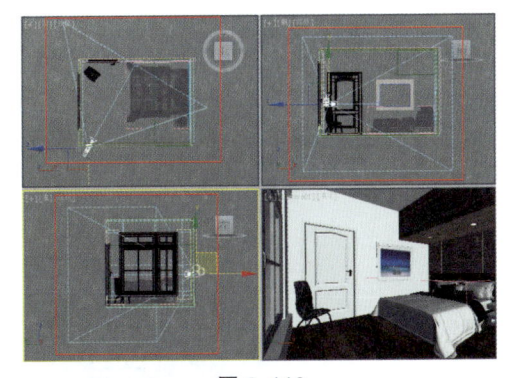

图 6-110

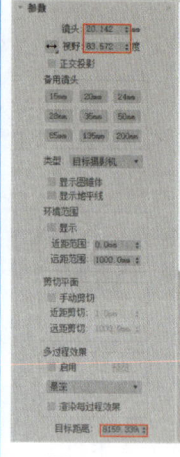

6.7.4 设置灯光并进行草图渲染

在这个卧室场景中，使用两部分灯光照明来表现，一部分使用了太阳光效果，另一部分使用了室内灯光的照明。

1. 设置渲染器参数

按 F10 键，打开【渲染设置】对话框，设置 VRay 和间接照明选项卡下的参数，刚开始进行的是草图设置，目的是进行快速渲染，以观看整体的效果，参数设置如图 6-113 所示。

图 6-111　　　　图 6-112

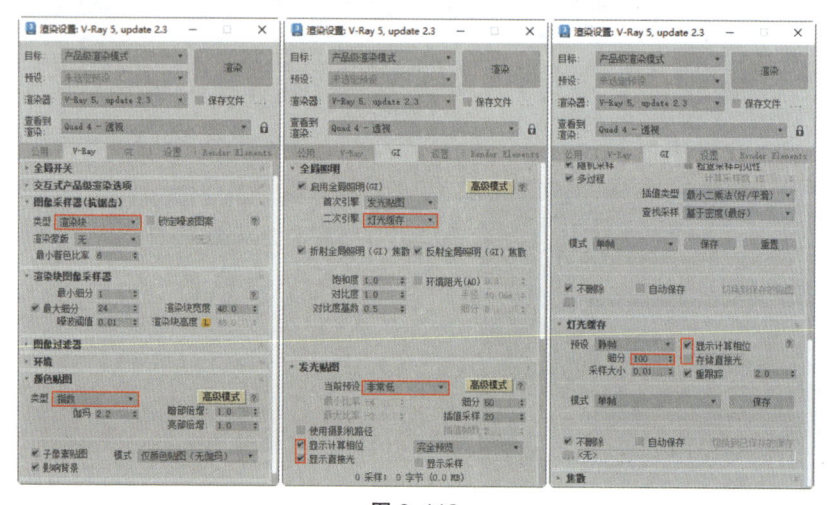

图 6-113

2. 创建太阳光

（1）在前视图中拖动并创建 1 盏 VR-太阳，如图 6-114 所示。

（2）选择上一步创建的 VR-太阳，然后在【修改】面板的【选项】卷展栏中勾选【不可见】选项，设置【浊度】为 2.3，【臭氧】为 0.8，【强度倍增】为 0.08，【大小倍增】为 5，如图 6-115 所示。

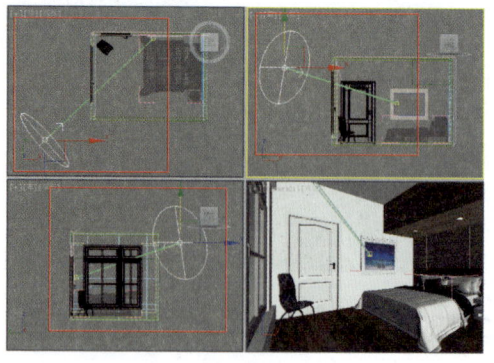

图 6-114

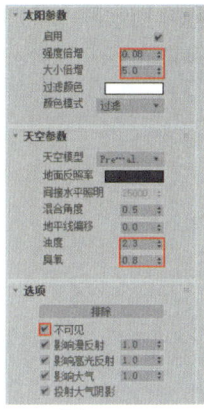

图 6-115

（3）按快捷键 Shift+Q，快速渲染摄影机视图。渲染效果如图 6-116 所示。

图 6-116

3. 创建室内环境光

（1）在左视图中拖动并创建 1 盏 VR- 灯光，如图 6-117 所示。

（2）选择上一步创建的 VR-灯光，然后在【修改】面板中展开【常规】卷展栏，设置【类型】为【平面】，设置【长度】为 4370 mm，【宽度】为 4774 mm，设置【倍增】为 8，【颜色】为白色；在【选项】卷展栏中勾选【不可见】选项，如图 6-118 所示。

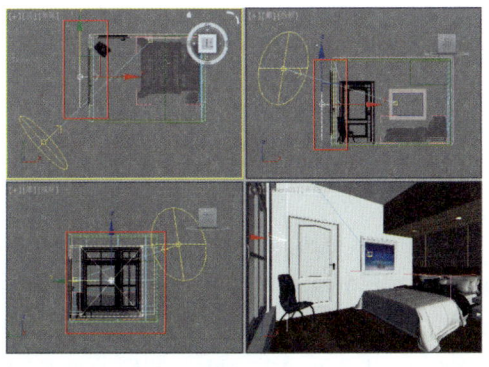

图 6-117

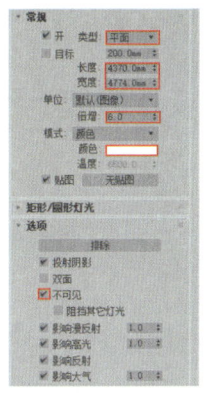

图 6-118

（3）按快捷键 Shift+Q，快速渲染摄影机视图。渲染效果如图 6-119 所示。

图 6-119

4. 设置目标灯光

（1）使用【目标灯光】在前视图中创建 2 盏目标灯光，如图 6-120 所示。

（2）选择上一步创建的目标灯光，设置【灯光分布(类型)】为【光度学 Web】，展开【分布(光度学 Web)】卷展栏，在通道上加载【射灯 001.IES】文件；展开【强度/颜色/衰减】卷展栏，设置【过滤颜色】为黄色，【强度】为 70000，如图 6-121 所示。

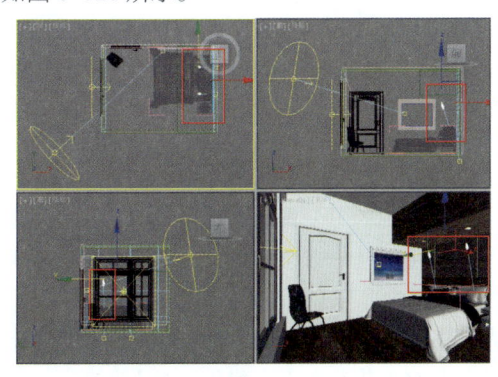

图 6-120

第 6 章 摄像机和渲染

119

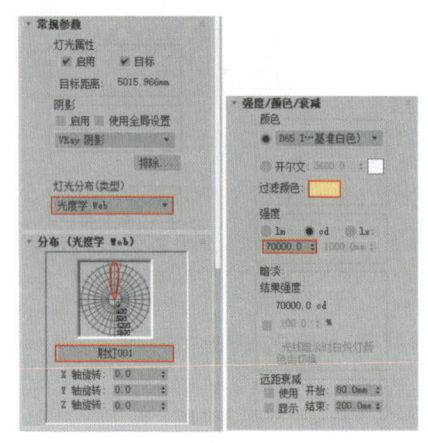

图 6-121

（3）按快捷键 Shift+Q，快速渲染摄影机视图。渲染效果如图 6-122 所示。

图 6-122

5. 创建室内台灯

（1）在顶视图中拖动并创建 1 盏 VR-灯光，如图 6-123 所示。

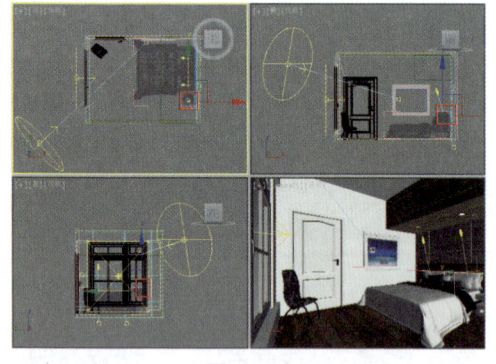

图 6-123

（2）选择上一步创建的 VR-灯光，然后在【修改】面板中展开【常规】卷展栏，设置【类型】为【球体】，设置【半径】为 35 mm，设置【倍增】为 200，【颜色】为黄色，在【选项】卷展栏中勾选【不可见】选项，如图 6-124 所示。

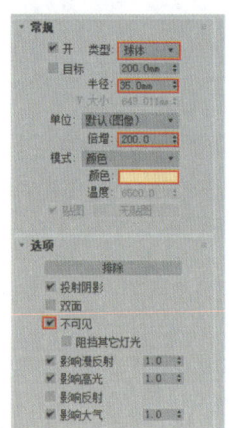

图 6-124

6.7.5 设置成图渲染参数

经过了前面的操作，已经将大量烦琐的工作做完了，下面需要做的就是把渲染的参数设置得高一些，再进行渲染输出。

（1）重新设置渲染参数。按 F10 键，在打开的【渲染设置】对话框中选择【公用】选项卡，展开【公用参数】卷展栏，设置输出的尺寸为 900×675，如图 6-125 所示。

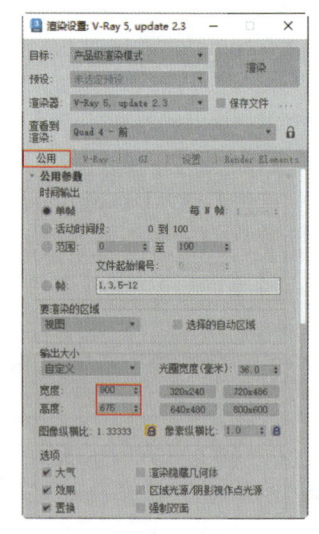

图 6-125

（2）选择 V-Ray 选项卡，展开【图像采样器（抗锯齿）】卷展栏，设置【类型】为【渲染块】；展开【渲染块图像采样器】卷展栏，设置【噪波阈值】为 0.005；展开【图像过滤器】卷展栏，勾选【图像过滤器】选项，设置【过滤器】的类型为 Catmull-Rom；展开【颜色贴图】卷展栏，设置【类型】为【指数】，勾选【子像素贴图】选项，如图 6-126 所示。

（3）选择 GI 选项卡，展开【发光贴图】卷展栏，设置【当前预设】为【低】，设置【细分】为 60，【插值采样】为 30，勾选【显示计算相位】和【显示直接光】选项；展开【灯光缓存】卷展栏，设置【细分】为 1500，勾选【显示计算相位】和【存储直接光】选项，如图 6-127 所示。

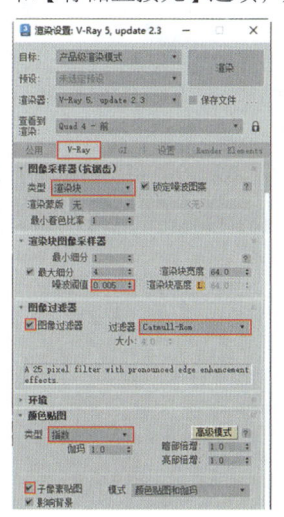

图 6-126 　　　　图 6-127

（4）等待一段时间后，渲染即可完成。最终效果如图 6-128 所示。

图 6-128

6.8　随堂测试

1. 知识考查

（1）使用 VRay 渲染器并设置参数，将场景进行快速测试渲染。

（2）使用 VRay 渲染器并设置参数，将场景进行高精度最终渲染。

2. 实战演练

参考给定的作品，进行渲染。

参考效果	可用工具
	VRay 渲染器

3. 项目实操

将自己创作的任意场景进行渲染。要求：设置测试渲染及最终渲染的参数进行渲染。

121

灯光

第 7 章

🔊 学时安排

总学时：6 学时
理论学时：1 学时
实践学时：5 学时

🔊 教学内容概述

在 3ds Max 中有 3 种灯光类型：标准灯光、VRay 灯光、光度学灯光。而这 3 种类型中又有多个灯光可供选择。3ds Max 中的灯光与真实世界中的灯光非常相似，在 3ds Max 中创建灯光时，可以参考身边的光源布置方式。

🔊 教学目标

- 熟练掌握标准灯光的使用方法
- 熟练掌握 VR-灯光、VR-太阳的使用方法
- 熟练掌握光度学灯光的使用方法

7.1 认识灯光

3ds Max 中的灯光包括光度学、标准、VRay（需要自行安装 VRay 渲染器）和 Arnold，如图 7-1 所示。

7.2 标准灯光

标准灯光是 3ds Max 中最简单的灯光类型，共包括 6 种类型。其中，【目标聚光灯】【目标平行光】和【泛光】较为常用。不同的灯光类型会产生不同的灯光效果，图 7-2 所示为标准灯光类型。

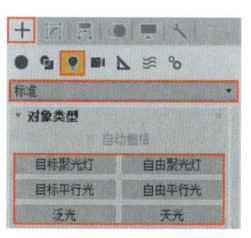

图 7-1　　图 7-2

- **目标聚光灯**：模拟聚光灯效果，如射灯、手电筒光。
- **自由聚光灯**：与目标聚光灯类似，掌握目标聚光灯即可。
- **目标平行光**：模拟太阳光效果，比较常用。
- **自由平行光**：与目标平行光类似，掌握目标平行光即可。
- **泛光**：模拟点光源效果，如烛光、点光。
- **天光**：模拟制作柔和的天光效果，不太常用。

7.2.1 目标聚光灯

【目标聚光灯】是指灯光沿目标点方向发射的聚光光照效果。常用该灯光模拟舞台灯光、射灯光等。其参数如图 7-3 所示。

在【常规参数】卷展栏中不仅可以设置是否开启灯光、是否开启阴影，还可以选择阴影类型，如图 7-4 所示。

图 7-3

图 7-4

- **灯光类型**：设置灯光的类型，共有 3 种类型可供选择，分别是【聚光灯】【平行光】和【泛光灯】。
  - **启用**：是否开启灯光。
  - **目标**：勾选该选项后，灯光将成为目标灯光；取消勾选该选项，则灯光成为自由灯光。
  - **阴影**：控制是否开启灯光阴影以及设置阴影的相关参数。
  - **使用全局设置**：勾选该选项后，可以使用灯光投射阴影的全局设置。
  - **阴影贴图**：以切换阴影的方式来得到不同的阴影效果，最常用的方式为【VR-阴影】。
  - **排除 按钮**：可以将选定的对象排除于灯光效果之外。

在【强度/颜色/衰减】卷展栏中可以设置灯光的基本参数，如倍增、颜色、衰减等，如图 7-5 所示。

图 7-5

第 7 章 灯光

123

- **倍增**：控制灯光的强弱程度。
- **颜色**：设置灯光的颜色。
- **衰退**：该选项组中的参数用来设置灯光衰退的类型和起始距离。
  ◎ **类型**：指定灯光的衰退方式。【无】为不衰退；【倒数】为反向衰退；【平方反比】以平方反比的方式进行衰退。
  ◎ **开始**：设置灯光开始衰减的距离。
  ◎ **显示**：在视图中显示灯光衰减的效果。
- **近距衰减**：该选项组用来设置灯光近距离衰减的参数。
  ◎ **使用**：启用灯光近距离衰减。
  ◎ **显示**：在视图中显示近距离衰减的范围。
  ◎ **开始**：设置灯光开始淡出的距离。
  ◎ **结束**：设置灯光达到衰减最远处的距离。
- **远距衰减**：该选项组用来设置灯光远距离衰减的参数。
  ◎ **使用**：启用灯光远距离衰减。
  ◎ **显示**：在视图中显示远距离衰减的范围。
  ◎ **开始**：设置灯光开始淡出的距离。
  ◎ **结束**：设置灯光衰减为 0 时的距离。

在【聚光灯参数】卷展栏中可以设置灯光的照射衰减范围，如图 7-6 所示。

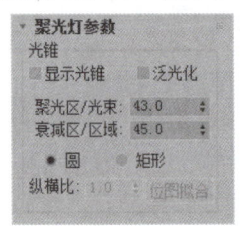

图 7-6

- **显示光锥**：是否开启圆锥体显示效果。
- **泛光化**：勾选该选项后，灯光将在各个方向投射光线。
- **聚光区 / 光束**：调整圆锥体灯光的角度。
- **衰减区 / 区域**：设置灯光衰减区的角度。【衰减区 / 区域】与【聚光区 / 光束】的差值越大，灯光过渡越柔和，如图 7-7 所示。
- **圆 / 矩形**：指定聚光区和衰减区的形状。
- **纵横比**：设置矩形光束的纵横比。
- **位图拟合按钮**：若灯光阴影的纵横比为矩形，可以用该按钮来设置纵横比，以匹配特定的位图。

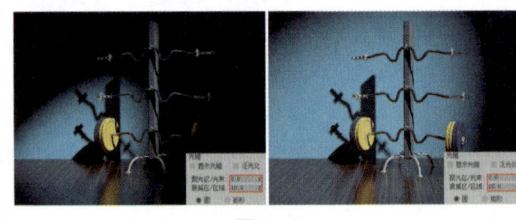

图 7-7

在【高级效果】卷展栏中可以设置投影贴图，如图 7-8 所示。

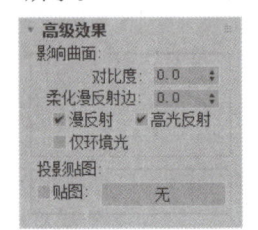

图 7-8

- **对比度**：调整曲面的漫反射区域和环境光区域之间的对比度。
- **柔化漫反射边**：增加【柔化漫反射边】的值可以柔化曲面的漫反射部分与环境光部分之间的边缘。
- **漫反射**：勾选该选项后，灯光将影响对象曲面的漫反射属性。
- **高光反射**：勾选该选项后，灯光将影响对象曲面的高光属性。
- **仅环境光**：勾选该选项后，灯光仅影响照明的环境光组件。
- **贴图**：可以在通道上添加贴图（贴图中，黑色表示光线被遮挡，白色表示光线可以透过），并根据贴图的黑白分布产生遮罩效果，常用该功能制作带有图案的灯光，如 KTV 灯光、舞台灯光等。

在【阴影参数】卷展栏中可以设置阴影的基本参数，如图 7-9 所示。

- **颜色**：设置阴影的颜色，默认为黑色。
- **密度**：设置阴影的密度。
- **贴图**：为阴影指定贴图。
- **灯光影响阴影颜色**：勾选该选项后，灯光颜色将与阴影颜色混合在一起。

- **启用**：勾选该选项后，大气可以穿过灯光投射阴影。
- **不透明度**：调整阴影的不透明度。
- **颜色量**：调整颜色和阴影颜色的混合量。

当设置【阴影】方式为【VRay-阴影】时，在【VRay 阴影参数】卷展栏中可以设置阴影的柔和程度，如图 7-10 所示。

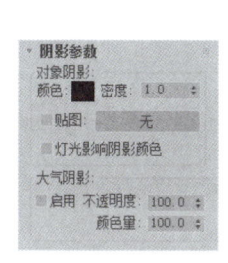

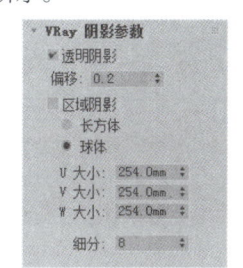

图 7-9　　图 7-10

- **透明阴影**：控制透明物体的阴影，必须使用 VRay 材质并选择材质中的【影响阴影】才能产生效果。
- **偏移**：控制阴影与物体的偏移距离，一般保持默认值即可。
- **区域阴影**：勾选该选项时，阴影会变得柔和。图 7-11 所示为取消勾选和勾选【区域阴影】的对比效果。

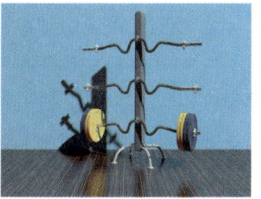

图 7-11

- **长方体 / 球体**：控制阴影的方式，一般默认设置为球体即可。
- **U/V/W 大小**：数值越大阴影越柔和。图 7-12 所示为设置数值为 10 和 50 的对比效果。

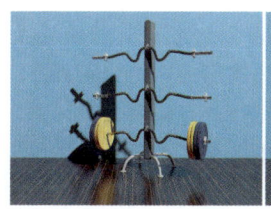

图 7-12

实操：使用【目标聚光灯】制作聚光效果

本例主要使用【目标聚光灯】的效果，它是一种投射出来的灯光，可以影响光束内的物体，使物体产生阴影和特殊效果。场景的最终渲染效果如图 7-13 所示。

（1）打开"场景文件 01.max"，如图 7-14 所示。

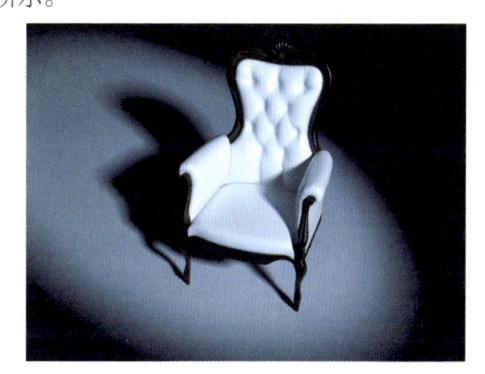

图 7-13

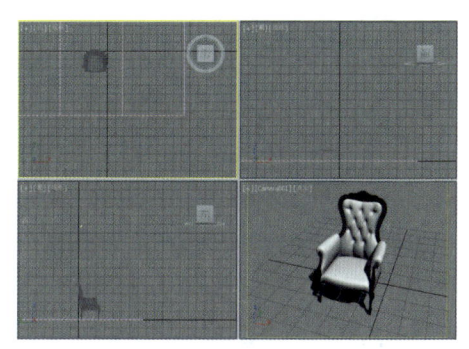

图 7-14

（2）执行 ➕（创建）|💡（灯光）命令，设置【灯光类型】为【标准】，然后单击 目标聚光灯 按钮，如图 7-15 所示。

（3）创建 1 盏目标聚光灯，位置如图 7-16 所示。单击修改，在【阴影】选项组下勾选【启用】选项，设置【阴影类型】为【VRay 阴影】，设置【倍增】为 4，【颜色】为蓝色；展开【聚光灯参数】卷展栏，设置【聚光区 / 光束】为 15，【衰减区 / 区域】为 25；展开【VRay 阴影参数】卷展栏，勾选【区域阴影】选项，如图 7-17 所示。

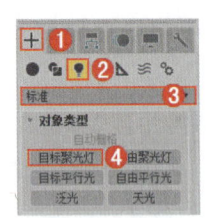

图 7-15

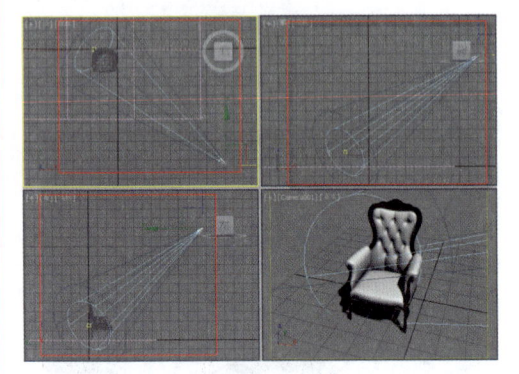

图 7-16

（4）最终的渲染效果如图 7-18 所示。

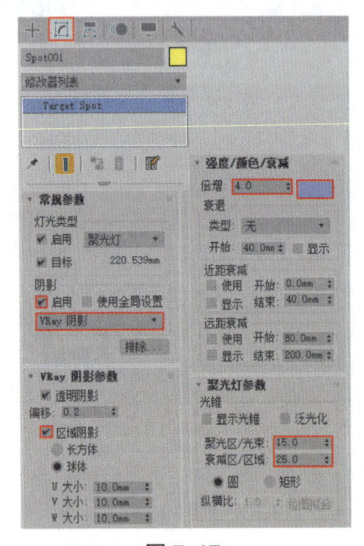

图 7-17

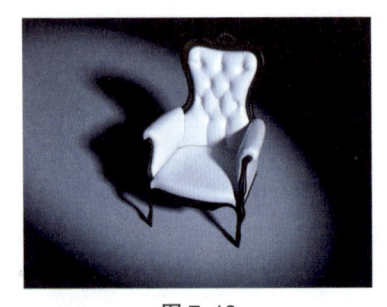

图 7-18

7.2.2 目标平行光

使用【目标平行光】可以产生一个圆柱状的平行照射区域，主要用于模拟阳光等效果。在制作室内外建筑效果图时，主要使用该灯光模拟室外阳光效果。其参数如图 7-19 所示。

图 7-19

7.2.3 泛光

【泛光】是一种由一个点向四周均匀发射光线的灯光。通常使用该灯光模拟制作烛光、壁灯、吊灯等效果。其参数如图 7-20 所示。

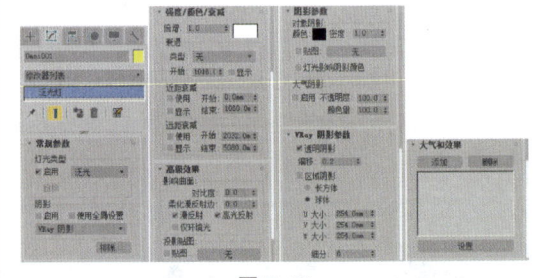

图 7-20

⚠ 提示：使用【泛光】设置灯光照射范围的方法

【泛光】是通过设置【近距衰减】和【远距衰减】来调整灯光的衰减距离的。例如，勾选【远距衰减】下的【使用】和【显示】选项并设置【开始】和【结束】的数值，这两个数值就代表了该灯光的照射范围。【开始】数值的半径范围表示灯光最亮的区域，而【结束】数值的半径范围表示灯光最微弱的位置，不勾选则没有该灯光的效果。不勾选【远距衰减】下的【使用】和【结束】选项（图 7-21），泛光不会出现衰减效果，亮度均匀，如图 7-22 所示。

图 7-21

图 7-22

勾选【远距衰减】下的【使用】和【显示】选项（图 7-23）并设置【开始】和【结束】的数值为 30mm 和 200mm，会出现明显的衰减效果，如图 7-24 所示。

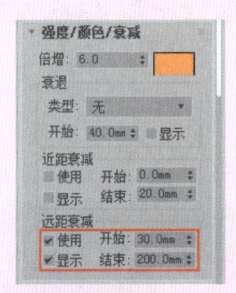

图 7-23

图 7-24

7.3　VRay 灯光

VRay 灯光是室内设计中最常用的灯光类型，VRay 灯光的特点是效果非常逼真、参数比较简单。VRay 灯光中的【VR-灯光】和【VR-太阳】两种灯光是最重要且必须要熟练掌握的，如图 7-25 所示。

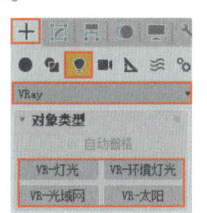

图 7-25

- **VR-灯光**：常用于模拟室内外灯光，该灯光的光线比较柔和，是最常用的灯光之一。
- **VR-光域网**：该灯光类似于目标灯光，都可以加载 IES 灯光，可产生类似射灯的效果。
- **VR-环境灯光**：可以模拟环境灯光效果。
- **VR-太阳**：常用于模拟真实的太阳光，灯光的位置影响灯光的效果（正午、黄昏、夜晚），是最常用的灯光之一。

7.3.1　VR-灯光

【VR-灯光】是 3ds Max 最常用、最强大的灯光之一，是必须要熟练掌握的灯光类型。【VR-灯光】产生的光照效果比较柔和，其类型包括【平面】【球体】【穹顶】【网格】和【圆形】，其中【平面】和【球体】是最常用的两类灯光。

1. 平面

【平面】类型的 VR-灯光由一个方形的灯光沿某一个方向或沿前/后照射灯光，具有很强的方向性。常用来模拟较为柔和的光线效果，在室内效果图中应用较多，如顶棚灯带、窗口光线、辅助灯光等。在视图中拖动可以创建【平面】，如图 7-26 所示。

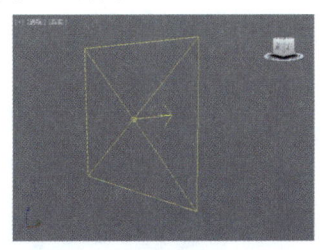

图 7-26

第 7 章　灯光

127

参数设置如图 7-27 所示。

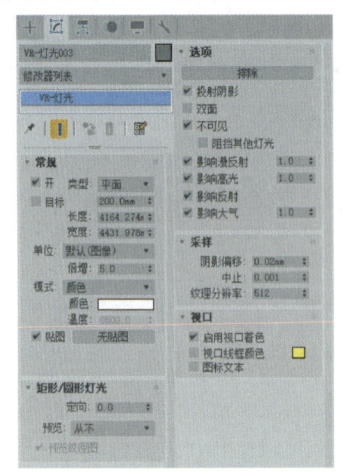

图 7-27

2. 球体

【球体】由一个圆形的灯光组成，由中心向四周均匀发散光线，并伴随距离的增大产生衰减效果。常用来模拟吊灯、壁灯、台灯等。在视图中拖动可以创建【球体】，如图 7-28 所示。参数设置如图 7-29 所示。

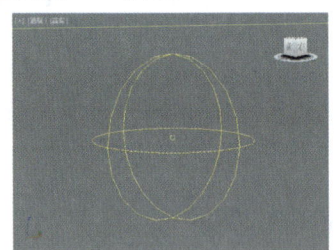

图 7-28

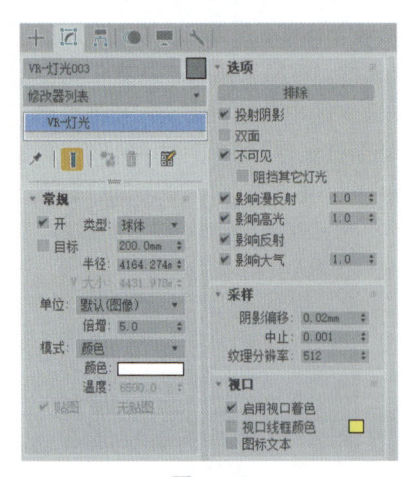

图 7-29

（1）【常规】卷展栏中的常用参数如下。
- 开：控制是否开启灯光。
- 类型：指定 VR-灯光的类型，包括【平面】【球体】【穹顶】【网格】和【圆形】。

◎ 平面：灯光为平面形状的 VR-灯光，主要模拟由一平面向外照射的灯光效果，如图 7-30 和图 7-31 所示。

图 7-30

图 7-31

◎ 球体：灯光为球体形状的 VR-灯光，主要模拟由一点向四周发散的灯光效果，如图 7-32 和图 7-33 所示。

图 7-32

图 7-33

◎ 穹顶：可以产生类似于天光灯光的均匀

128

效果，如图7-34和图7-35所示。

图7-34

图7-35

◎ **网格**：可以将物体设置为灯光发射光源，如图7-36和图7-37所示。（操作方法：设置【类型】为【网格】，单击【拾取网格】按钮，接着在场景中单击拾取一个模型，此时VR-灯光将按照该模型的形状产生光线。）

图7-36

图7-37

◎ **圆形**：可以创建圆形的灯光。
- **目标**：设置灯光的目标距离数值。
- **长度**：设置灯光的长度。
- **宽度**：设置灯光的宽度。
- **半径**：设置【类型】为【球体】时，该选项控制灯光的半径尺寸。
- **单位**：设置VR-灯光的发光单位类型，如发光率、亮度。
- **倍增**：设置灯光的强度。数值越大，灯光越亮。
- **模式**：设置颜色或温度的模式。
- **颜色**：设置灯光的颜色。
- **温度**：当设置【模式】为【温度】时，控制温度数值。

（2）【选项】卷展栏中的常用参数如下。
- **投射阴影**：控制是否产生阴影。
- **双面**：控制是否产生双面照射灯光的效果。图7-38所示为取消勾选【双面】和勾选【双面】选项的对比效果。

图7-38

- **不可见**：控制是否可以渲染出灯光本身。图7-39所示为取消勾选【不可见】和勾选【不可见】选项的对比效果。

图7-39

- **影响漫反射**：控制是否影响物体材质属性的漫反射。
- **影响高光**：控制是否影响物体材质属性的高光。
- **影响反射**：控制是否影响物体材质属性的反射。勾选时，该灯光本身会出现在反射物体表面；取消勾选时，该灯光不会出现在反射物体表面。
- **阴影偏移**：控制物体与阴影的偏移距离。
- **中止**：控制灯光中止的数值。

第7章 灯光

129

练一练：使用【VR-灯光】制作灯带

本例主要使用【VR-灯光】制作灯带的效果，这样的光照效果具有平面感，可以使棚顶充满光照效果。选择这种灯光类型作为灯带可以增强整个空间的光照感。渲染效果如图 7-40 所示。

（1）打开"场景文件 02.max"，如图 7-41 所示。

图 7-40 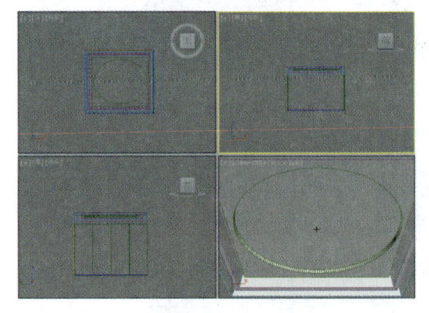　　　　　　　　　图 7-41

（2）执行＋（创建）|💡（灯光）| VRay | VR-灯光 命令，如图 7-42 所示。

（3）在顶视图中拖动并创建 1 盏 VR-灯光，如图 7-43 所示。在【常规】卷展栏中设置【类型】为【平面】，设置【长度】为 3718.555 mm，【宽度】为 3204.038 mm，设置【倍增】为 5，设置【颜色】为黄色；在【选项】卷展栏中勾选【不可见】选项，如图 7-44 所示。

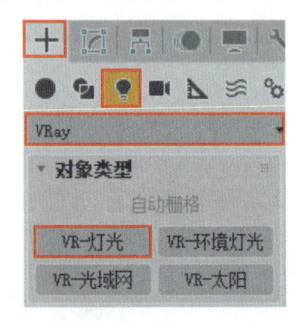

图 7-42 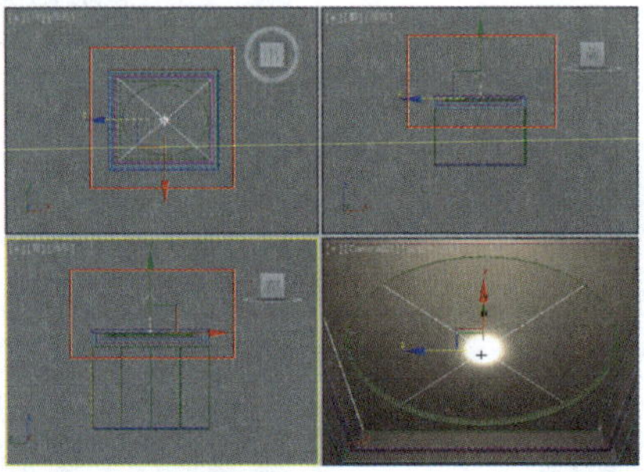　　　　　　　图 7-43 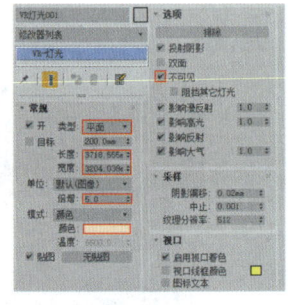　　　　　　　图 7-44

（4）在前视图中拖动并创建 1 盏 VR-灯光，如图 7-45 所示。在【常规】卷展栏中设置【类型】为【平面】，设置【长度】为 3718.555 mm，【宽度】为 3204.038 mm，设置【倍增】为 1，设置【颜色】为黄色；在【选项】卷展栏中勾选【不可见】选项，如图 7-46 所示。

（5）最终的渲染效果如图 7-47 所示。

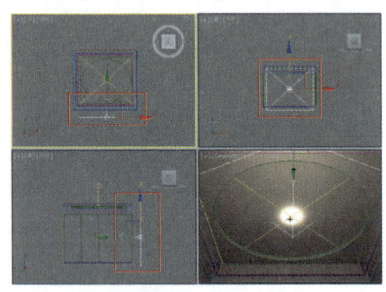

图 7-45 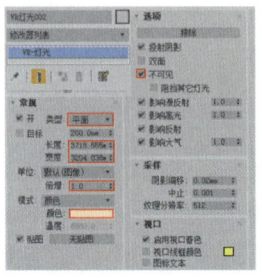　　　　　　　图 7-46 　　　　　　　图 7-47

7.3.2 VR-太阳

【VR-太阳】是一种模拟真实太阳效果的灯光，不仅可以模拟正午的阳光，还可以模拟黄昏的阳光和夜晚的灯光。其参数如图 7-48 所示。

● **启用**：控制是否开启该灯光。

● **强度倍增**：控制灯光的强度。数值越大，灯光越亮。图 7-49 所示为设置【强度倍增】为 0.02 和 0.05 的对比效果。

图 7-48

设置【强度倍增】为0.02　　设置【强度倍增】为0.05

图 7-49

● **大小倍增**：控制阴影的柔和度。数值越大，产生的阴影越柔和。图 7-50 所示为设置【大小倍增】为 2 和 20 的对比效果。

设置【大小倍增】为2　　设置【大小倍增】为20

图 7-50

● **过滤颜色**：控制灯光的颜色。

● **颜色模式**：设置颜色的模式类型，包括过滤、直接、覆盖。

● **天空模型**：设置天空的类型，包括 PRG 晴空 Preetham et al.、CIE 晴天、CIE 阴天、Hosek et al. 等。

● **浊度**：控制空气中的清洁度。数值越大，灯光效果越暖（正午为 3 左右，黄昏为 10 左右）。图 7-51 所示为设置【浊度】为 3 和 10 的对比效果。

设置【浊度】为3　　设置【浊度】为10

图 7-51

● **臭氧**：控制臭氧层的厚度。数值越大，颜色越浅。

● **不可见**：控制灯光本身是否可以被渲染出来。

● **影响漫反射**：控制是否影响漫反射。

● **影响高光反射**：控制是否影响高光。

● **投射大气阴影**：控制是否投射大气阴影效果。

● **阴影偏移**：控制阴影的偏移位置。

7.3.3 VR-太阳灯光与水平线的夹角的重要性

VR-太阳灯光之所以很真实，是因为该灯光模拟了现实中太阳的原理，即太阳的几种位置状态。例如，正午阳光（太阳）高高在上；黄昏阳光（太阳）即将落山；夜晚阳光（太阳）早已落山。因此，VR-太阳灯光与水平线的夹角越接近于垂直，那么越能呈现正午效果。例如，一个包括地面、茶壶及一盏 VR-太阳灯光的场景如图 7-52 所示。

当灯光与水平线的夹角接近 90° 时，渲染会得到正午阳光效果（光线强烈、阴影坚硬），如图 7-53 和图 7-54 所示。

131

图 7-52

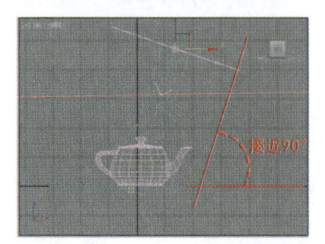

图 7-53

正午

图 7-54

当灯光与水平线的夹角接近 0°时，渲染会得到黄昏阳光效果（光线更暖、阴影更长），如图 7-55 和图 7-56 所示。

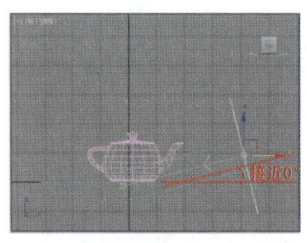

图 7-55

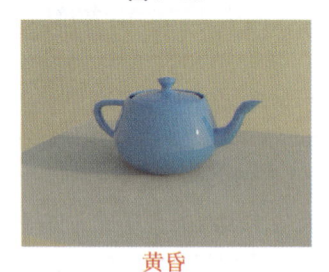

黄昏

图 7-56

当灯光与水平线的夹角在水平线以下时，渲染会得到夜晚效果（光线更冷、灯光更暗），如图 7-57 和图 7-58 所示。

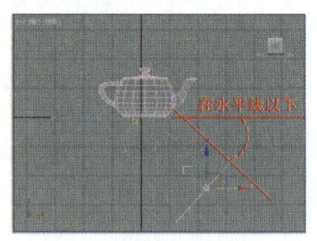

图 7-57

夜晚

图 7-58

练一练：使用【VR-太阳】制作阳光

扫一扫，看视频

本例主要使用【VR-太阳】制作阳光的效果。场景的最终渲染效果如图 7-59 所示。

（1）打开"场景文件 03.max"，如图 7-60 所示。

图 7-59

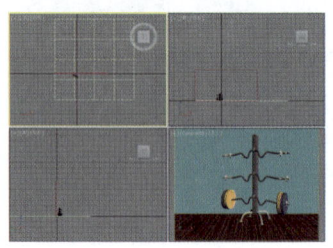

图 7-60

（2）执行 ╋（创建）| ♥（灯光）| VRay | VR-太阳 命令，如图 7-61

所示。

（3）在前视图中拖动并创建1盏VR-太阳灯光，如图7-62所示。在打开的【VR太阳】对话框中单击【是】按钮，如图7-63所示。

图7-61

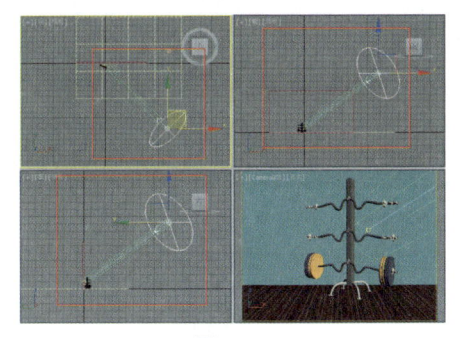

图7-62

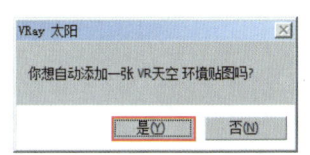

图7-63

（4）选择上一步创建的VR-太阳灯光，然后设置【强度倍增】为0.05，【大小倍增】为5，如图7-64所示。

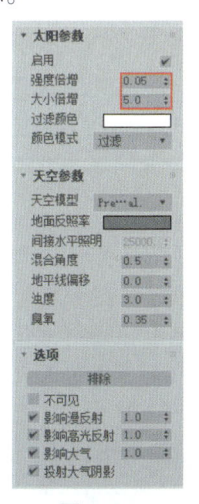

图7-64

（5）最终的渲染效果如图7-65所示。

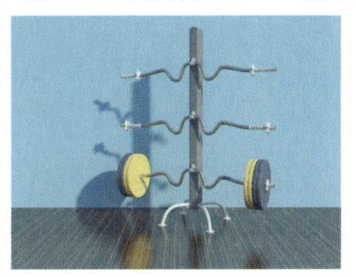

图7-65

练一练：使用【VR-太阳】和【VR-灯光】制作化妆间日景

本例将使用【VR-太阳】和【VR-灯光】制作化妆间日景的效果。需要将【VR-太阳】和【VR-灯光】完美结合，这样可以使场景中的光照有一种蓝光的效果，以符合自然中阳光的光照效果。最终渲染效果如图7-66所示。

扫一扫，看视频

（1）打开"场景文件04.max"，如图7-67所示。

图7-66

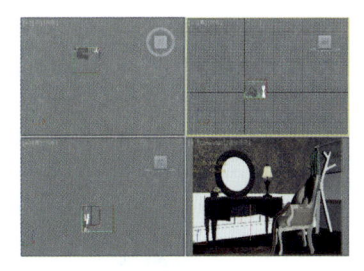

图7-67

（2）执行 ➕（创建）| 💡（灯光）| VRay | VR-太阳 命令，如图7-68所示。

（3）在前视图中拖动并创建1盏VR-太阳

第7章 灯光

133

灯光，如图7-69所示。在打开的【VR太阳】对话框中单击【是】按钮，如图7-70所示。

（4）选择上一步创建的VR-太阳灯光，然后设置【强度倍增】为0.1,【大小倍增】为10，如图7-71所示。

（5）执行 ➕（创建）|💡（灯光）| VRay ▼ | VR-灯光 命令，如图7-72所示。

图7-68

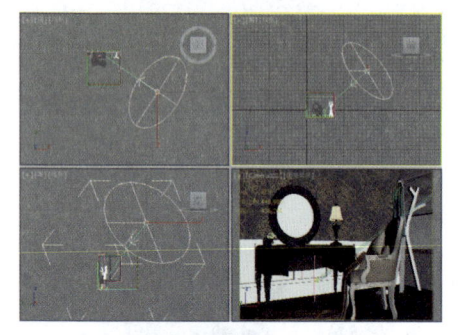

图7-69

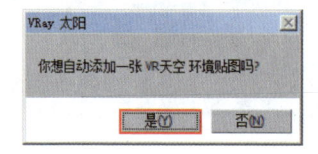

图7-70

图7-71 　　图7-72

（6）在左视图中拖动并创建1盏VR-灯光，如图7-73所示。在【常规】卷展栏中设置【类型】为【平面】,设置【长度】为4000 mm,【宽度】为4000 mm，设置【倍增】为10，设置【颜色】为浅蓝色；在【选项】卷展栏中勾选【不可见】选项，如图7-74所示。

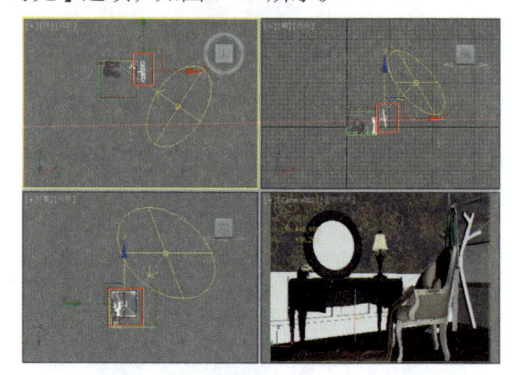

图7-73

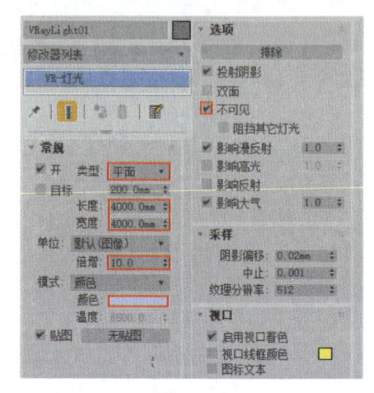

图7-74

⚠ 提示：平面灯光颜色设置的原因

窗外VR-灯光的颜色设置之所以是蓝色的，主要在于天空的颜色是蓝色的，这样的颜色会使整个空间的光照效果更加充满白天的效果。

（7）在前视图中拖动并创建1盏VR-灯光，如图7-75所示。在【常规】卷展栏中设置【类型】为【平面】，设置【长度】为4600 mm,【宽度】为4600 mm，设置【倍增】为8，设置【颜色】为浅蓝色；在【选项】卷展栏中勾选【不可见】选项，如图7-76所示。

（8）最终的渲染效果如图7-77所示。

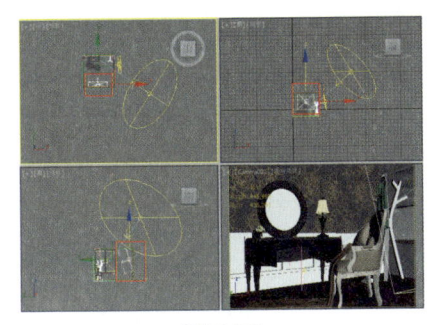

图 7-75

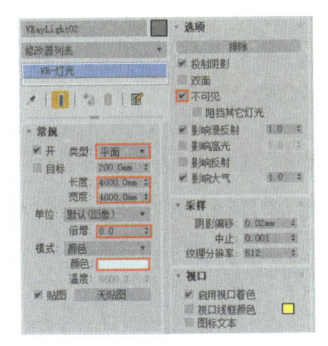

图 7-76

图 7-77

7.3.4 VR-光域网

【VR-光域网】是一种类似于目标灯光的灯光类型。其参数如图 7-78 所示。

图 7-78

- **启用**：控制是否开启该灯光。
- **目标**：控制是否使用目标点。
- **IES 文件**：单击可以加载 IES 文件。
- **使用灯光图**：勾选此选项，在 IES 文件中指定的光的形状将被考虑在计算阴影内。
- **颜色模式**：控制颜色的模式，包括颜色和温度。
- **颜色**：当【颜色模式】设置为【颜色】时，这个参数决定了光的颜色。
- **色温**：决定了光的颜色温度。

7.3.5 VR-环境灯光

【VR-环境灯光】主要用于模拟制作环境天光效果。其参数如图 7-79 所示。

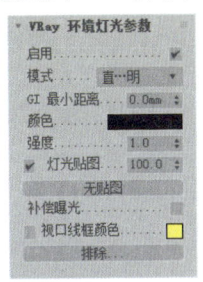

图 7-79

- **启用**：控制是否开启灯光。
- **模式**：可以设置 3 种模式，包括【直接光 + 全局照明】【直接光】和【全局照明（GI）】。
- **GI 最小距离**：控制全局照明的最小距离。
- **颜色**：指定哪些射线由该灯光影响。
- **强度**：设置灯光的强度。
- **灯光贴图**：设置灯光的贴图。
- **补偿曝光**：VR-环境灯光在和 VR-物理摄影机一同使用时，此选项生效。

7.4 光度学灯光

光度学灯光允许导入照明制造商提供的特定光度学文件（.ies 文件），可以模拟出更真实的灯光效果，如射灯等。光度学灯光包括【目标灯光】【自由灯光】和【太阳定位器】3 种类型，如图 7-80 所示。

- **目标灯光**：常用来模拟射灯、筒灯效果，

135

是室内设计中最常用的灯光之一。

● **自由灯光：** 与目标灯光相比，只是缺少目标点。

● **太阳定位器：** 可以创建真实的太阳，并且可以调整日期及在地球上任何地点的经/纬度，以查看太阳的位置。

图 7-80

7.4.1 目标灯光

【目标灯光】由灯光和目标点组成，可以产生由灯光向外照射的弧形效果，通常用来模拟室内外效果图中的射灯、壁灯等效果。其参数如图 7-81 所示。

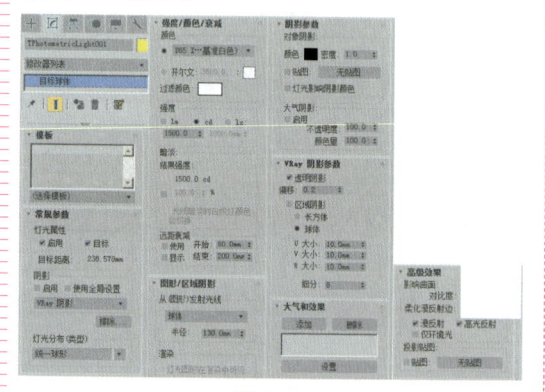

图 7-81

1. 常规参数

展开【常规参数】卷展栏，如图 7-82 所示。

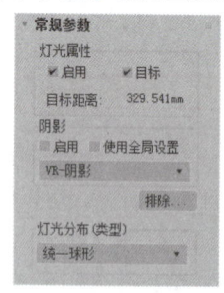

图 7-82

（1）【灯光属性】选项组中的常用选项如下。

● **启用：** 控制是否开启灯光。
● **目标：** 控制是否应用目标点。

（2）【阴影】选项组中的常用选项如下。

● **启用：** 控制是否打开阴影效果。
● **使用全局设置：** 勾选该选项，灯光产生的阴影将影响整个场景的阴影效果，默认勾选即可。
● **阴影类型：** 选择使用的阴影类型，通常使用【VRay-阴影】类型，其效果更真实。

（3）【灯光分布（类型）】选项组中的常用选项如下。

● **灯光分布（类型）：** 设置灯光的分布类型，包括【光度学 Web】、【聚光灯】、【统一漫反射】和【统一球形】4 种类型。通常选择【光度学 Web】方式，可以添加 IES 文件，模拟真实射灯效果。

2. 强度/颜色/衰减

展开【强度/颜色/衰减】卷展栏，如图 7-83 所示。

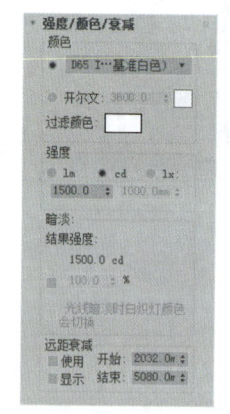

图 7-83

● **类型：** 设置灯光光谱类型，如白炽灯、荧光等。

● **开尔文：** 热力学温标或称绝对温标，是国际单位制中的温度单位。

● **过滤颜色：** 控制灯光产生的颜色。图 7-84 所示为设置【过滤颜色】为白色和橙色的对比效果。

● **强度：** 控制灯光的强度。图 7-85 所示为设置不同强度的渲染效果。

设置【过滤颜色】为白色　　　设置【过滤颜色】为橙色

图 7-84

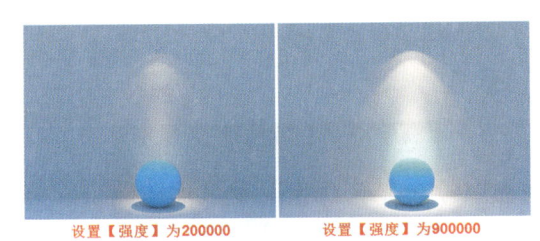

设置【强度】为200000　　　设置【强度】为900000

图 7-85

- **使用**：启用灯光的远距衰减。
- **显示**：在视口中显示远距衰减的范围设置。
- **开始/结束**：设置灯光开始淡出/灯光结束的距离。

3. 图形/区域阴影

展开【图形/区域阴影】卷展栏，此处主要用于设置从（图形）发射光线的类型等，如图 7-86 所示。

4. 阴影贴图参数

展开【阴影贴图参数】卷展栏，如图 7-87 所示。

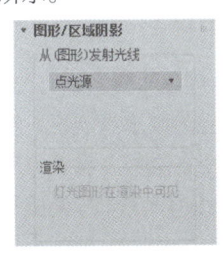

图 7-86　　　图 7-87

- **偏移**：设置阴影偏移的距离。
- **大小**：设置计算灯光的阴影贴图的大小。
- **采样范围**：设置阴影内平均有多少个区域。
- **双面阴影**：控制是否产生双面阴影。

5. 阴影参数

展开【阴影参数】卷展栏，此处主要用于设置阴影颜色、密度、大气阴影等参数，如图 7-88 所示。

6. VRay 阴影参数

展开【VRay 阴影参数】卷展栏，如图 7-89 所示。

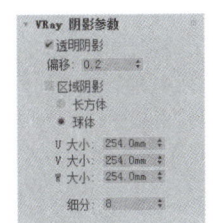

图 7-88　　　图 7-89

- **透明阴影**：控制透明物体的阴影，当应用 VRay 材质并选择材质中的【影响阴影】才能产生效果。
- **偏移**：设置阴影偏移的距离。
- **区域阴影**：勾选该选项，可以产生更柔和的阴影效果，但是渲染速度会变慢。图 7-90 所示为取消勾选【区域阴影】和勾选【区域阴影】的对比效果。

取消勾选【区域阴影】　　　勾选【区域阴影】

图 7-90

- **长方体/球体**：控制阴影的方式，默认即可。
- **U/V/W 大小**：控制阴影的柔和程度。数值越大，越柔和。图 7-91 所示为将其大小设置为 200 和 2000 的对比效果。

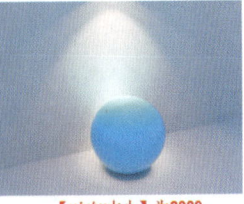

【u/v/w大小】为200　　　【u/v/w大小】为2000

图 7-91

第 7 章　灯光

137

- **细分**：数值越大，噪点越少，渲染速度越慢。

⚠ **提示**：光域网和目标灯光有什么关系

在使用目标灯光时，需要加载光域网文件（.ies 文件），那么什么是光域网呢？

光域网是室内灯光设计的专业名词，是灯光的一种物理性质。其可以确定灯光在空气中发散的方式，不同的灯光，在空气中的发散方式是不一样的，产生的光束形状是不同的。之所以在不同的光照条件下查看（.ies 文件）时差异较大，是因为每盏灯内部的构造和光域网有所不同。图 7-92 所示为多种光域网渲染效果。

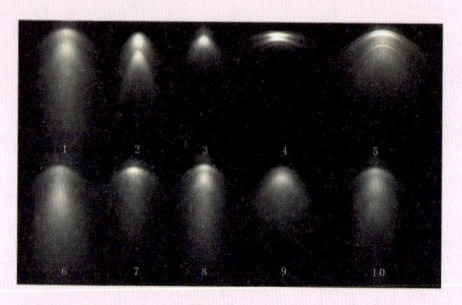

图 7-92

7.4.2 自由灯光

【自由灯光】与【目标灯光】的功能和使用方法基本一致，区别在于【自由灯光】没有目标点。建议读者熟练掌握【目标灯光】，对【自由灯光】了解即可。自由灯光参数如图 7-93 所示。

图 7-93

练一练：使用【自由灯光】和【VR-灯光】制作壁灯

本例使用【自由灯光】和【VR-灯光】制作壁灯的效果。当创建自由灯光时，它面向所在的视口。一旦创建成功，就可以将它移动到任何地方，使灯光的效果特别明显。最终渲染效果如图 7-94 所示。

扫一扫，看视频

（1）打开"场景文件 05.max"，如图 7-95 所示。

图 7-94

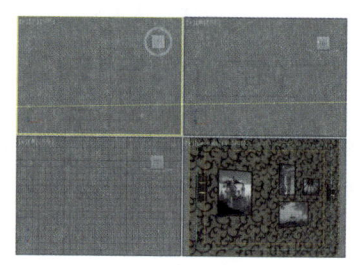

图 7-95

（2）执行 ➕（创建）|💡（灯光）| 光度学 ▼ | 自由灯光 命令，如图 7-96 所示。

（3）在前视图中拖动并创建 4 盏自由灯光，如图 7-97 所示。展开【常规参数】卷展栏，在【阴影】选项组中勾选【启用】选项，设置【阴影类型】为【VRay 阴影】,在【灯光分布（类型）】选项组中设置类型为【光度学 Web】；展开【分布（光度学 Web）】卷展栏，在后面的通道上加载【壁灯 .ies】光域网文件；展开【强度/颜色/衰减】卷展栏，设置【过滤颜色】为黄色，设置【强度】为 2；展开【VRay 阴影参数】卷展栏，勾选【区域阴影】选项，设置【U/V/W 大小】为 50，如图 7-98 所示。

138

图 7-96

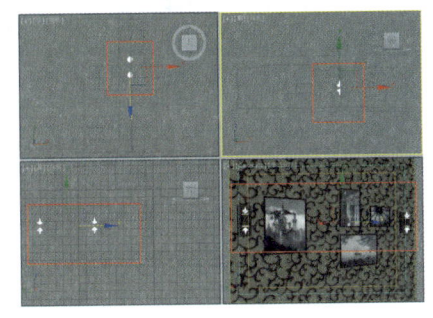

图 7-97

（4）执行 ➕（创建）| 💡（灯光）| VRay | VR-灯光 命令，如图 7-99 所示。

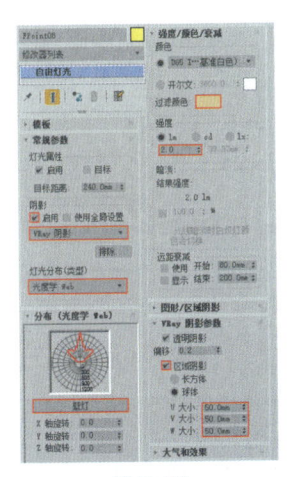

图 7-98

图 7-99

（5）在前视图中拖动并创建 1 盏 VR-灯光，如图 7-100 所示。在【常规】卷展栏设置【类型】为【平面】，设置【长度】为 133.239 mm，【宽度】为 60.241 mm，设置【倍增】为 2，设置【颜色】为蓝色；在【选项】卷展栏中勾选【不可见】选项，如图 7-101 所示。

（6）最终的渲染效果如图 7-102 所示。

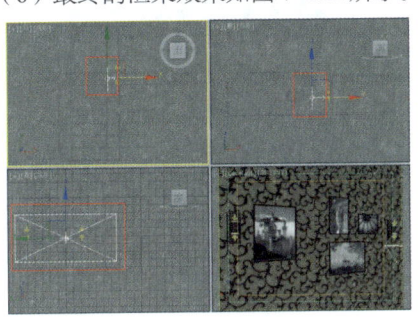

图 7-100

图 7-101

图 7-102

综合实例：正午阳光卧室设计

本例使用【目标灯光】和【VR-灯光】制作正午阳光照射的效果，以此来烘托室内的环境，还可以突出室内的整体效果。场景的最终渲染效果如图 7-103 所示。

扫一扫，看视频

139

图 7-103

1. 创建 VR-太阳主光源

（1）打开"场景文件06.max"，如图7-104所示。

（2）执行 ➕（创建）| 💡（灯光）| VRay ▼ | VR-太阳 命令，如图7-105所示。

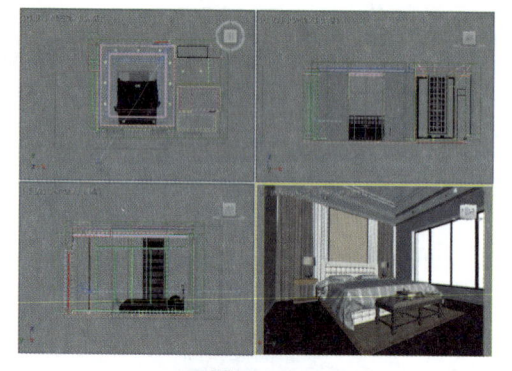

图 7-104

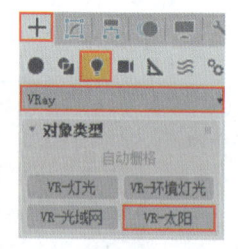

图 7-105

（3）在视图中合适的位置按住鼠标左键拖动，创建一盏VR-太阳灯光，如图7-106所示。释放鼠标，在打开的【VRay太阳】对话框中单击【是】按钮，如图7-107所示。

（4）创建完成后单击【修改】按钮，设置【强度倍增】为0.06，【大小倍增】为10，【天空模型】为【Preetham et al.】，【浊度】为3，如图7-108所示。

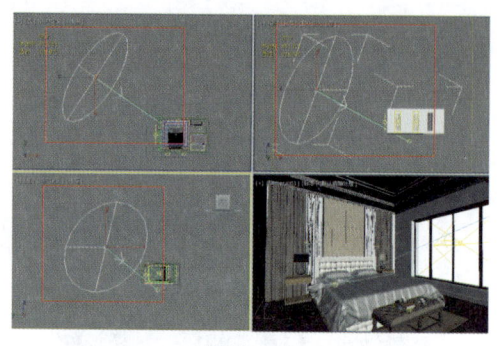

图 7-106

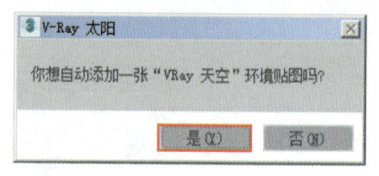

图 7-107

（5）设置完成后按快捷键Shift+Q将其渲染。其渲染效果如图7-109所示，发现渲染效果非常暗淡，需要设置辅助光源。

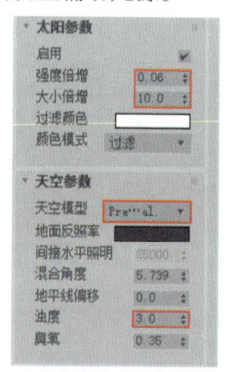

图 7-108

图 7-109

2. 创建 VR-灯光辅助光源

（1）执行 ➕（创建）| 💡（灯光）| VRay ▼ | VR-灯光 命令，如图7-110

所示。

（2）在视图中适当的位置创建2盏VR-灯光，如图7-111所示。

图7-110

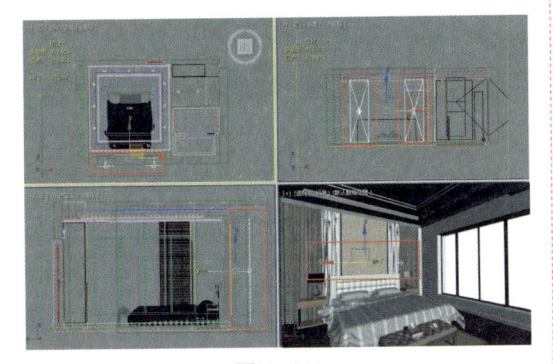

图7-111

（3）创建完成后单击【修改】按钮，在【常规】卷展栏中设置【类型】为【平面】，【长度】为800 mm，【宽度】为2600 mm，【倍增】为5，【颜色】为白色；展开【选项】卷展栏，勾选【不可见】选项，如图7-112所示。

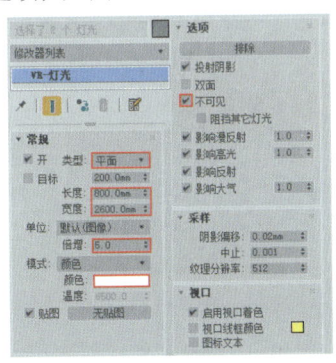

图7-112

（4）设置完成后按快捷键Shift+Q将其渲染。其渲染效果如图7-113所示。

（5）在视图中窗外的位置创建1盏VR-灯光，从外向内照射，如图7-114所示。创建完成后单击【修改】按钮，在【常规】卷展栏中设置【类型】为【平面】，【长度】为3000 mm，【宽度】为2400 mm，【倍增】为5，【颜色】为白色；展开【选项】卷展栏，勾选【不可见】选项，取消勾选【影响反射】选项，如图7-115所示。

图7-113

（6）设置完成后按快捷键Shift+Q将其渲染。其渲染效果如图7-116所示。

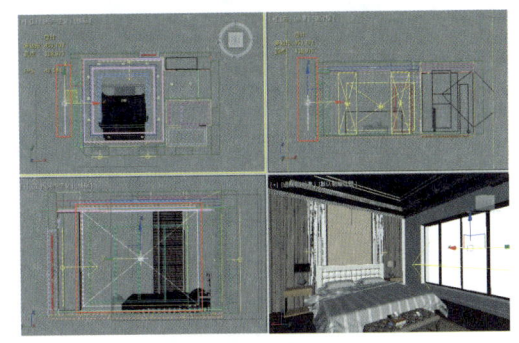

图7-114

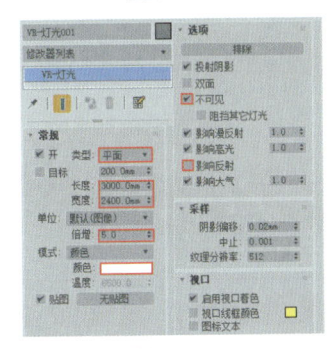

图7-115

图7-116

第7章 灯光

141

（7）在视图中适当的位置创建1盏VR-灯光，如图7-117所示。创建完成后单击【修改】按钮，在【常规】卷展栏中设置【类型】为【平面】，【长度】为3000 mm，【宽度】为2000 mm，【倍增】为3，【颜色】为白色；展开【选项】卷展栏，勾选【不可见】选项，取消勾选【影响反射】选项，如图7-118所示。

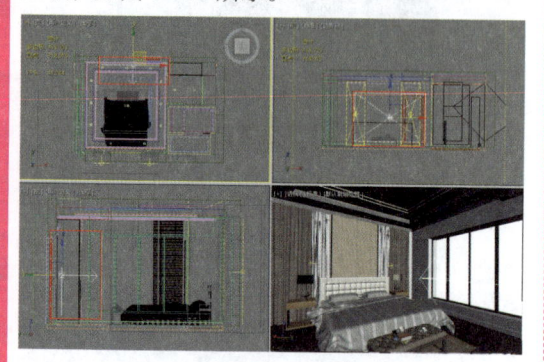

图7-117

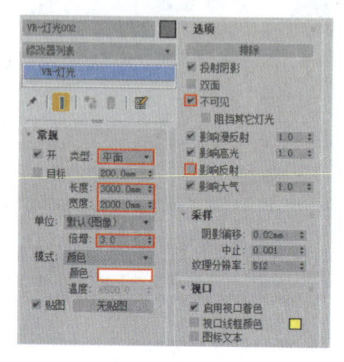

图7-118

（8）设置完成后按快捷键Shift+Q将其渲染。最终渲染效果如图7-103所示。

7.5 课后练习：夜晚卧室设计

本例使用到【平面】类型和【球体】类型的【VR-灯光】【目标灯光】及【目标聚光灯】。本例的制作难点在于模拟真实的夜晚室外和室内的光线、色彩效果。本例的制作思路为创建窗口处夜色光线效果→创建场景四周的射灯→创建顶棚中的灯带→创建用于照射床体的灯光→创建台灯。案例最终渲染效果如图7-119所示。

图7-119

1.创建窗口处夜色光线效果

（1）打开"场景文件07.max"，如图7-120所示。

（2）执行 ➕（创建）|💡（灯光）| VRay | VR-灯光 命令，如图7-121所示。

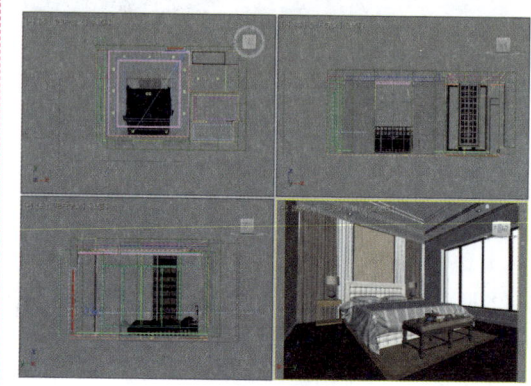

图7-120

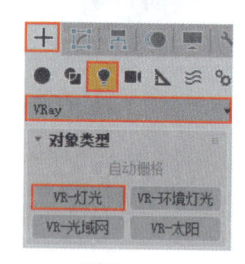

图7-121

（3）在场景中窗户的外面创建一盏VR-灯光，从外向内照射，如图7-122所示。创建完成后单击【修改】按钮，在【常规】卷展栏中设置【类型】为【平面】，【长度】为3000 mm，【宽度】为2400 mm，【倍增】为3，【颜色】为深蓝色；在【选项】卷展栏中勾选【不可见】选项，取消勾选【影响反射】选项，如图7-123所示。

142

（4）设置完成后按快捷键Shift+Q将其渲染。其渲染效果如图7-124所示。

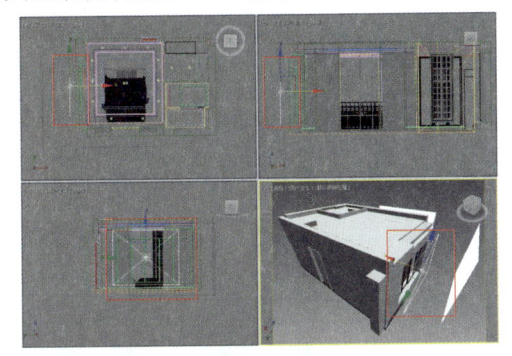

图7-122

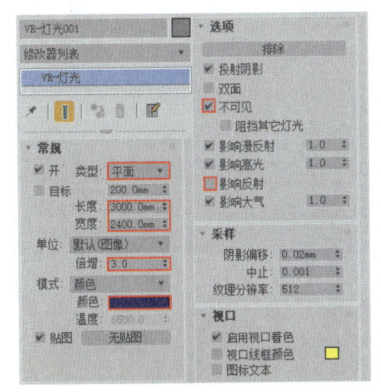

图7-123

图7-124

（5）继续在场景中另外一侧的窗户外面创建2盏VR-灯光，从外向内照射，如图7-125所示。创建完成后单击【修改】按钮，在【常规】卷展栏中设置【类型】为【平面】，【长度】为800 mm，【宽度】为2600 mm，【倍增】为3，【颜色】为深蓝色；在【选项】卷展栏中勾选【不可见】选项，如图7-126所示。

（6）设置完成后按快捷键Shift+Q将其渲染。其渲染效果如图7-127所示。

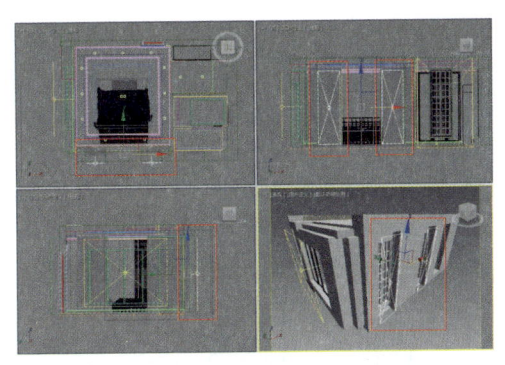

图7-125

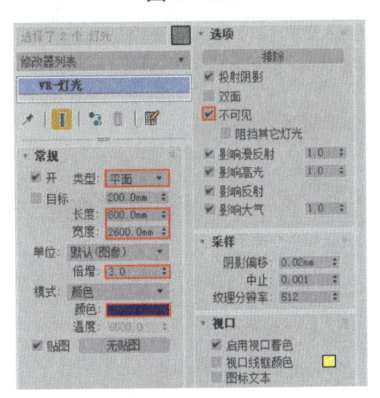

图7-126

图7-127

2. 创建场景四周的射灯

（1）执行【创建】|【灯光】|光度学|目标灯光命令，依次创建11盏目标灯光（或者先创建1盏然后进行复制），摆放在射灯模型的下方，如图7-128所示。（注意：该灯光的位置很重要，不要把灯光的位置与模型穿插在一起。）

（2）创建完成后单击【修改】按钮，在【常规参数】卷展栏中勾选【阴影】选项组中的【启用】选项，并设置其类型为【VRay阴影】，【灯光分布(类型)】为【光度学Web】；展开【分布(光度学 Web）】卷展栏，为其加载【射灯 001.ies】文件；展开【强度/颜色/衰减】卷展栏，设置【过滤颜色】为浅黄色，设置【强度】的数值为 8000；展开【VRay 阴影参数】卷展栏，勾选【区域阴影】选项，设置【U/V/W 大小】为 50 mm，如图 7-129 所示。

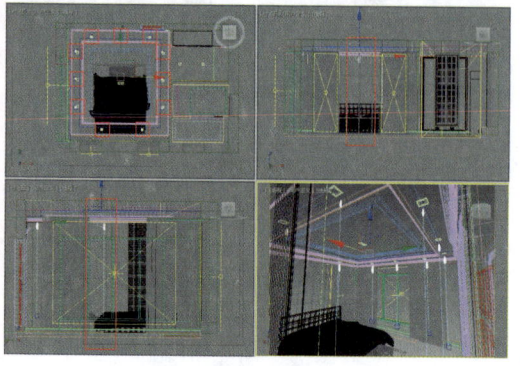

图 7-128

（3）设置完成后按快捷键 Shift+Q 将其渲染。其渲染效果如图 7-130 所示。

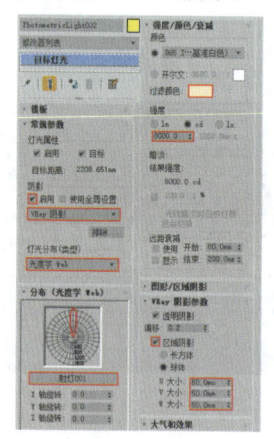

图 7-129

图 7-130

3. 创建顶棚中的灯带

（1）在场景中的顶棚灯槽中创建 4 盏 VR-灯光，如图 7-131 所示。

（2）创建完成后单击【修改】按钮，在【常规】卷展栏中设置【类型】为【平面】，【长度】为 136 mm，【宽度】为 3200 mm，【倍增】为 6，【颜色】为黄色；在【选项】卷展栏中勾选【不可见】选项，取消勾选【影响反射】选项，如图 7-132 所示。

（3）设置完成后按快捷键 Shift+Q 将其渲染。其渲染效果如图 7-133 所示。

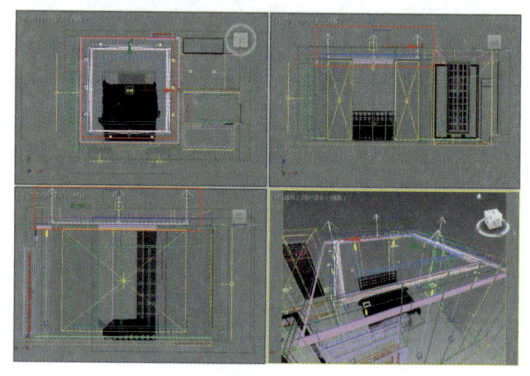

图 7-131

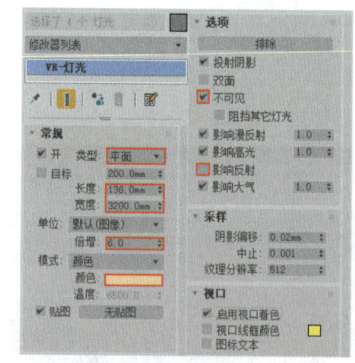

图 7-132

图 7-133

4. 创建用于照射床体的灯光

（1）执行【创建】｜【灯光】｜标准｜目标聚光灯命令，在场景中床的上方位置创建 1 盏目标聚光灯，如图 7-134 所示。

（2）单击【修改】按钮，在【常规参数】卷展栏中的【阴影】选项组中勾选【启用】选项，设置其类型为【VRay 阴影】；展开【强度/颜色/衰减】卷展栏，设置【倍增】为 2，【颜色】为浅黄色；展开【聚光灯参数】卷展栏，设置【聚光区/光束】为 30，【衰减区/区域】为 55；展开【VRay 阴影参数】卷展栏，勾选【区域阴影】选项，设置【U/V/W 大小】为 50 mm，如图 7-135 所示。

（3）设置完成后按快捷键 Shift+Q 将其渲染。其渲染效果如图 7-136 所示。

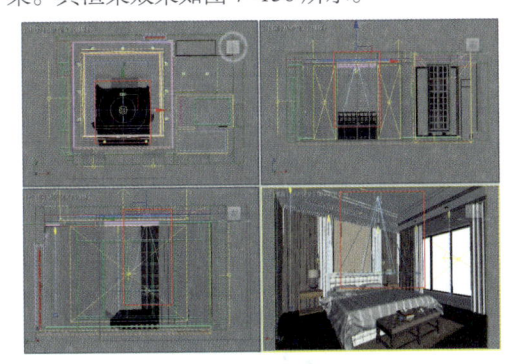

图 7-134

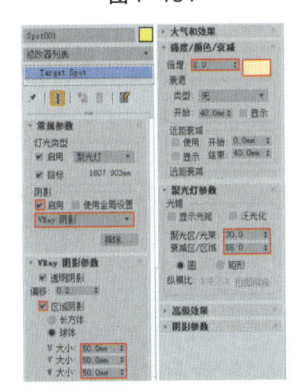

图 7-135

图 7-136

5. 创建台灯

（1）在场景中台灯的灯罩内部位置处创建 2 盏 VR-灯光，如图 7-137 所示。

（2）创建完成后单击【修改】按钮，在【常规】卷展栏中设置【类型】为【球体】，【半径】为 40 mm，【倍增】为 80，【颜色】为黄色；在【选项】卷展栏中勾选【不可见】选项，如图 7-138 所示。

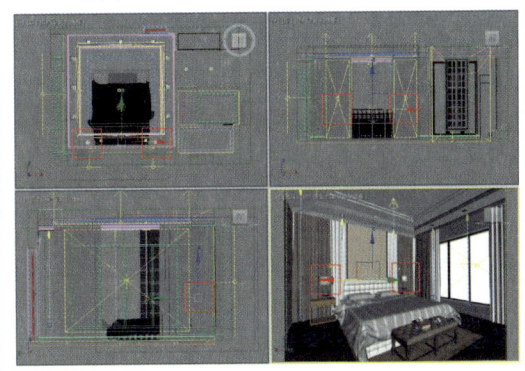

图 7-137

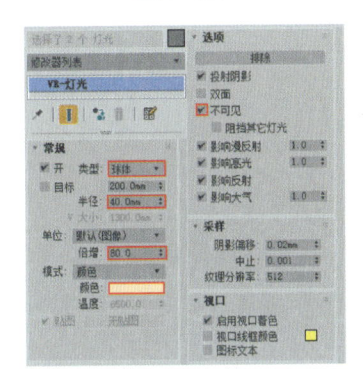

图 7-138

（3）设置完成后按快捷键 Shift+Q 将其渲染。最终渲染效果如图 7-119 所示。

7.6 随堂测试

1. 知识考查

（1）使用标准灯光、光度学灯光、VRay 灯光创建不同的灯光效果。

（2）使用多种灯光类型完成复杂的灯光氛围效果。

2. 实战演练

参考给定的作品，制作日光效果。

参考效果	可用工具
	VR-太阳

3. 项目实操

为场景创建真实的夜晚光照效果。要求如下：

（1）任意带有窗户的室内场景。

（2）窗外为深蓝色夜色、室内为温馨的暖色灯光。

（3）灯光类型不限，可以使用【VR-灯光】【目标灯光】等。

材质与贴图

第 8 章

◢ 学时安排

总学时：6 学时
理论学时：1 学时
实践学时：5 学时

◢ 教学内容概述

本章将学习 3ds Max 的材质和贴图应用技巧。材质和贴图在一幅作品的制作中有着很重要的地位，质感如何变得更加真实、贴图如何设置得更加巧妙，都能在本章找到答案。本章章节安排更适合学习，首先讲解材质编辑器的参数，其次重点讲解 VRayMtl 材质，最后是其他内容的介绍。

◢ 教学目标

- 材质与贴图的概念
- 材质与贴图的区别
- 材质的常用技巧
- 最常用的材质类型 VRay 材质的应用技巧

8.1 了解材质

材质，就是一个物体看起来是什么样的质地。例如，杯子看起来是玻璃的还是金属的，这就是材质。漫反射、粗糙度、反射、折射、IOR 折射率、半透明、自发光等都是材质的基本属性。应用材质可以使模型看起来更具质感。制作材质时，可以依据现实中物体的真实属性去设置。图 8-1 所示为玻璃茶壶的材质属性。

图 8-1

8.2 材质编辑器

要想在 3ds Max 设置材质及贴图，需要借助一个工具来完成，这个工具就是材质编辑器。在 3ds Max 的主工具栏中单击 （材质编辑器）按钮（快捷键为 M），即可打开材质编辑器。执行【模式】|【精简材质编辑器】命令（图 8-2）可以切换为精简材质编辑器，如图 8-3 所示。

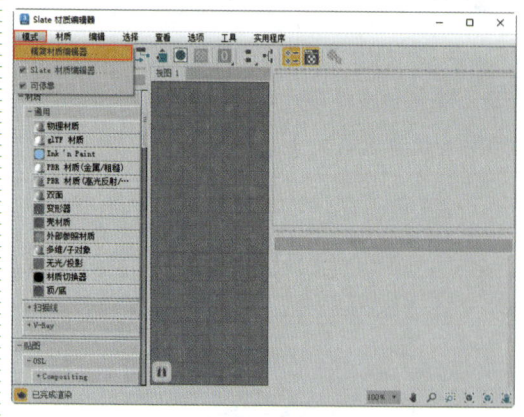

图 8-2

图 8-3

8.3 VRayMtl 材质

为什么将 VRayMtl 材质放到第一位来讲呢？那是因为 VRayMtl 材质是最重要的。根据多年创作经验，该材质可以模拟大概 80% 的质感，因此如果想快速学习材质，那么只学会该材质，其实也能制作出很绚丽、超真实的材质质感。除此之外，其他材质并不是不重要，只是使用的频率没那么高，可以在学习完 VRayMtl 材质之后再进行学习。

8.3.1 VRayMtl 材质适合制作什么质感

VRayMtl 材质可以制作很多逼真的材质质感，尤其是在室内设计中应用最为广泛。该材质最擅长表现具有反射、折射等属性的材质。想象一下具有反射和折射的物体是不是很多呢？可见该材质的重要性。图 8-4 和图 8-5 所示为未设置材质和设置了 VRayMtl 材质的对比渲染效果。

图 8-4

图 8-5

打开 VRayMtl 材质，看一下具体参数，如图 8-8 所示。

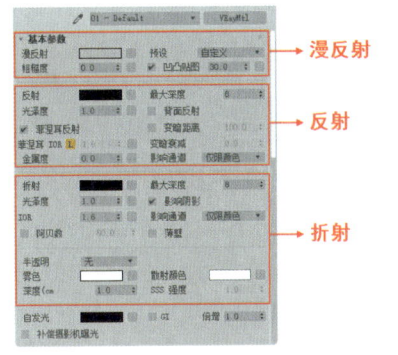

图 8-8

VRayMtl 材质中主要包括漫反射、反射、折射三大属性，那么在设置任何一种材质的参数时，就可以先认真想一想该材质的漫反射是什么颜色？或是什么贴图效果？有没有反射？反射强度大不大？有没有折射透明感？按照这个思路去设置材质，就可以很轻松地掌握 VRayMtl 材质的设置方法。

8.3.2 使用 VRayMtl 材质之前，一定要先设置渲染器

由于要应用的 VRayMtl 材质是 V-Ray 插件旗下的工具，因此不安装或不设置 VRay 渲染器都无法应用 VRayMtl 材质。在确定已经安装好了 V-Ray 插件的情况下，单击主工具栏中的 （渲染设置）按钮，然后在打开的【渲染设置】对话框中设置【渲染器】为【V-Ray 5，update 2.3】，如图 8-6 所示。此时，渲染器已经被设置为 V-Ray 了，如图 8-7 所示。（注意：本书使用的 V-Ray 为 V-Ray 5 版本。）

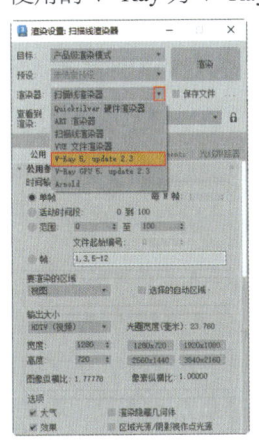

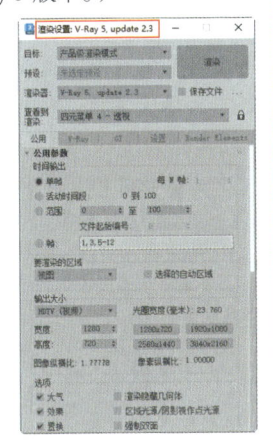

图 8-6　　　　图 8-7

8.3.3 VRayMtl 材质三大属性——漫反射、反射、折射

把现实中或身边能想象到的物体材质都想象一遍并归纳一下。不难发现虽然材质的属性很多，但是可以大致分为三大类，分别是漫反射、反射和折射。设置材质的过程其实就是分析材质真实属性的过程。

1. 漫反射

漫反射可理解为固有色（模拟一般物体的真实颜色，物理上的漫反射即一般物体表面放大后，因为凹凸不平造成光线从不同方向反射到人眼中形成的反射），可理解为这个材质是什么颜色的外观。参数如图 8-9 所示。

图 8-9

● **漫反射**：漫反射颜色控制固有色的颜色，如颜色设置为蓝色，那么材质就是蓝色的外观。图 8-10 所示为设置两种不同的漫反射的渲染效果。

图 8-10

● **粗糙度**：该参数越大，粗糙效果越明显。

第 8 章　材质与贴图

149

普通质感材质主要是无反射、无折射的材质，材质设置很简单，可以使用漫反射制作乳胶漆、白纸等材质。

2. 反射

通过设置反射属性，可以制作反光类材质，根据反射的强弱（即反射颜色的浅深，反射越浅，反射强度越大）产生不同的质感。例如，镜子反射最强、金属反射比较强、大理石反射一般、塑料反射较弱、壁纸几乎无反射。

在【反射】选项组中可以设置材质的反射、光泽度等属性，使材质产生反射属性。参数如图8-11所示。

图8-11

为了让大家加深印象，选取了几种常见的物体，分析其材质属性。镜子、不锈钢金属、玻璃、塑料、纸张，按照其反射强度排列一下，应该是镜子 > 不锈钢金属 > 玻璃 > 塑料纸张。需要注意的是，玻璃的反射强度其实并不是非常大，可以想象一下你看玻璃能很清晰地看到自己吗？所以就按照这种思路先做到心中有数，那么就可以开始设置【反射】颜色了。

● **反射**：反射的颜色代表了反射的强度，默认为黑色，是没有反射的。颜色越浅，反射越强。图8-12所示为取消勾选【菲涅耳反射】选项并分别设置反射颜色为灰色和深灰色的对比效果。

图8-12

● **光泽度**：该数值控制反射区域的模糊度。图8-13所示为设置【光泽度】为1和0.6的对比效果。通常通过修改该数值来制作金属的磨砂质感。数值越小，磨砂效果越强。

图8-13

● **菲涅耳反射**：勾选该选项后，反射的强度会减弱很多，并且材质会变得更光滑。图8-14所示为取消勾选和勾选【菲涅耳反射】选项的对比效果。

图8-14

● **菲涅耳 IOR**：该选项可控制菲涅耳现象的强弱衰减程度。

● **金属度**：该数值为0时，材质效果更像绝缘体；该数值为1时，材质效果则更像是金属。

● **最大深度**：控制反射的次数。数值越大，反射的内容越丰富。

● **变暗距离**：设置反射从强到消失的距离。

3. 折射

透明类材质根据折射的强弱（即折射颜色的浅深）从而产生不同的质感。例如，水和玻璃的折射超强、塑料瓶的折射比较强、灯罩的折射一般、树叶的折射比较弱、地面无折射。

透明类材质需要特别注意一点，反射颜色要比折射颜色深，也就是说通常需要设置反射为深灰色，折射为白色或浅灰色，这样渲染才会出现玻璃质感。假如设置反射为白色或浅灰色，无论折射颜色是否设置为白色，渲染都会呈现类似镜子的效果。

在【折射】选项组中可以设置折射、光泽度等属性，还可以设置材质的透明效果。参数如图8-15所示。

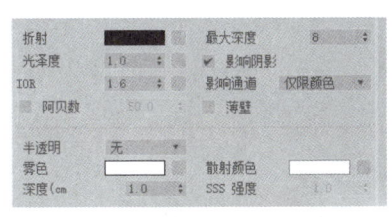

图 8-15

- **折射**：该颜色控制折射透光的程度。颜色越深越不透光，越浅越透光。图 8-16 所示为设置折射颜色为黑色和白色的对比效果。

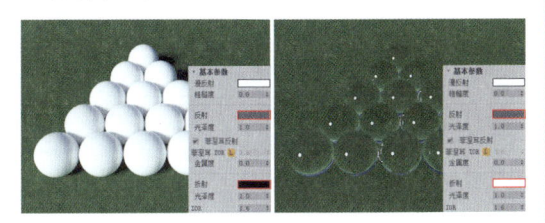

图 8-16

- **光泽度**：该数值控制折射的模糊程度，与反射模糊的作用类似。图 8-17 所示为设置【光泽度】为 0.6 和 1 的对比效果，也就是普通玻璃和磨砂玻璃的对比效果。

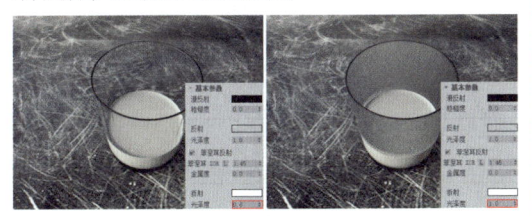

图 8-17

- **IOR（折射率）**：材料的折射率越高，射入光线产生折射的能力越强。
- **最大深度**：折射的次数，数值越大越真实，但是渲染速度越慢。

除此之外，还有其他属性，但不是特别常用，只需了解即可，如图 8-18 所示。

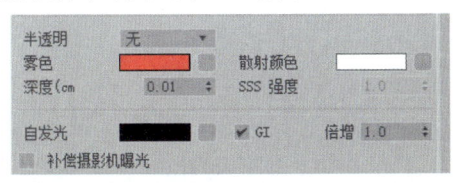

图 8-18

- **半透明**：可分为【体积】和 SSS 两种模型。
- **雾色**：设置该颜色可以在渲染时产生带有颜色的透明效果，如制作红酒、有色玻璃、有色液体等。图 8-19 所示为设置【雾色】为白色和红色的对比效果。需要注意的是，该颜色通常需要设置得浅一些，若设置得很深，则渲染可能会比较黑。

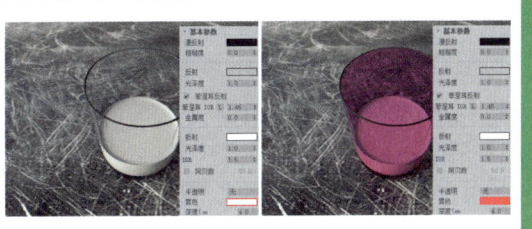

图 8-19

- **散射颜色**：用来控制半透明效果的颜色。

练一练：使用 VRayMtl 材质制作台球

本例中台球的主要制作形式就是使用 VRayMtl 材质以及加载贴图，还可以使用此方法制作饰品。最终渲染效果如图 8-20 所示。

扫一扫，看视频

（1）打开"场景文件 01.max"，如图 8-21 所示。

图 8-20

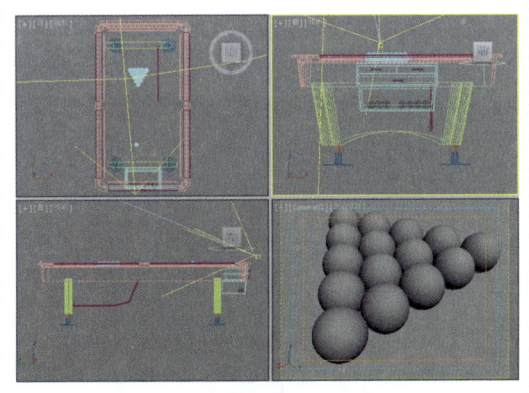

图 8-21

第 8 章　材质与贴图

151

（2）按M键，打开【材质编辑器】对话框，选择一个材质球，单击 Standard 按钮，在打开的【材质/贴图浏览器】对话框中选择VRayMtl材质，如图8-22所示。

（3）将材质命名为【台球】，然后在【漫反射】后面的通道上加载013.jpg贴图文件，设置【反射】的颜色为深灰色，设置【光泽度】为0.9，取消勾选【菲涅耳反射】选项，将制作完毕的台球材质赋给场景中的台球模型，如图8-23所示。

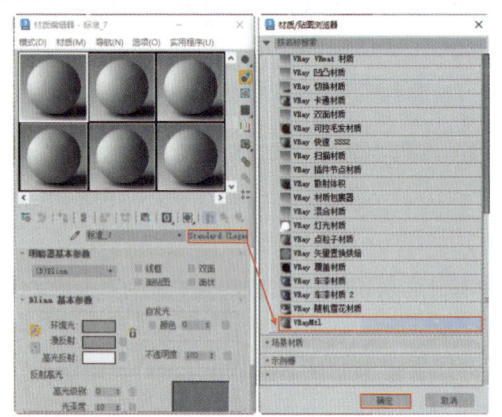

图8-22

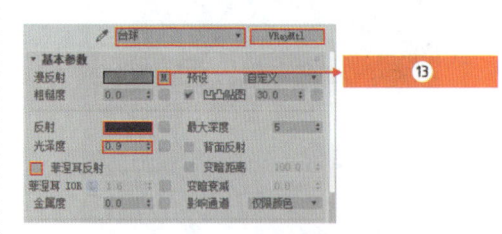

图8-23

（4）将剩余的材质制作完成，并赋给相应的物体，如图8-24所示。

（5）最终渲染效果如图8-25所示。

图8-24

图8-25

练一练：使用VRayMtl材质制作金属

扫一扫，看视频

金属是一种具有强烈光泽感的材质，对可见光有强烈的反射效果，本例将讲解两种不同质感的金属的制作。案例最终渲染效果如图8-26所示。

1. 水龙头金属

（1）打开"场景文件02.max"，如图8-27所示。

图8-26

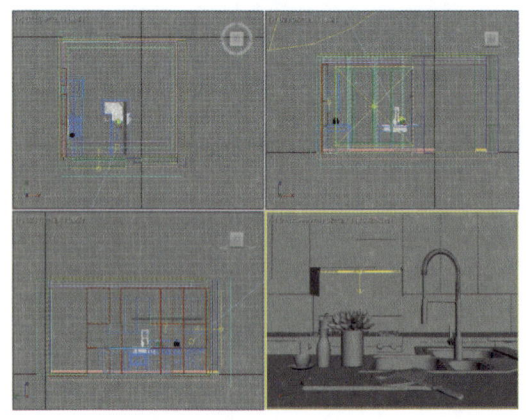

图8-27

（2）按M键，打开【材质编辑器】对话

152

框，接着在该对话框中选择一个材质球，单击 Standard 按钮，在打开的【材质/贴图浏览器】对话框中选择 VRayMtl 材质，如图 8-28 所示。

（3）将其命名为【水龙头金属】，设置【漫反射】的颜色为深灰色，设置【反射】的颜色为灰色，设置【光泽度】为 0.85，单击【菲涅耳 IOR】后方的 L 按钮，设置其数值为 10.53，如图 8-29 所示。

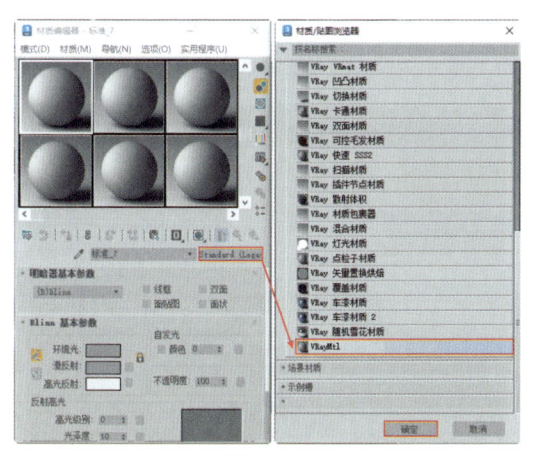

图 8-28

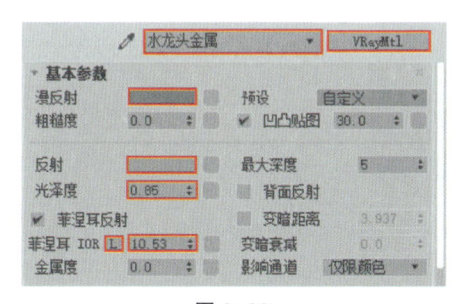

图 8-29

（4）展开【双向反射分布函数】卷展栏，并选择【多面】选项，如图 8-30 所示。

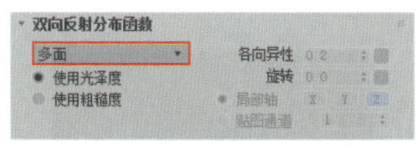

图 8-30

（5）双击材质球。效果如图 8-31 所示。

（6）选择模型，单击 （将材质指定给选定对象）按钮。将制作完毕的水龙头金属材质赋给场景中相应的模型，如图 8-32 所示。

图 8-31

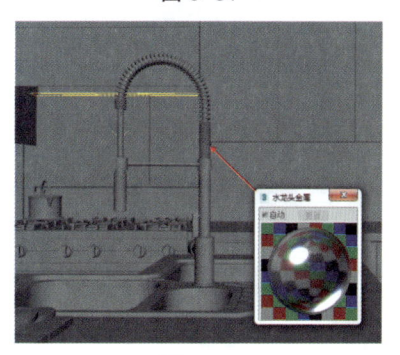

图 8-32

2. 刀金属

（1）选择一个材质球，设置材质类型为 VRayMtl 材质，命名为【刀金属】。设置【漫反射】的颜色为黑色，设置【反射】的颜色为白色，设置【光泽度】为 0.9，单击【菲涅耳 IOR】后方的 L 按钮，设置其数值为 16，如图 8-33 所示。

（2）展开【双向反射分布函数】卷展栏，并选择【反射】选项，设置【各向异性】为 0.8，如图 8-34 所示。

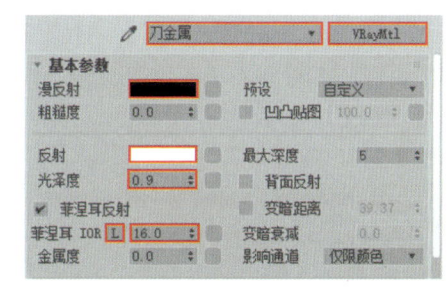

图 8-33

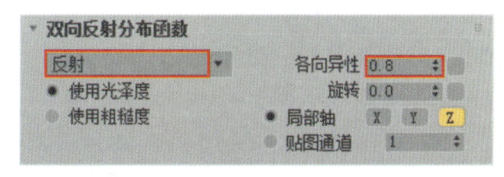

图 8-34

153

（3）双击材质球。效果如图8-35所示。

（4）选择模型，单击 (将材质指定给选定对象)按钮。将制作完毕的刀金属材质赋给场景中相应的模型，如图8-36所示。

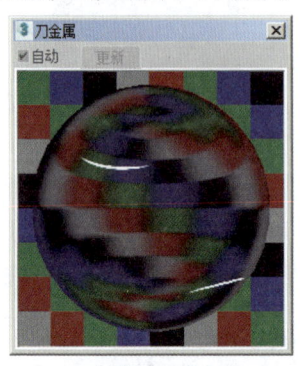

图8-35

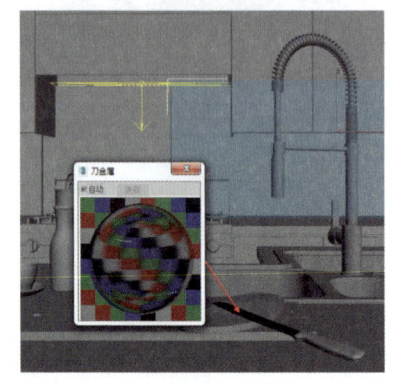

图8-36

3.理石墙面

（1）选择一个材质球，设置材质类型为VRayMtl材质，命名为【理石墙面】。在【漫反射】后方的通道上加载【理石.jpg】贴图文件。在【反射】选项组中设置其颜色为深灰色，设置【最大深度】为3，如图8-37所示。

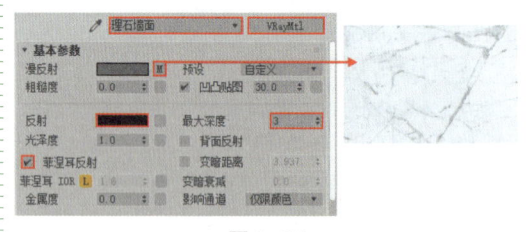

图8-37

（2）双击材质球。效果如图8-38所示。

（3）选择模型，单击 (将材质指定给选

定对象) 按钮。将制作完毕的理石墙面材质赋给场景中相应的模型，如图8-39所示。使用同样的方法制作完成剩余的材质，最终渲染效果如图8-26所示。

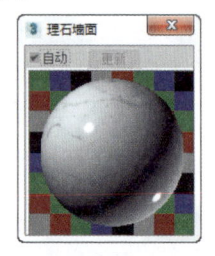

图8-38

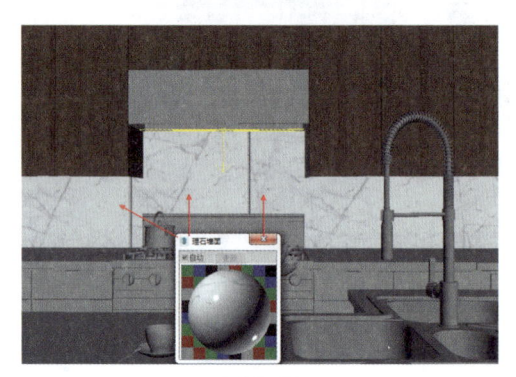

图8-39

练一练：使用VRayMtl材质制作红酒

扫一扫，看视频

本例中主要讲解如何使用VRayMtl材质制作红酒。红酒瓶是玻璃材质的，这样的材质具有一定的反射效果，所以在设置完材质时，要注意最后的效果是否具有该材质所表达的视觉效果。最终渲染效果如图8-40所示。

1.制作酒瓶瓶身材质

（1）打开本书场景文件03.max，如图8-41所示。

图8-40

（2）按 M 键，打开【材质编辑器】对话框，选择一个材质球，单击 Standard 按钮，在打开的【材质/贴图浏览器】对话框中选择 VRayMtl 材质，如图 8-42 所示。

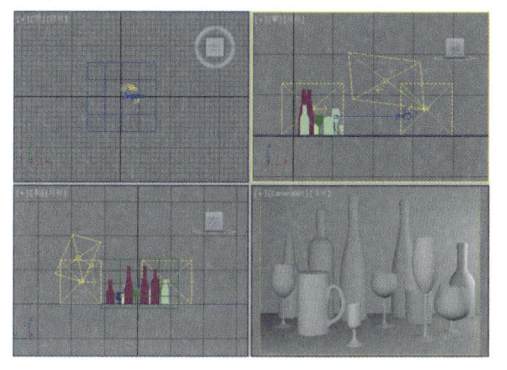

图 8-41

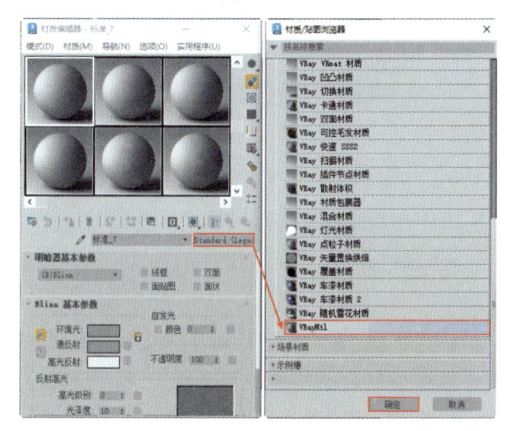

图 8-42

（3）将材质命名为【酒瓶瓶身】，设置【漫反射】的颜色为深灰色，设置【反射】的颜色为白色，设置【折射】的颜色为白色，设置 IOR 为 1.157，【雾色】为浅绿色，【深度】为 1.667，如图 8-43 所示。

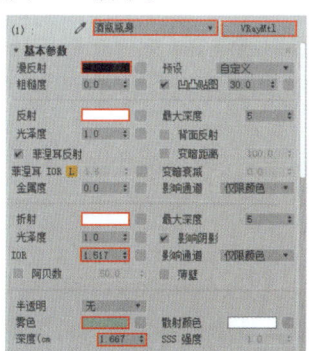

图 8-43

（4）将制作完毕的酒瓶瓶身材质赋给场景中的酒瓶瓶身模型，如图 8-44 所示。

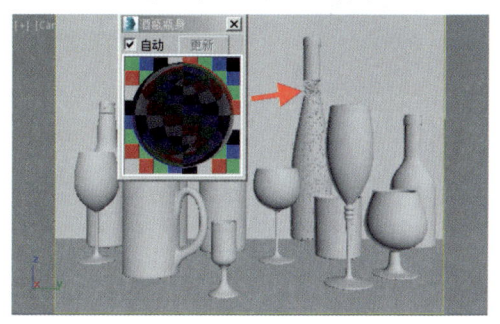

图 8-44

⚠ 提示：玻璃的设置

制作玻璃或水等透明材质，设置材质时要将折射颜色设置为白色或浅灰色，将反射颜色设置为灰色或深灰色。假如设置的反射颜色接近白色，那么在渲染时则会出现类似镜面的效果。

2. 制作红酒液体材质

（1）将材质命名为【红酒液体】，设置【漫反射】的颜色为深灰色，设置【反射】的颜色为白色，设置【折射】的颜色为白色，设置 IOR 为 1.33，【雾色】为深红色，【深度】为 76.923，如图 8-45 所示。

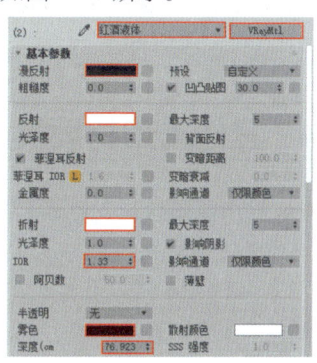

图 8-45

（2）将制作完毕的酒瓶瓶身材质赋给场景中的酒瓶瓶身模型，如图 8-46 所示。

（3）将剩余的材质制作完成，并赋给相应的物体，如图 8-47 所示。

（4）最终渲染效果如图 8-48 所示。

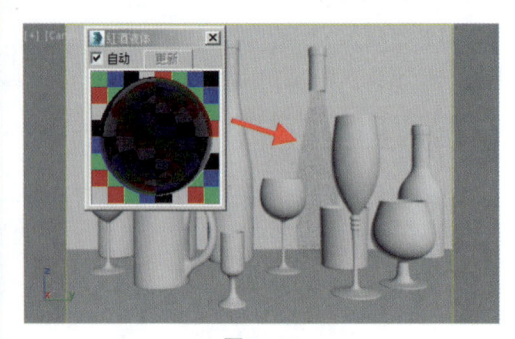

图 8-46

图 8-47

图 8-48

8.4 其他常用材质类型

3ds Max 包括很多材质，除了前面学到的 VRayMtl 材质外，还有很多种材质类型。虽然这些材质没有 VRayMtl 材质重要，但仍然需要对几种材质有所了解。图 8-49 所示为 3ds Max 中的材质类型。

● DirectX Shader：该材质可以保存为 .fx 文件。在启用了 Directx3D 显示驱动程序后才可用。

● Ink'n Paint：通常用于制作卡通效果。

● VRay 灯光材质：可以制作发光物体的材质效果。

图 8-49

● VRay 快速 SSS2：可以制作半透明的 SSS 物体材质效果，如皮肤。

● VRay 矢量置换烘焙：可以制作矢量的材质效果。

● 变形器：配合【变形器】修改器一起使用，能产生材质融合的变形动画效果。

● 标准：3ds Max 默认的材质。

● 虫漆：用来控制两种材质混合的数量比例。

● 顶/底：使物体产生顶端和底端不同的质感。

● 多维/子对象：多个子材质应用到单个对象的子对象。

● 高级照明覆盖：配合光能传递使用的一种材质，能很好地控制光能传递和物体之间的反射比。

● 光线跟踪：可以创建真实的反射和折射效果，并且支持雾、颜色浓度、半透明和荧光等效果。

● 合成：将多个不同的材质叠加在一起，通过添加排除和混合能够创造出复杂多样的物体材质，常用来制作动物和人体皮肤、生锈的金属以及复杂的岩石等物体。

● **混合**：将两种不同的材质融合在一起，根据融合度的不同来控制两种材质的显示程度。

● **建筑**：主要用于表现建筑外观的材质。

● **壳材质**：配合【渲染到贴图】命令一起使用，其作用是将【渲染到贴图】命令产生的贴图再贴回物体造型中。

● **双面**：可以为物体内外或正反表面分别指定两种不同的材质，如纸牌和杯子等。

● **外部参照材质**：参考外部对象或参考场景相关运用资料。

● **无光/投影**：物体被赋予该材质后，在渲染时该模型不会被渲染出来，但是可以产生投影。

● **VRay 模拟有机材质**：该材质可以呈现出 V-Ray 程序的 DarkTree 着色器效果。

● **VRay 材质包裹器**：该材质可以有效地避免色溢现象。

● **VRay 车漆材质**：用来模拟金属汽车漆的材质。

● **VRay 覆盖材质**：该材质可以让用户更广泛地控制场景中的色彩融合、反射、折射等。

● **VRay 混合材质**：常用来制作两种材质混合在一起的效果，如带有花纹的玻璃。

● **VRay 可控毛发材质**：该材质可以设置出毛发材质效果。

● **VRay 随机雪花材质**：该材质可以设置出雪花材质效果。

练一练：使用【VRay 灯光材质】制作壁炉火焰

在这个客厅的场景中，主要讲解使用【VRay 灯光材质】制作壁炉火焰，其基本属性主要是自发光。最终渲染效果如图 8-50 所示。

扫一扫，看视频

（1）打开"场景文件 04.max"，如图 8-51 所示。

（2）按 M 键，打开【材质编辑器】对话框，选择一个材质球并单击，在打开的【材质/贴图浏览器】对话框中选择【VRay 灯光材质】选项，如图 8-52 所示。

图 8-50

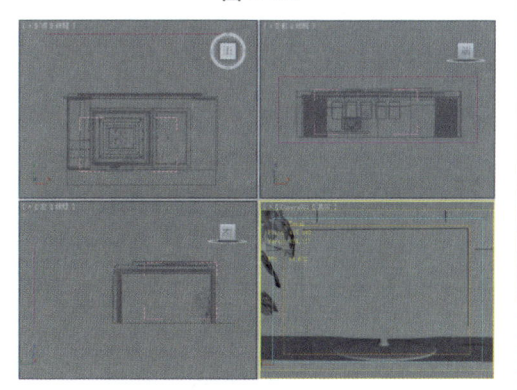

图 8-51

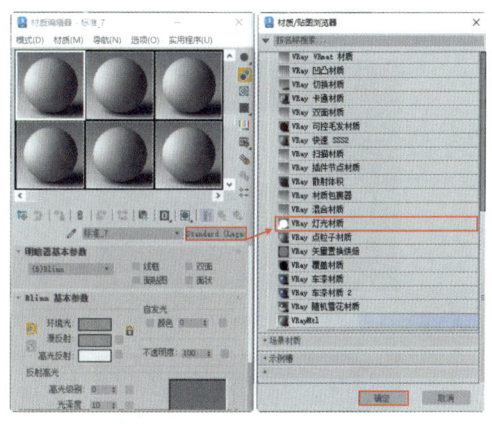

图 8-52

（3）将材质命名为【壁炉火焰材质】，设置【颜色】的数值为 1.5，勾选【背面发光】选项，加载 0928001531259.jpg 贴图文件，如图 8-53 所示。

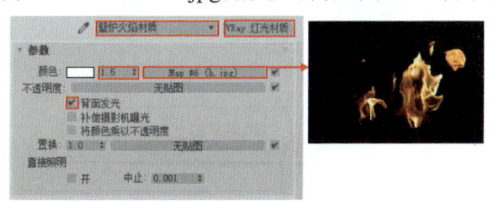

图 8-53

第 8 章　材质与贴图

157

（4）双击查看此时的材质球效果，如图8-54所示。

图8-54

（5）将制作完毕的壁炉火焰材质赋给场景中壁炉的模型，接着制作出剩余部分模型的材质，如图8-55所示。最终场景效果如图8-56所示。

（6）最终渲染效果如图8-57所示。

图8-55

图8-56

图8-57

8.5 了解贴图

贴图是指材质表面的纹理样式，在不同属性上（如漫反射、反射、折射、凹凸等）加载贴图会产生不同的质感，如墙面上的壁纸纹理样式、水面上的凹凸纹理样式、破旧金属的不规则反射样式。

在通道上单击，即可打开【材质/贴图浏览器】对话框，在此对话框中可以选择需要的贴图类型，如图8-58所示。贴图包括【位图】贴图和【程序贴图】两种类型，如图8-59所示。

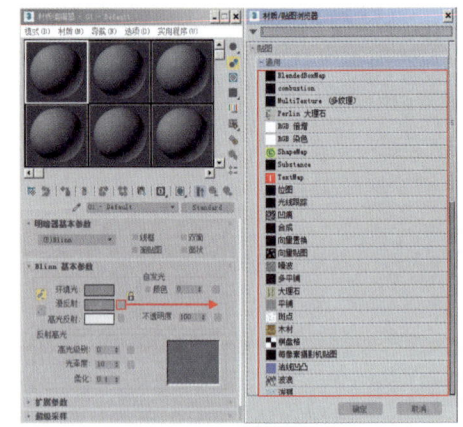

图8-58

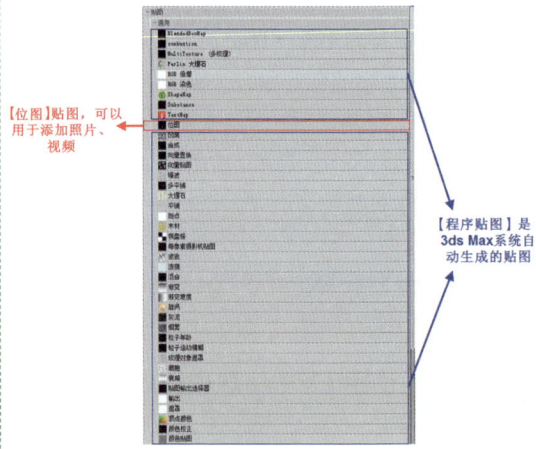

图8-59

1.【位图】贴图

在【位图】贴图中不仅可以添加图片素材，而且还可以添加用于动画制作的视频素材。

（1）添加图片素材。图8-60所示为在【位图】贴图中添加图片素材。

（2）添加视频素材。

1）图8-61所示为在【位图】贴图中添加视频素材。

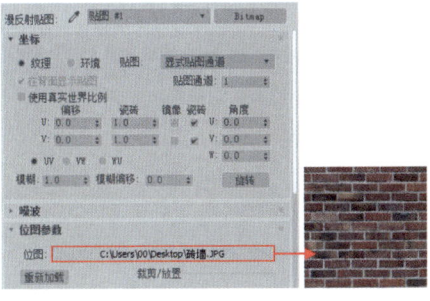

图 8-60

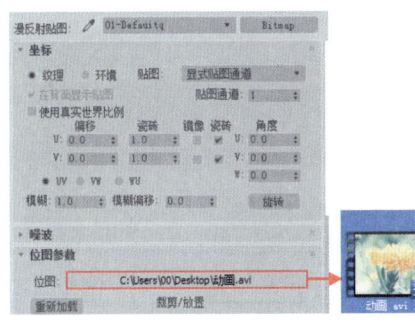

图 8-61

2）拖动 3ds Max 界面下方的时间线 0 / 100，可以看到为模型设置的视频素材并且可以实时预览，如图 8-62 和图 8-63 所示。

图 8-62

图 8-63

2. 程序贴图

【程序贴图】是指在 3ds Max 中通过设置贴图的参数，由数学算法生成的贴图效果。

在【漫反射】通道中加载 Smoke（烟雾）程序贴图并设置相关参数（图 8-64），即可制作类似天空（类似蓝天、白云）的贴图效果，如图 8-65 所示。

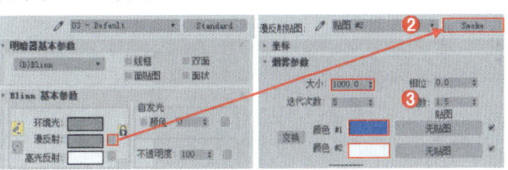

图 8-64

图 8-65

在【漫反射】通道中加载 Smoke（烟雾）程序贴图，设置相关参数（图 8-66），即可制作类似烟雾的贴图效果，如图 8-67 所示。

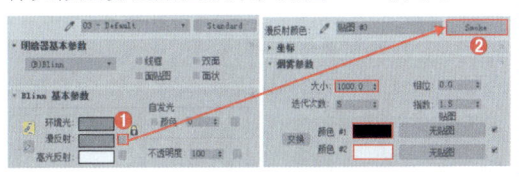

图 8-66

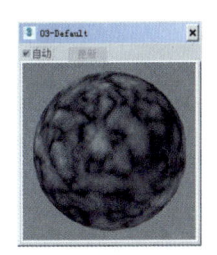

图 8-67

8.6 认识贴图通道

贴图通道是指可以单击并加载贴图的位置。通常有两种方式可以加载贴图：第一种是在参数后面的通道上加载贴图；第二种是在【贴图】卷展栏中加载贴图。

159

8.6.1 什么是贴图通道

3ds Max 有很多贴图通道，每一种通道用于控制不同的材质属性效果。例如，【漫反射】通道用于显示贴图颜色或图案，【反射】通道用于设置反射的强度或反射的区域，【高光】通道用于控制高光效果，【凹凸】通道用于控制产生凹凸起伏质感等。

8.6.2 为什么要使用贴图通道

在不同的通道上加载贴图会产生不同的作用。例如，在【漫反射】通道上加载贴图会产生固有色的变化，在【反射】通道上加载贴图会出现反射根据贴图产生变化，在【凹凸】通道上加载贴图会出现凹凸纹理的变化。因此，需要先加载材质，后加载贴图。有很多材质属性很复杂，包括纹理、反射、凹凸等，因此就需要在相应的通道上加载贴图。

8.6.3 在参数后面的通道上加载贴图

可在参数后面的通道上单击■按钮加载贴图。例如，在【漫反射】通道上加载【棋盘格】程序贴图，如图 8-68 所示。

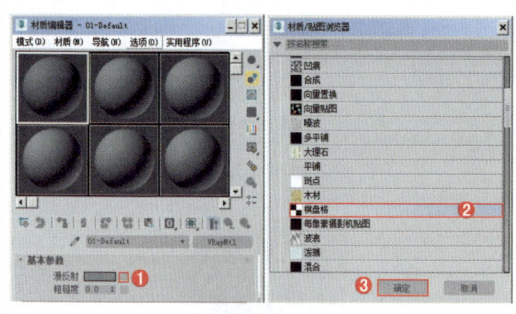

图 8-68

8.6.4 在【贴图】卷展栏中加载贴图

除 8.6.3 小节中的方法外，还可以在【贴图】卷展栏中的相应的通道上加载贴图。例如，在【漫反射】通道上加载【棋盘格】程序贴图，如图 8-69 所示。

其实，该方法与"在参数后面的通道上加载贴图"的方法都可以正确地加载贴图，但是【贴图】卷展栏中的通道类型更全，所以建议使用"在

【贴图】卷展栏中加载贴图"的方法。

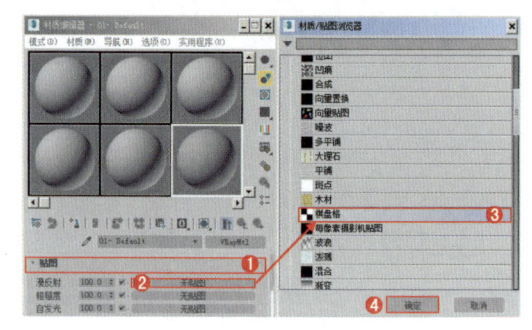

图 8-69

实操：加载【位图】贴图制作壁纸

扫一扫，看视频

在这个场景中，主要讲解利用标准材质并加载【位图】贴图制作壁纸。最终渲染效果如图 8-70 所示。

（1）打开"场景文件 05.max"，如图 8-71 所示。

图 8-70

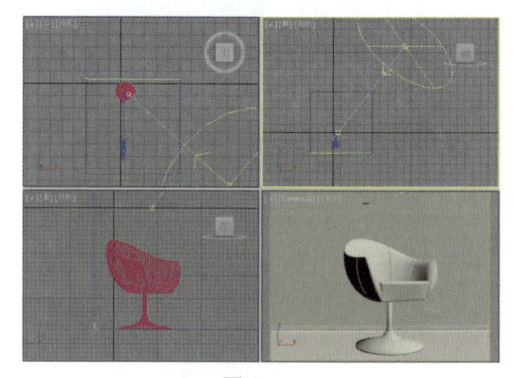

图 8-71

（2）按 M 键，打开【材质编辑器】对话框，选择一个材质球，将材质命名为【壁纸】，在【漫反射】后面的通道上加载 566203a.jpg 贴图文件，

展开【坐标】卷展栏,设置【瓷砖U】和【瓷砖V】均为5,如图8-72所示。

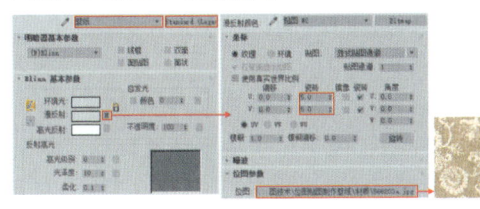

图8-72

（3）将制作完毕的壁纸材质赋给场景中的墙模型,如图8-73所示。

（4）将剩余的材质制作完成,并赋给相应的物体,如图8-74所示。

（5）最终渲染效果如图8-75所示。

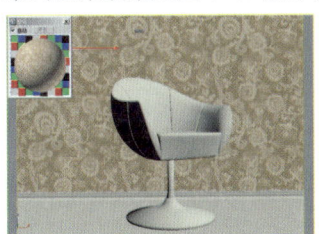

图8-73

图8-74

图8-75

⚠ 提示: 怎样加载贴图

可以在【漫反射】后面的通道上加载贴图；也可以展开【贴图】卷展栏,在【漫反射】后面的通道上加载贴图。

8.7　常用贴图类型

3ds Max中包括几十种贴图类型,不同的贴图类型可以模拟出不同的贴图纹理。在任意的贴图通道上单击,都可以加载贴图,为不同的通道加载贴图,其效果是不同的。例如,在【漫反射】通道上加载贴图会渲染出带有贴图样式的效果,而在【凹凸】通道上加载贴图则会渲染出凹凸的质感。在贴图类型中,【位图】贴图是最常用的类型。图8-76所示为贴图类型。

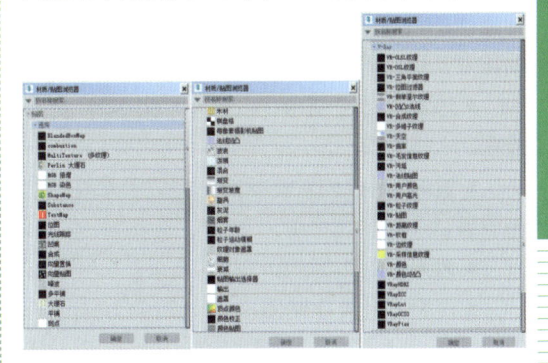

图8-76

● Perlin 大理石：通过两种颜色混合,产生类似于珍珠岩纹理的效果。

● RGB 倍增：通常用作凹凸贴图,在此可能要组合两个贴图,以获得正确的效果。

● RGB 染色：通过3个颜色通道来调整贴图的色调。

● Substance：应用为导出到游戏引擎而优化的Substance参数化纹理。

● TextMap：使用文本创建纹理。

● 位图：【位图】贴图可以添加图片素材,是最常用的贴图之一。

● 光线跟踪：可以模拟真实的完全反射与折射效果。

● 凹痕：可以作为凹凸贴图,产生一种风化和腐蚀的效果。

● 合成：可以将两个或两个以上的子材质叠加在一起。

● 向量置换：使用向量（而不是沿法线）置换网格。

第 8 章　材质与贴图

161

- **向量贴图**：应用基于向量的图形（包括动画）作为对象的纹理。
- **噪波**：产生黑白波动的效果，常加载到【凹凸】通道中制作凹凸。
- **多平铺**：通过【多平铺】贴图，可以同时将多个纹理平铺加载到 UV 编辑器。
- **大理石**：制作大理石贴图效果。
- **斑点**：用于制作两色杂斑纹理效果。
- **木材**：用于制作木纹贴图效果。
- **棋盘格**：产生黑白交错的棋盘格图案。
- **每像素摄影机贴图**：将渲染后的图像作为物体的纹理贴图，以当前摄影机的方向贴在物体上，可以进行快速渲染。
- **法线凹凸**：可以改变曲面上的细节和外观。
- **波浪**：可以创建波状的、类似于水纹的贴图效果。
- **泼溅**：类似于油彩飞溅的效果。
- **混合**：将两种贴图按照一定的方式进行混合。
- **渐变**：使用 3 种颜色创建渐变图像。
- **渐变坡度**：可以产生多色渐变效果。
- **漩涡**：可以创建两种颜色的漩涡图案。
- **灰泥**：用于制作腐蚀生锈的金属和物体破败的效果。
- **烟雾**：产生丝状、雾状或絮状等无序的纹理效果。
- **粒子年龄**：专用于粒子系统，通常用来制作彩色粒子流动的效果。
- **粒子运动模糊**：根据粒子速度产生模糊效果。
- **细胞**：可以模拟细胞形状的图案。
- **衰减**：产生两色过渡效果。
- **输出**：专门用来弥补某些无输出设置的贴图类型。
- **遮罩**：使用一张贴图作为遮罩。
- **顶点颜色**：根据材质或原始顶点颜色来调整 RGB 或 RGBA 纹理。
- **颜色校正**：可以调整材质的色调、饱和度、亮度和对比度。

- **VR-贴图**：在使用 3ds Max 标准材质时，反射和折射效果就用【VR-贴图】来代替。
- **VR-边纹理**：可以渲染出模型具有边线的效果。
- **VR-颜色**：可以用来设定任何颜色。
- **VRayHDRI**：用于设置环境背景，模拟真实的背景环境，以及真实的反射、折射属性。

> ⚠ 提示：模型上的贴图怎么不显示
>
> 选中模型，单击【材质编辑器】对话框中的 ⊡（将材质指定给选定对象）按钮，可以发现模型没有显示出贴图效果，如图 8-77 所示。
>
> 此时，只需单击 ▣（视口中显示明暗处理材质）按钮，即可看到模型贴图的效果，如图 8-78 所示。

图 8-77

图 8-78

> ⚠ 提示：当贴图显示变形时，需要加载【UVW 贴图】修改器
>
> 在为模型设置好【位图】贴图之后，单击 ▣（视口中显示明暗处理材质）按钮，即可在模型上显示贴图效果。有时会发现贴图显示正确，有时会发现模型显示出现变形等错误现象。这时可以在选中模型后，加载

【UVW 贴图】修改器，并设置适合的【贴图】方式，如图 8-79 所示。

图 8-80 所示为加载【UVW 贴图】修改器的贴图显示效果。

图 8-79

图 8-80

练一练：加载 Noise 贴图制作水波纹

本例主要讲解如何加载 Noise 贴图制作水波纹，主要运用的是 Noise 贴图基于两种颜色或材质的交互创建曲面的随机扰动这样的特性来对水面的波纹进行生动的演示。最终渲染效果如图 8-81 所示。

扫一扫，看视频

图 8-81

（1）打开"场景文件 06.max"，如图 8-82 所示。

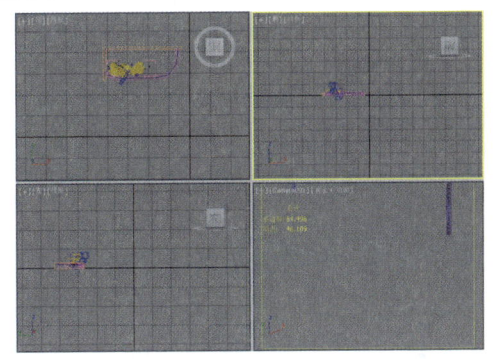

图 8-82

（2）按 M 键，打开【材质编辑器】对话框，选择一个材质球，单击 Standard 按钮，在打开的【材质/贴图浏览器】对话框中选择 VRayMtl 材质，如图 8-83 所示。

（3）将材质命名为【水波纹】，设置【漫反射】的颜色为浅蓝色，设置【反射】的颜色为深灰色，取消勾选【菲涅耳反射】选项；在【折射】选项组中设置【折射】的颜色为白色，设置 IOR 为 1.33，如图 8-84 所示。

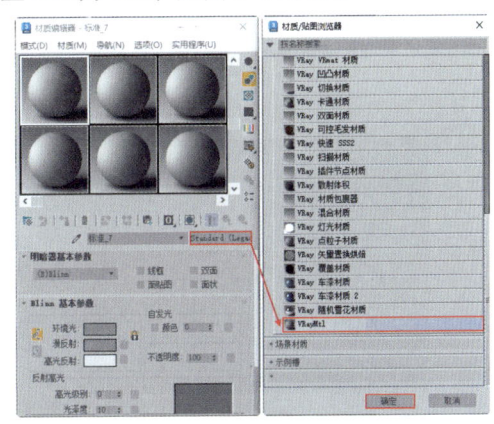

图 8-83

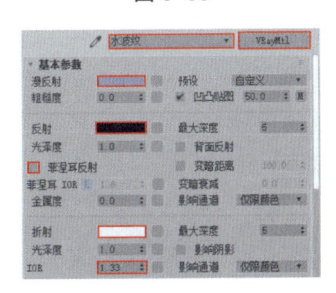

图 8-84

163

（4）展开【贴图】卷展栏，在【凹凸】后面的通道上加载 Noise 程序贴图；展开【噪波参数】卷展栏，设置【大小】为 30，最后设置【凹凸】的数量为 50，如图 8-85 所示。

（5）将制作完毕的水波纹材质赋给场景中的水模型，如图 8-86 所示。

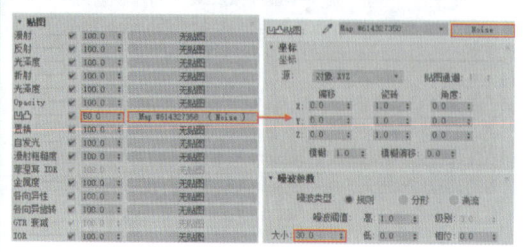

图 8-85

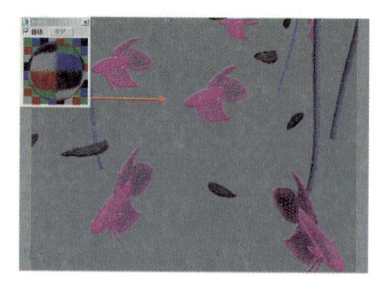

图 8-86

（6）将剩余的材质制作完成，并赋给相应的物体，如图 8-87 所示。

（7）最终渲染效果如图 8-88 所示。

图 8-87

图 8-88

练一练：加载 Noise 贴图制作拉丝金属

在这个餐厅场景中，主要使用 Noise 贴图制作拉丝金属。最终渲染效果如图 8-89 所示。

扫一扫，看视频

（1）打开"场景文件 07.max"，如图 8-90 所示。

图 8-89

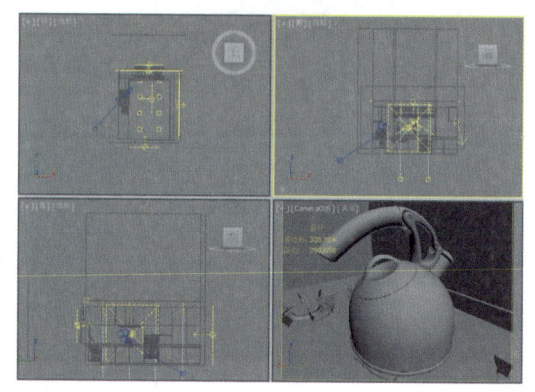

图 8-90

（2）按 M 键，打开【材质编辑器】对话框，选择一个材质球，单击 Standard 按钮，在打开的【材质/贴图浏览器】对话框中选择 VRayMtl 材质，如图 8-91 所示。

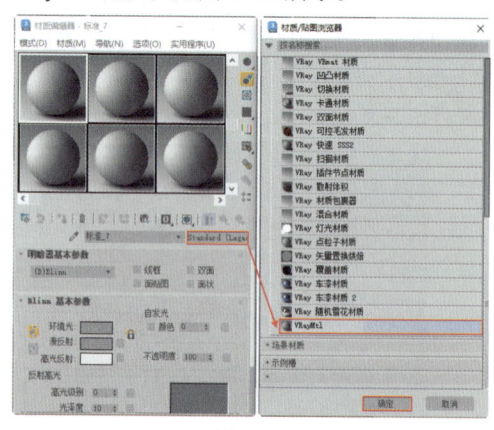

图 8-91

164

（3）将材质命名为【拉丝金属】，设置【漫反射】的颜色为灰色，在【反射】后面的通道上加载 Noise 贴图；展开【坐标】卷展栏，设置【瓷砖 Z】为 200；展开【噪波参数】卷展栏，设置【大小】为 30；设置【光泽度】为 0.98，取消勾选【菲涅耳反射】选项，如图 8-92 所示。

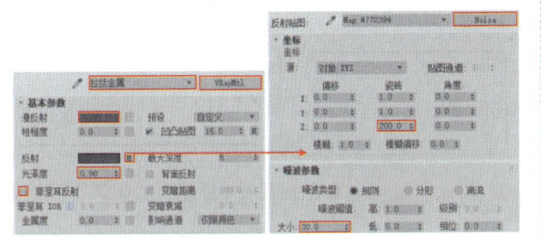

图 8-92

（4）展开【贴图】卷展栏，拖动【反射】后面的通道到【凹凸】通道上，进行复制，最后设置【凹凸】的数量为 15，如图 8-93 所示。

（5）将制作完毕的拉丝金属材质赋给场景中的水壶模型，如图 8-94 所示。

图 8-93

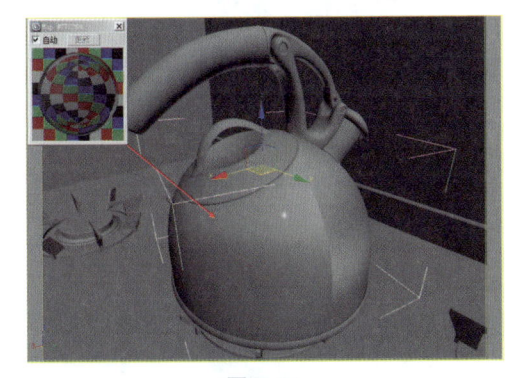

图 8-94

（6）将剩余的材质制作完成，并赋给相应的物体，如图 8-95 所示。

（7）最终渲染效果如图 8-96 所示。

图 8-95

图 8-96

练一练：使用【混合】材质制作玻璃

在这个场景中，主要讲解如何使用【混合】材质制作玻璃，设置的重点在于【漫反射】【反射】和【折射】的颜色，最终渲染效果如图 8-97 所示。使用【混合】材质不仅可以制作清透的玻璃，还可以制作磨砂玻璃。

扫一扫，看视频

图 8-97

（1）打开"场景文件 08.max"，如图 8-98 所示。

（2）按 M 键，打开【材质编辑器】对话框，选择一个材质球，单击 Standard 按钮，在打开的【材质/贴图浏览器】对话框中选择【混合】材质，如图 8-99 所示。

（3）将材质命名为【玻璃】，设置【材质 1】为 VRayMtl 材质，设置【材质 2】为 VRayMtl 材质，如图 8-100 所示。

（4）单击进入【材质1】后面的通道中，然后设置【漫反射】的颜色为白色，设置【反射】的颜色为白色；在【折射】的选项组中设置【折射】的颜色为白色，勾选【影响阴影】选项，设置【影响通道】为【颜色+Alpha】，如图8-101所示。

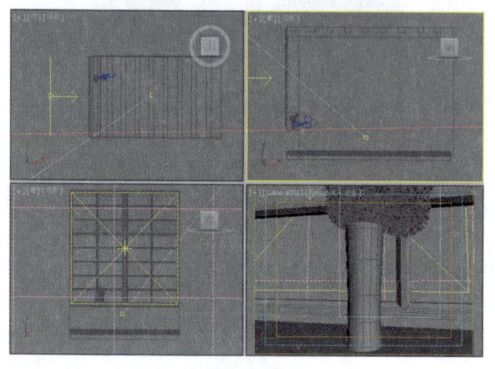

图8-98

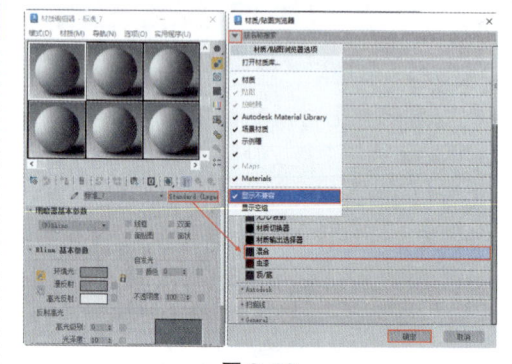

图8-99

图8-100

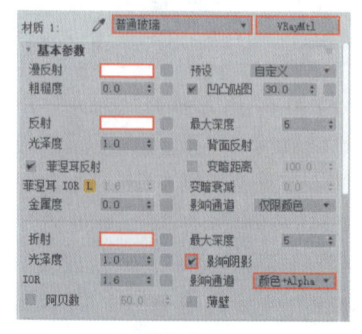

图8-101

（5）单击进入【材质2】后面的通道中，然后设置【漫反射】的颜色为白色，设置【反射】的颜色为白色；在【折射】选项组中设置【折射】的颜色为浅灰色，设置【光泽度】为0.84，勾选【影响阴影】选项，设置【影响通道】为【颜色+Alpha】，如图8-102所示。

（6）返回【混合基本参数】卷展栏，在【遮罩】后面的通道上加载ArchInteriors_12_07_sweet_detail.jpg贴图文件，如图8-103所示。

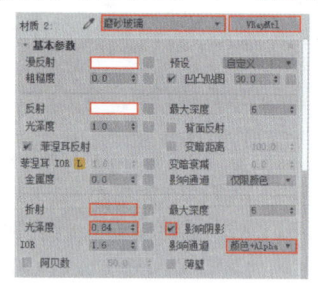

图8-102

图8-103

（7）将制作完毕的玻璃材质赋给场景中的玻璃瓶模型，如图8-104所示。

（8）将剩余的材质制作完成，并赋给相应的物体，如图8-105所示。

（9）最终渲染效果如图8-106所示。

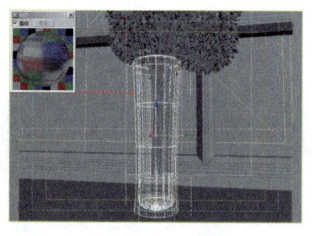

图8-104

图8-105

图 8-106

综合实例：使用多种材质制作早餐桌面

本例主要讲解柠檬、牛奶、面包和仿古理石材质的制作。在制作牛奶材质时需要应用到【VR-快速 SSS2】材质，该材质用来制作半透明的 SSS 物体材质效果。案例最终渲染效果如图 8-107 所示。

扫一扫，看视频

1. 柠檬

（1）打开"场景文件 09.max"，如图 8-108 所示。

图 8-107

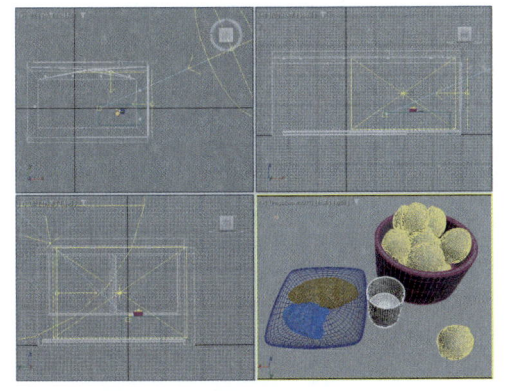

图 8-108

（2）选择一个材质球，单击 Standard 按钮，在打开的【材质/贴图浏览器】对话框中选择 VRayMtl 材质，将其命名为【柠檬】，展开【基本参数】卷展栏，在【漫反射】后方的通道上加载 517794-1-69.jpg 贴图文件，设置【模糊】为 0.6；在【反射】后方的通道上加载 517794-2-69.jpg 贴图文件，设置【光泽度】为 0.65，单击【菲涅耳 IOR】后方的 L 按钮，设置其数值为 8，如图 8-109 所示。

（3）展开 BRDF 卷展栏，并选择【反射】选项，如图 8-110 所示。

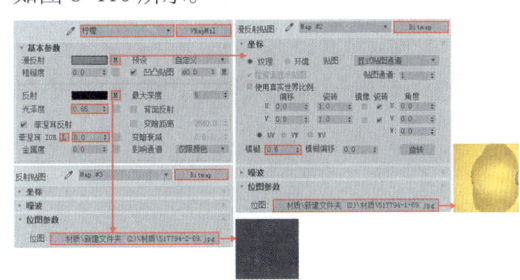

图 8-109

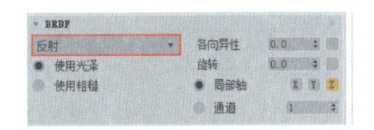

图 8-110

（4）展开【贴图】卷展栏，设置【凹凸】后方的数值为 60，并在其后方加载 517794-3-69.jpg 贴图文件；设置【置换】后方的数值为 6，并在其后方的通道上加载 517794-4-69.jpg 贴图文件，如图 8-111 所示。

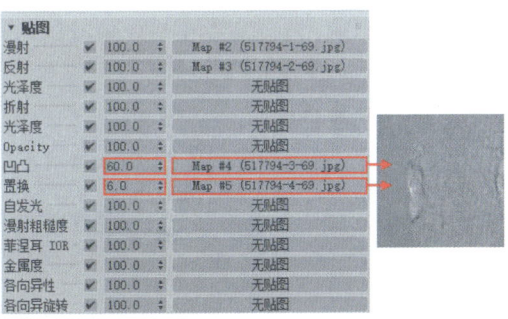

图 8-111

（5）双击材质球。效果如图 8-112 所示。

（6）选择模型，单击 （将材质指定给选定对象）按钮，将制作完毕的柠檬材质赋给场景中相应的模型，如图 8-113 所示。

167

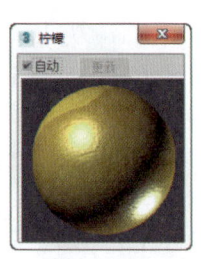

图 8-112

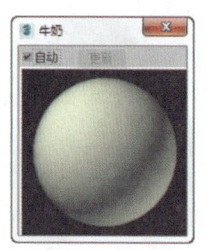

图 8-115

图 8-113

图 8-116

2. 牛奶

（1）选择一个材质球，设置材质类型为【VRay 快速 SSS2】材质，命名为【牛奶】。设置【全局颜色】为土黄色，【漫反射颜色】为淡黄色，【漫反射量】为 0.4，【子曲面颜色】为蓝色，【散布颜色】为淡蓝色，【散布半径】为 4.43，【高光光泽度】为 0.98，如图 8-114 所示。

（2）双击材质球。效果如图 8-115 所示。

（3）选择模型，单击 （将材质指定给选定对象）按钮，将制作完毕的牛奶材质赋给场景中相应的模型，如图 8-116 所示。

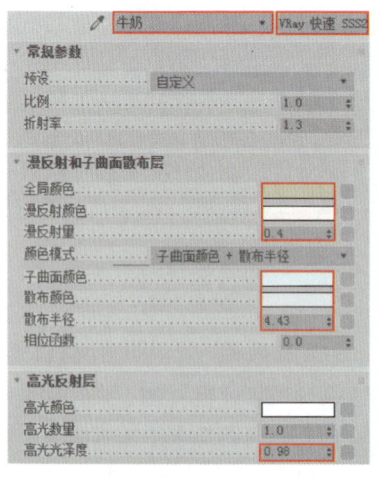

图 8-114

3. 面包

（1）选择一个材质球，设置材质类型为 VRayMtl 材质，命名为【面包】。在【漫反射】后方的通道上加载 517786-5-47.jpg 贴图文件，设置【模糊】为 0.6；在【反射】后方的通道上加载 517786-6-47.jpg 贴图文件，设置【光泽度】为 0.6，勾选【菲涅耳反射】选项，单击【菲涅耳 IOR】后方的 L 按钮，设置其数值为 8，如图 8-117 所示。

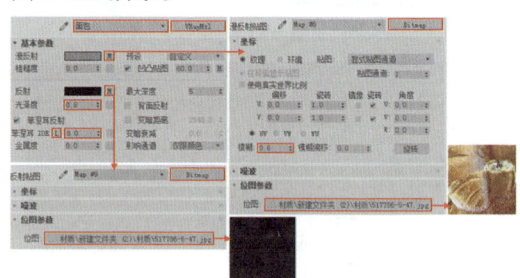

图 8-117

（2）展开 BRDF 卷展栏，并选择【反射】选项，如图 8-118 所示。

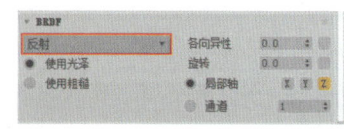

图 8-118

（3）展开【贴图】卷展栏，设置【凹凸】后方的数值为 60，并在其后方的通道上加载 517786-7-47.jpg 贴图文件；设置【置换】后方的数值为 8，并在其后方的通道上加载 517786-8-47.jpg 贴图文件，如图 8-119 所示。

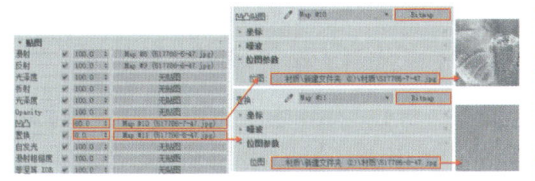

图 8-119

（4）双击材质球。效果如图 8-120 所示。

（5）选择模型，单击 （将材质指定给选定对象）按钮，将制作完毕的面包材质赋给场景中相应的模型，如图 8-121 所示。

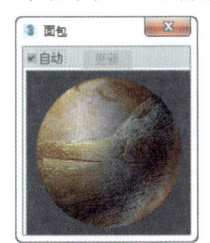

图 8-120

图 8-121

4. 仿古理石

（1）选择一个材质球，设置材质类型为 VRayMtl 材质，命名为【仿古理石】。在【漫反射】后方的通道上加载 basic_hard_scratch_spec_002_genova_scenected.jpg 贴图文件，设置【模糊】2；在【反射】选项组中设置其颜色为白色，【光泽度】为 0.95，如图 8-122 所示。

（2）展开 BRDF 卷展栏，并选择【反射】选项，如图 8-123 所示。

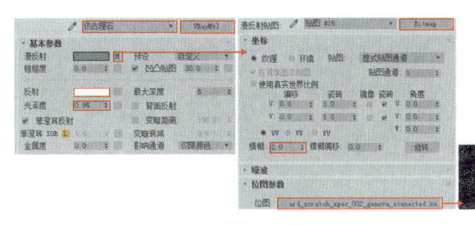

图 8-122

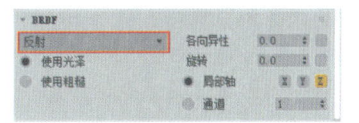

图 8-123

（3）双击材质球。效果如图 8-124 所示。

（4）选择模型，单击 （将材质指定给选定对象）按钮。将制作完毕的仿古理石材质赋给场景中相应的模型，如图 8-125 所示。

（5）继续制作场景中的其他材质并赋给相应的模型。案例最终效果如图 8-126 所示。

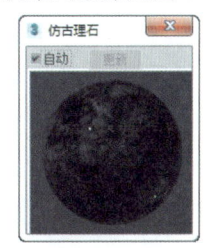

图 8-124

图 8-125

图 8-126

8.8 课后练习：使用 VRayMtl 材质制作木地板、健身房镜子和环境背景

本例主要使用 VRayMtl 材质制作木地板、健身房镜子和环境背景。其中，木地板材质是带有木纹样式的纹理贴图，具有稍弱的反射效果，无折射效果；镜子材质则具有强烈的反射效果。案例最终渲染效果如图 8-127 所示。

1. 木地板

（1）打开本书场景文件，如图 8-128 所示。

图 8-127

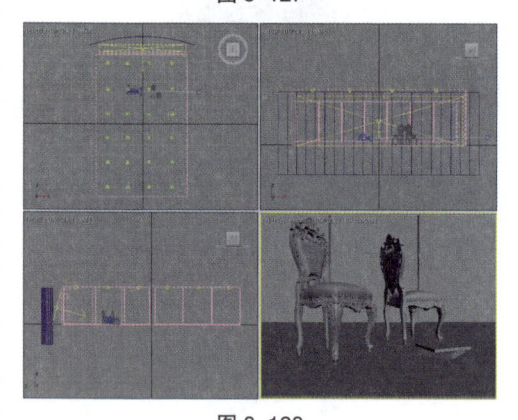

图 8-128

（2）按 M 键，打开【材质编辑器】对话框，接着在该对话框内选择一个材质球，单击 Standard 按钮，在打开的【材质/贴图浏览器】对话框中选择 VRayMtl 材质，将其命名为【木地板】。在【漫反射】后方的通道上加载【木地板.jpg】贴图文件，设置【瓷砖 U】为 5，【瓷砖 V】为 10；在【反射】选项组中设置其颜色为深灰色，设置【光泽度】为 0.82，接着取消勾选【菲涅耳反射】选项，如图 8-129 所示。

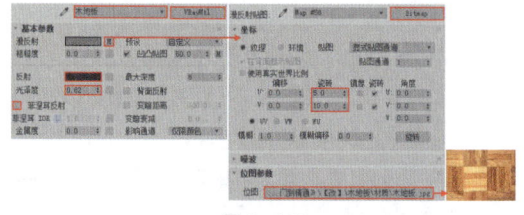

图 8-129

（3）展开【贴图】卷展栏，将【漫射】后方的通道拖动到【凹凸】的后方，释放鼠标，在弹出的【实例（副本）贴图】对话框中设置【方法】为【复制】，接着设置【凹凸】后方的数值为 50，如图 8-130 所示。

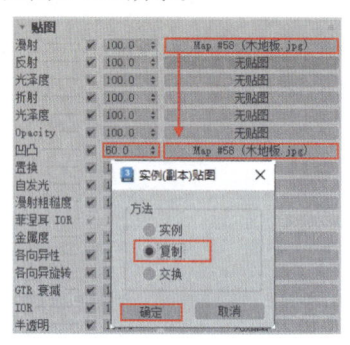

图 8-130

（4）双击材质球。效果如图 8-131 所示。

（5）选择模型，单击 （将材质指定给选定对象）按钮，将制作完毕的木地板材质赋给场景中相应的模型，如图 8-132 所示。

图 8-131　　　　图 8-132

2. 健身房镜子

（1）选择一个材质球，设置材质类型为 VRayMtl 材质，命名为【健身房镜子】。设置【漫反射】颜色为深灰色；在【反射】选项组中设置其颜色为白色，取消勾选【菲涅耳反射】选项，如图 8-133 所示。

170

（2）双击材质球。效果如图 8-134 所示。

（3）选择模型，单击（将材质指定给选定对象）按钮，将制作完毕的健身房镜子材质赋给场景中相应的模型，如图 8-135 所示。

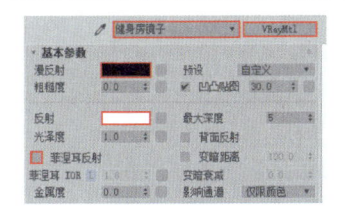

图 8-133

图 8-134

图 8-135

3. 环境背景

（1）选择一个材质球，设置材质类型为【VRay 灯光材质】，命名为【环境背景】。设置【颜色】的强度为 3，并在后方的通道上加载 123.jpg 贴图文件，如图 8-136 所示。

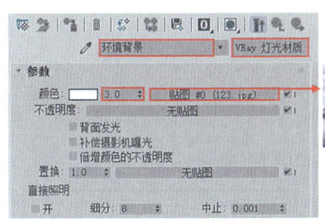

图 8-136

（2）双击材质球。效果如图 8-137 所示。

（3）选择模型，单击（将材质指定给选定对象）按钮，将制作完毕的环境背景材质赋给场景中相应的模型，如图 8-138 所示。最后使用相同的方法制作完成剩余的材质。

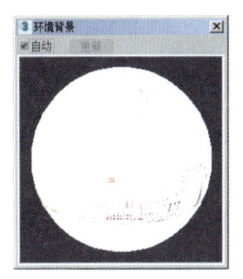

图 8-137

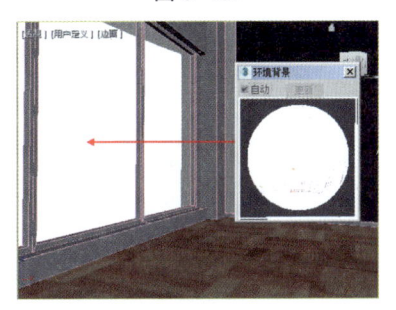

图 8-138

8.9 随堂测试

1. 知识考查

（1）使用 VRayMtl 材质创建具有漫反射、反射、折射的材质效果。

（2）加载不同的贴图为材质增添贴图质感。

2. 实战演练

参考给定的作品，制作地砖材质效果。

参考效果	可用工具
	VRayMtl 材质、【位图】贴图

3. 项目实操

模拟场景中的不同材质质感。要求：一个场景中包括多种不同的材质属性，包括漫反射、反射、折射等。

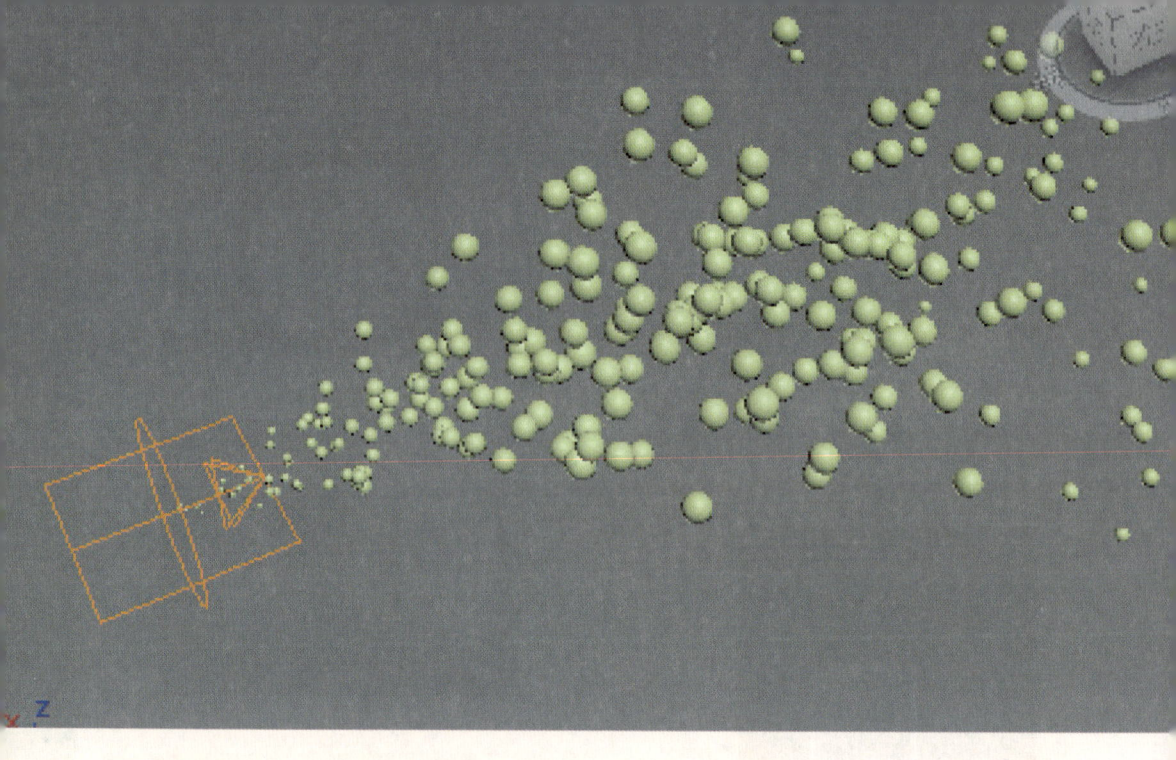

粒子系统、空间扭曲和动力学   第9章

🔊 学时安排

总学时：6 学时

理论学时：1 学时

实践学时：5 学时

🔊 教学内容概述

本章将学习粒子系统和空间扭曲知识。粒子系统是 3ds Max 中用于制作特殊效果的工具，其功能强大，可以制作处于运动状态的、数量众多并且随机分布的颗粒状效果；也可以制作抽象粒子、粒子轨迹等用于影视特效或电视栏目包装的碎片化效果。空间扭曲是一种可应用于其他物体上的"作用力"，空间扭曲常配合粒子系统使用。本章还将学习 MassFX（动力学），其可以为项目添加真实的物理模拟效果，可以制作比关键帧动画更真实、更自然的动画效果。动力学常用来制作刚体与刚体之间的碰撞效果、重力下落效果、抛出动画、布料动画、破碎动画等。

🔊 教学目标

- 熟练掌握超级喷射、粒子流源等粒子系统的使用
- 熟练掌握力、导向器等空间扭曲的使用
- 熟练掌握动力学的使用

9.1 认识粒子系统和空间扭曲

粒子系统和空间扭曲是密不可分的两种工具。本节来了解一下粒子系统和空间扭曲的概念。

9.1.1 认识粒子系统

粒子系统是 3ds Max 中用于制作特殊效果的工具，其功能强大，可以制作处于运动状态的、数量众多并且随机分布的颗粒状效果。3ds Max 粒子系统可以模拟粒子碎片化动画，不仅可以设置粒子发射的方式，还可以设置发射的对象类型。常用粒子对象制作自然效果，包括烟雾、水流、落叶、雨、雪、尘等。另外，其也可以制作抽象化效果，包括抽象粒子、粒子轨迹等用于影视特效或电视栏目包装的碎片化效果。

9.1.2 认识空间扭曲

空间扭曲通常不是单独存在的，一般会与粒子系统或模型使用。需要将空间扭曲和对象进行绑定，使粒子对象或模型对象产生空间扭曲的作用效果。例如，粒子受到风力吹动、模型受到爆炸影响产生爆炸碎片。

1. 粒子 + 空间扭曲的【力】= 粒子变化

例如，让超级喷射粒子受到漩涡影响，如图 9-1 所示。

图 9-1

2. 粒子 + 空间扭曲的【导向器】= 粒子反弹

例如，让粒子流源碰撞导向板，产生粒子反弹效果，如图 9-2 所示。

图 9-2

9.1.3 将粒子和空间扭曲进行绑定

粒子系统和空间扭曲在创建完成后，是分别独立的，两种暂时没有任何关系。需要借助 按钮，将两者绑定在一起。这样空间扭曲就会对粒子系统产生作用，如风吹粒子、路径跟随粒子等。

（1）创建粒子系统，如图 9-3 所示。

（2）创建空间扭曲，如图 9-4 所示。

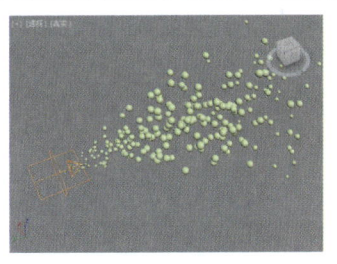

图 9-3

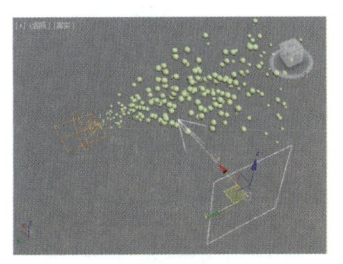

图 9-4

（3）将两者绑定。单击主工具栏中的 按钮，然后选择【风】并将其拖动到【超级喷射】上，如图9-5所示。此时绑定成功，如图9-6所示。

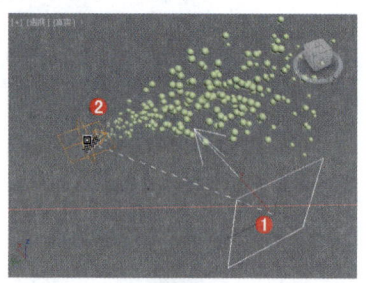

图 9-5

图 9-6

9.2 七大类粒子系统

3ds Max 中的粒子系统包括 7 种类型，分别是粒子流源、喷射、雪、超级喷射、暴风雪、粒子阵列和粒子云，如图 9-7 所示。使用这些粒子系统，可以创建很多震撼的粒子效果，如下雪、下雨、爆炸、喷泉等。

图 9-7

9.2.1 喷射

【喷射】可以模拟粒子喷射效果，常用来制作雨、喷泉等水滴效果。其参数如图 9-8 所示。

图 9-8

创建一个喷射如图 9-9 所示。

图 9-9

- **视口计数**：控制在 3ds Max 视图中显示的粒子数量。
- **渲染计数**：控制在最终渲染时的粒子数量。
- **水滴大小**：控制粒子的大小尺寸。
- **速度**：控制粒子的运动速度。
- **变化**：控制粒子的速度和方向的变化效果。数值越大，水滴越分散。
- **水滴/圆点/十字叉**：设置粒子在视图中的显示方式，不会影响渲染。
- **四面体/面**：控制粒子的渲染形状为四面体/面。
- **开始**：设置粒子产生的时间。例如，设置数值为 10，则表示从第 10 帧开始产生粒子。
- **寿命**：设置每个粒子存在的时间。
- **出生速率**：设置每一帧产生的新粒子数。
- **宽度/长度**：设置发射器的宽度和长度。
- **隐藏**：勾选该选项后，发射器不会被渲染出来。

实操：使用【喷射】制作下雨动画

本例讲解如何使用【喷射】制作下雨的效果。最终效果如图9-10所示。

扫一扫，看视频

图 9-10

（1）打开"场景文件01.max"，如图9-11所示。

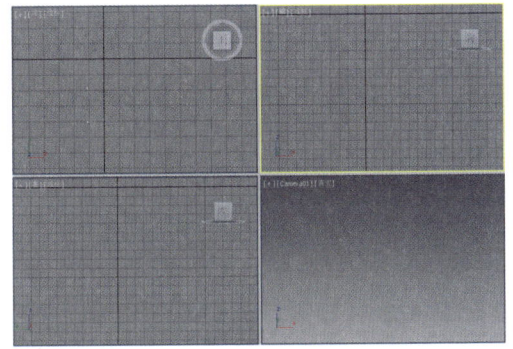

图 9-11

（2）在【创建】面板中单击【几何体】按钮，设置【几何体类型】为【粒子系统】，单击【喷射】按钮，如图9-12所示。在视图中单击并拖动创建一个喷射粒子，如图9-13所示。

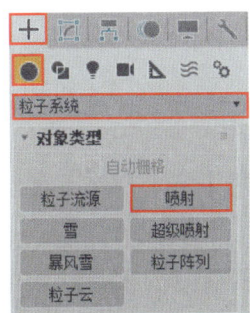

图 9-12

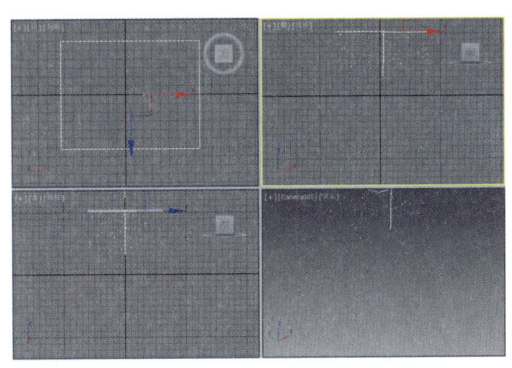

图 9-13

（3）单击修改,设置【视口计数】为1000,【渲染计数】为2000,【水滴大小】为5,【速度】为8,【变化】为0.56，勾选【水滴】选项，设置【渲染】类型为【四面体】；设置【计时】的【开始】为 –50,【寿命】为60；设置【发射器】的【宽度】为110,【长度】为90，如图9-14所示。效果如图9-15所示。

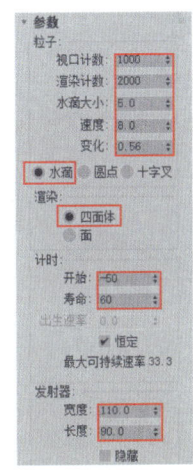

图 9-14

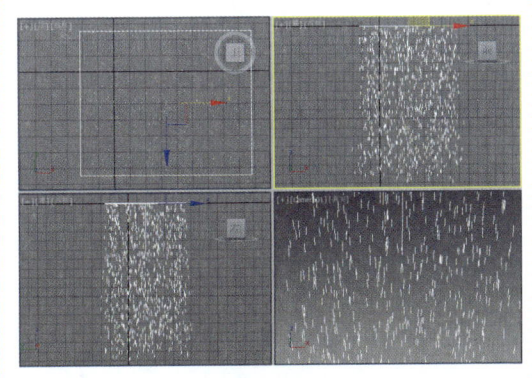

图 9-15

第 9 章 粒子系统、空间扭曲和动力学

175

（4）单击【选择并旋转】工具，在透视图中沿 Y 轴旋转一定的角度，使喷射略微倾斜，这样更能体现雨滴被风吹的感觉，如图 9-16 所示。

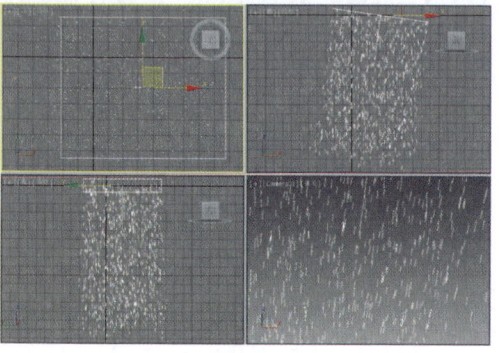

图 9-16

（5）按 8 键，打开【环境和效果】对话框，接着在通道上加载 311646623481.jpg 贴图文件，如图 9-17 所示。

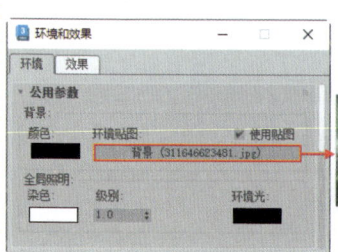

图 9-17

（6）选择动画效果最明显的一些帧，然后单独渲染出这些单帧动画。最终效果如图 9-18 所示。

图 9-18

9.2.2 雪

【雪】可以用于制作下雪或纸屑飘落效果。它与【喷射】类似，但是雪可以设置翻滚效果。其参数如图 9-19 所示。创建雪，如图 9-20 所示。

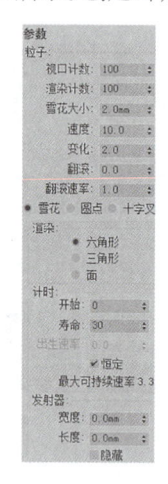

图 9-19

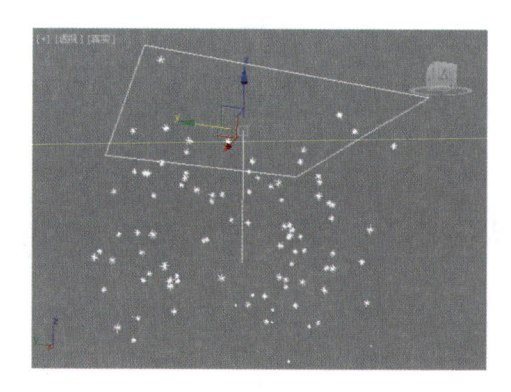

图 9-20

- **雪花大小**：设置粒子的大小。
- **翻滚**：设置粒子的随机旋转量。
- **翻滚速率**：设置粒子的旋转速度。
- **雪花／圆点／十字叉**：设置粒子在视图中的显示方式。
- **六角形／三角形／面**：将粒子渲染为六角形／三角形／面。

实操：使用【雪】制作下雪动画

本例讲解如何使用粒子系统中的【雪】制作下雪动画。最终渲染效果如图 9-21 所示。

扫一扫，看视频

图 9-21

（1）打开"场景文件 02.max"，如图 9-22 所示。

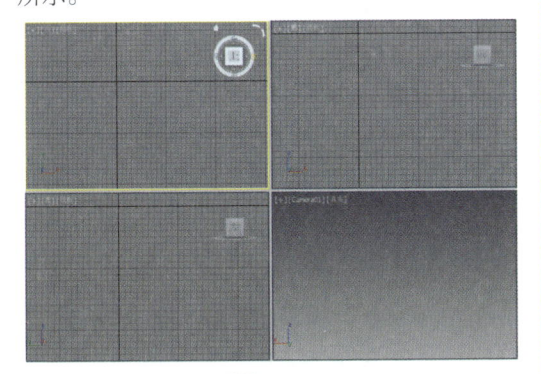

图 9-22

（2）在【创建】面板中单击【几何体】按钮，设置【几何体类型】为【粒子系统】，单击【雪】按钮，如图 9-23 所示。在视图中单击并拖动创建雪，如图 9-24 所示。

图 9-23

（3）单击修改，设置【视口计数】为 400，【渲染计数】为 4000，【雪花大小】为 0.2，【速度】为 10，【变化】为 10，设置类型为【雪花】，设置【渲染】类型为【三角形】；设置【计时】的【开始】为 -30，【寿命】为 30；设置【发射器】的【宽度】为 101，【长度】为 87，如图 9-25 所示。效果如图 9-26 所示。

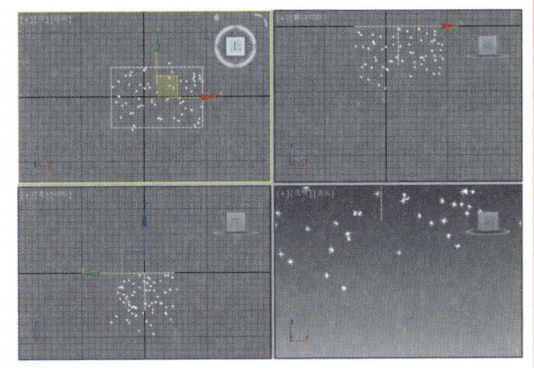

图 9-24

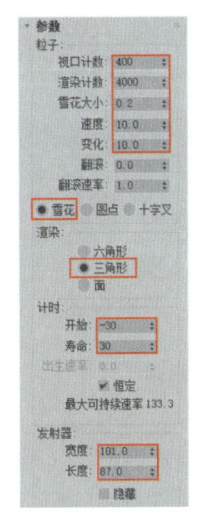

图 9-25

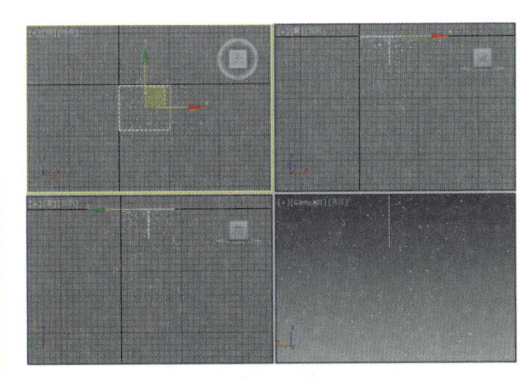

图 9-26

（4）按 8 键，打开【环境和效果】对话框，接着在通道上加载 DY3KAZC4BM90.jpg 贴图文件，如图 9-27 所示。

第 9 章　粒子系统、空间扭曲和动力学

177

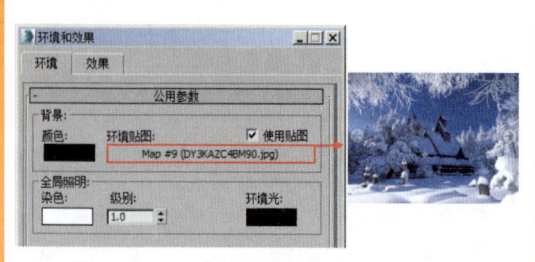

图 9-27

（5）选择动画效果最明显的一些帧，然后单独渲染出这些单帧动画。最终效果如图 9-28 所示。

图 9-28

9.2.3 超级喷射

【超级喷射】可以使粒子由一个点向外发射粒子，常用于制作影视栏目包装动画、烟花、喷泉等效果，超级喷射是较为常用的粒子类型。其参数如图 9-29 所示。创建一个超级喷射，如图 9-30 所示。

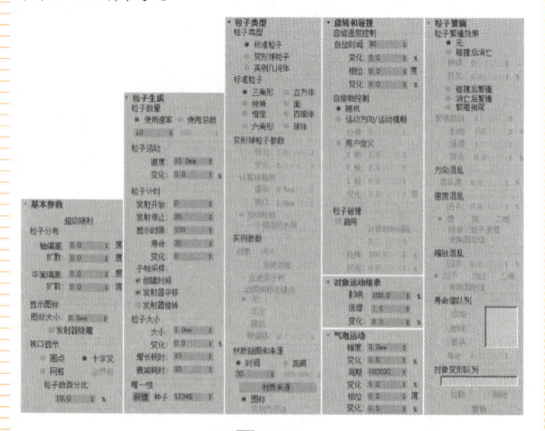

图 9-29

图 9-30

1. 基本参数

● 轴偏离 / 扩散 / 平面偏离 / 扩散：设置粒子产生的偏离和扩散效果。图 9-31 所示为 4 个参数设置前后的对比效果。

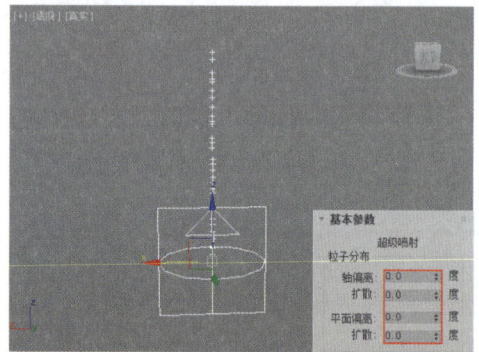

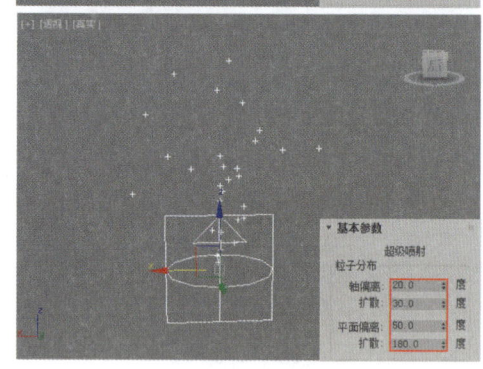

图 9-31

● 图标大小：控制粒子图标大小。

● 视口显示：包括圆点、十字叉、网格、边界框 4 种显示效果（只是显示效果，与渲染无关）。

● 粒子数百分比：设置粒子在视图中显示的百分比。例如，设置为 10% 则代表视图中看到的粒子数量是最终渲染的 10%。

2. 粒子生成

- **使用速率**：每一帧发射的固定粒子数。数值越大，粒子数量越多。
- **使用总数**：寿命范围内产生的总粒子数。
- **速度**：设置粒子发射速度。
- **变化**：设置粒子的速度变化。
- **发射开始**：设置粒子发射开始的时刻。
- **发射停止**：设置粒子发射停止的时刻。例如，设置该数值为 20，则代表最后一个粒子会在第 20 帧出现。
- **显示时限**：设置所有粒子将要消失的帧。
- **大小**：设置粒子的大小。
- **变化**：设置粒子的大小变化。

3. 粒子类型

- **粒子类型**：包括标准粒子、变形球粒子、实例几何体 3 种类型。
- **标准粒子**：包括三角形、立方体、特殊、面、恒定、四面体、六角形、球体 8 种形式。
- **张力**：设置粒子之间的紧密度。
- **变化**：设置张力变化的百分比。
- **拾取对象**按钮：单击该按钮，可以在场景中选择要作为粒子使用的对象。（当设置【粒子类型】为【实例几何体】时，按钮才有效。）

9.2.4 粒子流源

【粒子流源】通过设置不同的事件，使粒子产生更丰富的效果。粒子流源功能非常强大，但是相对较难。通常使用【粒子流源】制作影视栏目包装动画、影视动画等。其参数如图 9-32 所示。创建一个粒子流源，如图 9-33 所示。

1. 设置

在【设置】卷展栏中单击【粒子视图】按钮，可以打开【粒子视图】对话框，粒子流源中几乎所有的操作都可以在此对话框中完成。

- **启用粒子发射**：控制是否开启粒子系统。
- **粒子视图**按钮：单击该按钮，打开【粒子视图】对话框。将光标定位到右下方的【描述】位置处，按住鼠标左键并向上拖动，可以看到图 9-34 所示的列表。

图 9-32

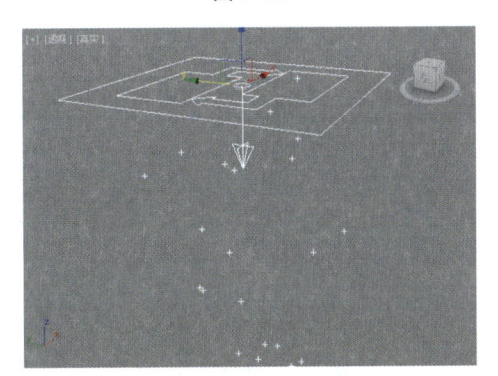

图 9-33

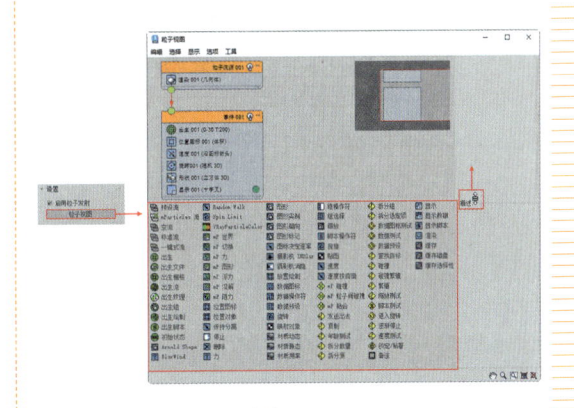

图 9-34

2. 发射

【发射】卷展栏用来设置粒子流源的基本操作，如徽标大小、长度、宽度等。

- **徽标大小**：主用来设置粒子流源中心徽标的尺寸，其大小对粒子的发射没有任何影响。
- **图标类型**：控制粒子的徽标形状，包括长方形、长方体、圆形和球体 4 种方式。

- **长度/宽度/高度**：控制发射器的长度/宽度/高度数值。
- **显示**：控制是否显示徽标和图标。
- **视口 %/渲染 %**：设置视图显示/最终渲染的粒子数量。

练一练：使用【粒子流源】制作下落的小球

本例讲解粒子流源和导向板的综合使用方法。最终渲染效果如图 9-35 所示。另外，使用【粒子流源】还可以制作子弹和烟花效果。

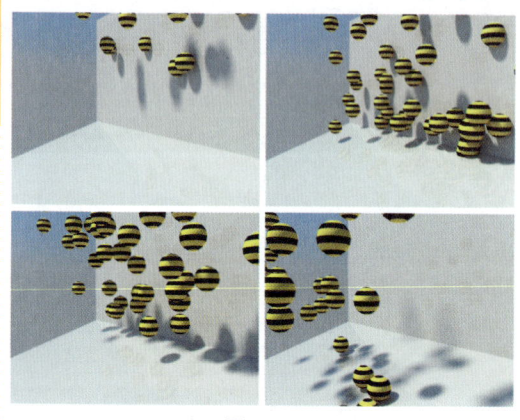

图 9-35

（1）打开"场景文件 03.max"，如图 9-36 所示。

（2）在【创建】面板中单击【几何体】按钮，设置【几何体类型】为【粒子系统】，然后单击【粒子流源】按钮，如图 9-37 所示。

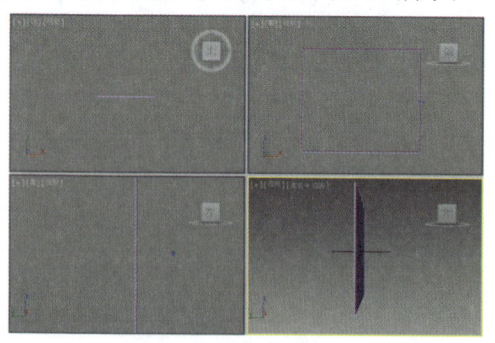

图 9-36

图 9-37

（3）选择【粒子流源】，然后展开【发射】卷展栏，设置【徽标大小】为 3528 mm，设置【长度】为 2413 mm，【宽度】为 7668 mm，如图 9-38 所示。效果如图 9-39 所示。

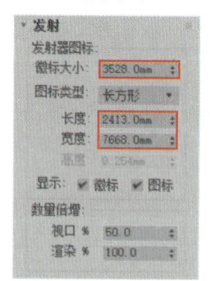

图 9-38

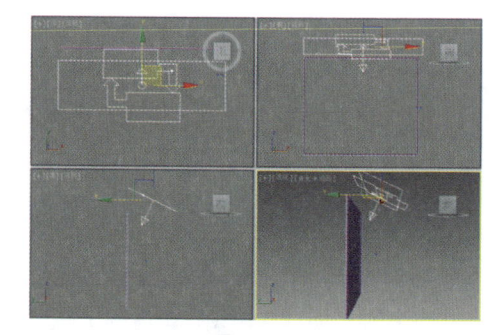

图 9-39

（4）单击【粒子视图】按钮，如图 9-40 所示。

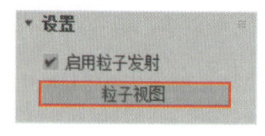

图 9-40

（5）打开【粒子视图】对话框，展开【速度 001】卷展栏，设置【速度】为 7620 mm，如图 9-41 所示。

（6）选择【事件 001】下的【旋转 001（随机 3D）】和【形状 001（立方体 3D）】选项，右击，在弹出的快捷菜单中选择【删除】命令，如图9-42所示。

（7）选择【显示001（几何体）】选项，在【显示001】卷展栏中设置【类型】为【几何体】，设置颜色为绿色，如图9-43所示。

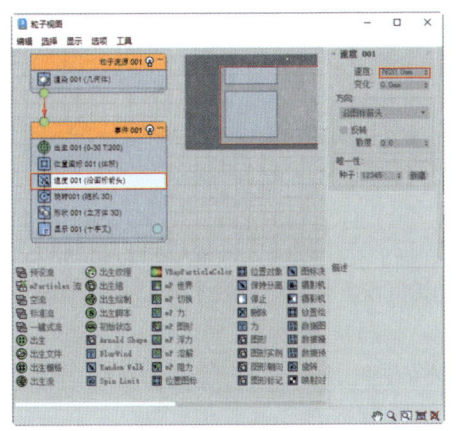

图9-41

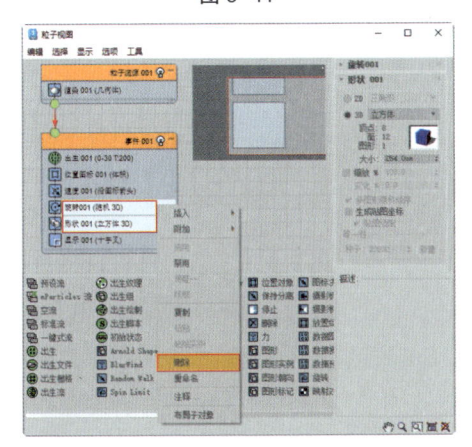

图9-42

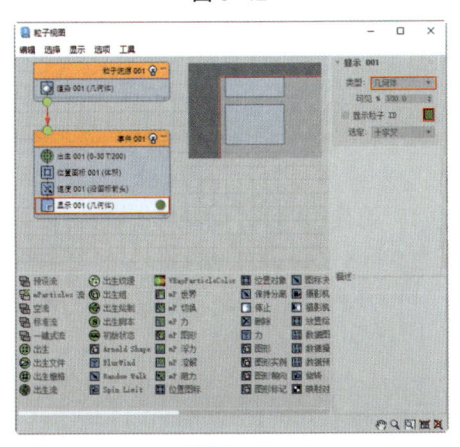

图9-43

（8）在【创建】面板中单击【空间扭曲】按钮，设置【类型】为【导向器】，然后单击【导向板】按钮，如图9-44所示。展开【参数】卷展栏，设置【反弹】为0.1，【变化】为50，【混乱度】为0，【摩擦力】为90，【宽度】为7279.387 mm，【长度】为6092.107 mm，如图9-45所示。

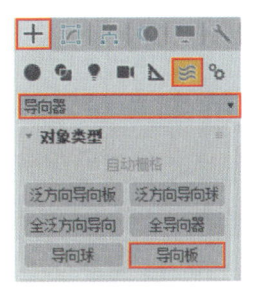

图9-44

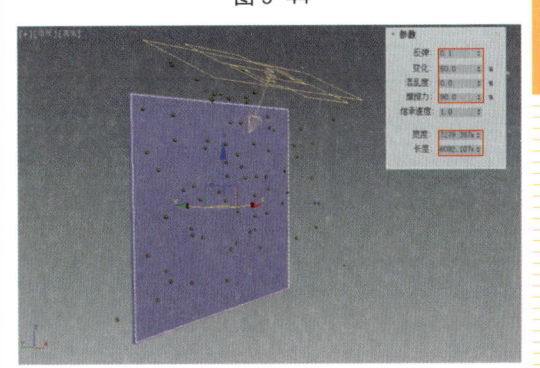

图9-45

（9）返回粒子视图，在粒子视图中的空白处右击，在弹出快捷菜单中执行【新建】|【测试事件】|【碰撞】命令，最后将【碰撞001（Deflector001）】拖动到【事件001】的最下方，如图9-46所示。

（10）选择【碰撞001（Deflector001）】选项，单击【添加】按钮，接着在视图中选择刚才创建的导向器Deflector001，设置【速度】为【反弹】，如图9-47所示。

（11）在粒子视图中的空白处右击，在弹出的快捷菜单中执行【新建】|【操作符事件】|【图形实例】命令，最后将【图形实操001（Sphere001）】拖动到【事件001】的最下方，如图9-48所示。单击【粒子几何体对象】下的按钮，并拾取场景中的Sphere模型，如图9-49

181

所示。

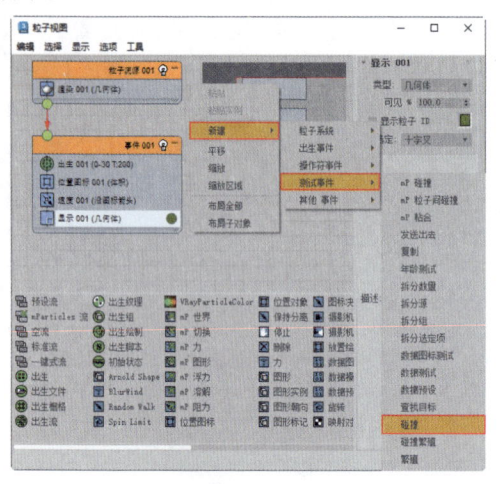

图 9-46

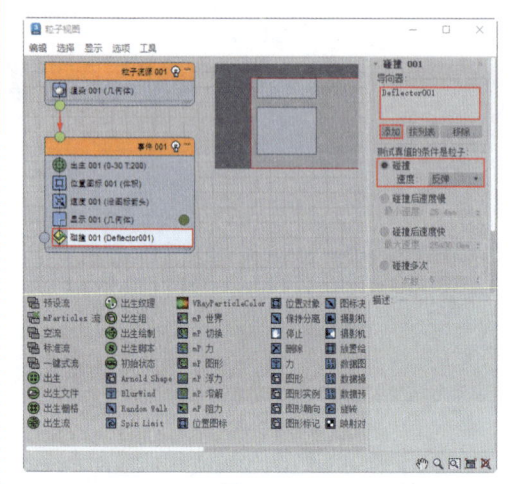

图 9-47

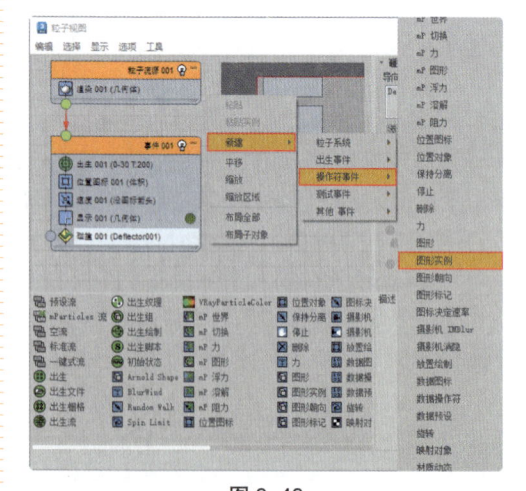

图 9-48

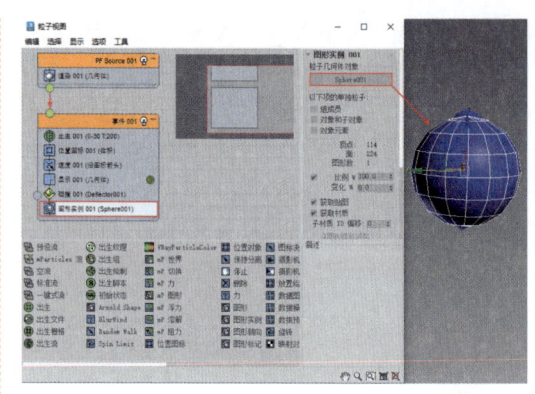

图 9-49

（12）在【创建】面板中单击【空间扭曲】按钮，设置【类型】为【力】，然后单击【风】按钮，如图 9-50 所示。在场景中创建风，其位置如图 9-51 所示。

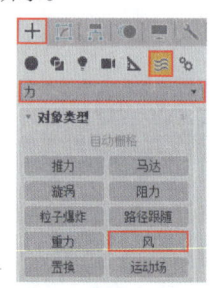

图 9-50

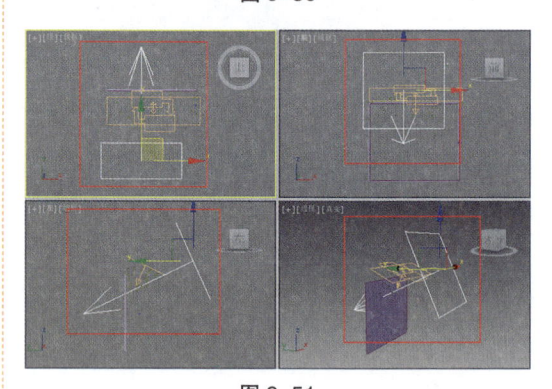

图 9-51

（13）选择【Wind001】并单击修改，设置【强度】为 0.1，【衰退】为 30，如图 9-52 所示。

（14）返回粒子视图，在粒子视图中的空白处右击，在弹出的快捷菜单中执行【新建】|【操作符事件】|【力】命令，如图 9-53 所示。

（15）将【力 001（Wind001）】拖动到【事件 001】的最下方，选择【力 001（Wind001）】，

182

单击【添加】按钮，拾取【Wind001】，如图9-54所示。

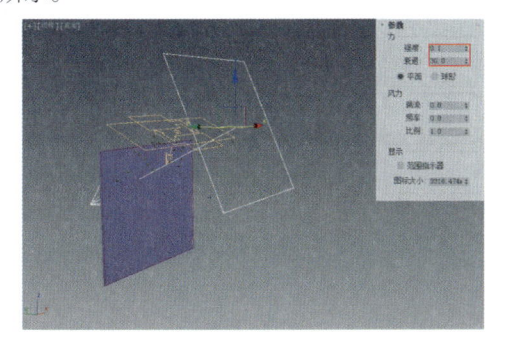

图9-52

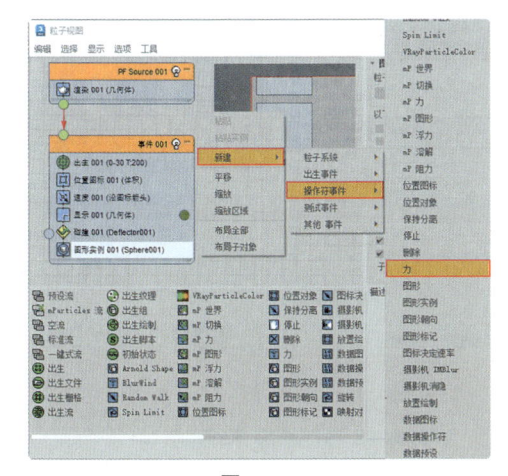

图9-53

（16）在【创建】面板中单击【空间扭曲】按钮，设置【类型】为【力】，然后单击【重力】按钮，如图9-55所示。在视图中拖动创建重力，位置如图9-56所示。

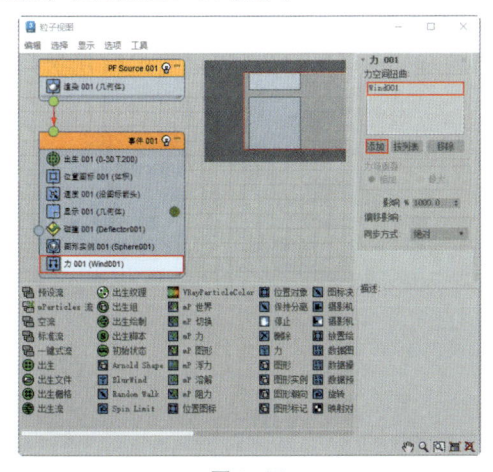

图9-54

图9-55

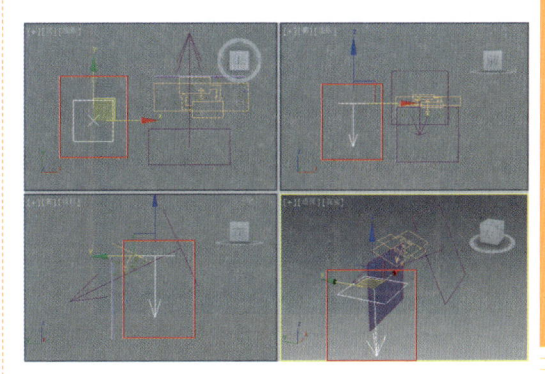

图9-56

（17）选择【Gravity001】并单击修改，设置【强度】为0.1，如图9-57所示。

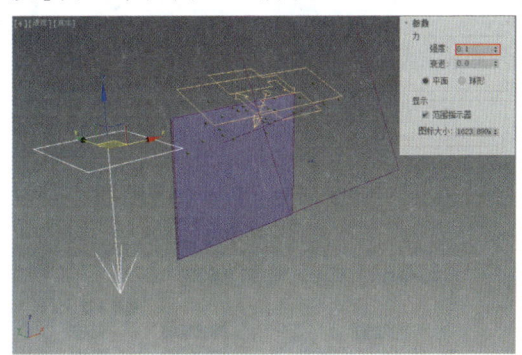

图9-57

（18）在粒子视图的列表中再添加一个力，拖动到【事件001】的最下方，并单击【添加】按钮，接着在视图中选择刚才创建的重力【力002（Gravity001）】，如图9-58所示。

（19）拖动时间线查看此时的动画效果，如图9-59所示。

（20）选择动画效果最明显的一些帧，然后单独渲染出这些单帧动画。最终效果如图9-60所示。

183

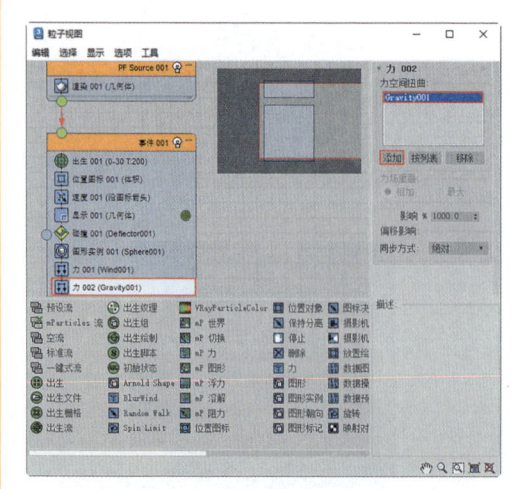

图 9-58

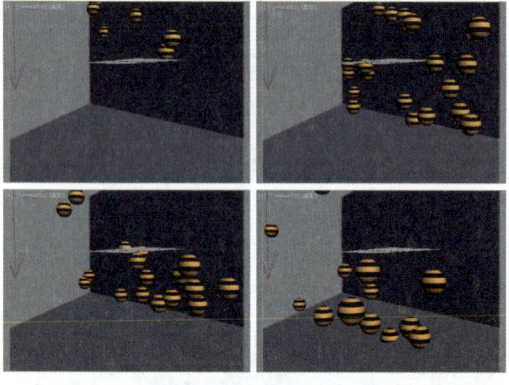

图 9-59

图 9-60

9.2.5 暴风雪

【暴风雪】粒子是【雪】粒子的高级版。暴风雪参数与超级喷射基本一致，因此不再详细讲解。其参数如图 9-61 所示。创建暴风雪，如图 9-62 所示。

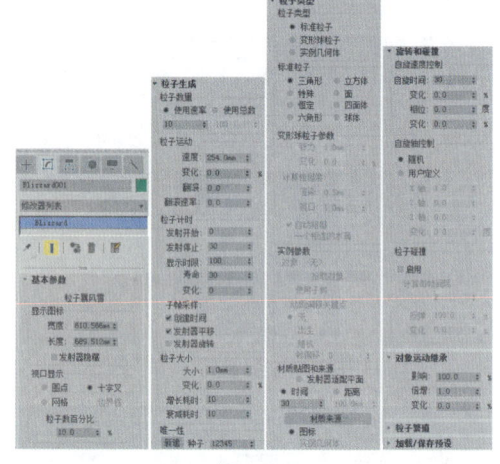

图 9-61

图 9-62

9.2.6 粒子阵列

【粒子阵列】可以将粒子分布在几何体对象上，也可以用于创建复杂的对象爆炸效果。常用来制作爆炸、水滴等效果。其参数如图 9-63 所示。创建一个粒子阵列，如图 9-64 所示。

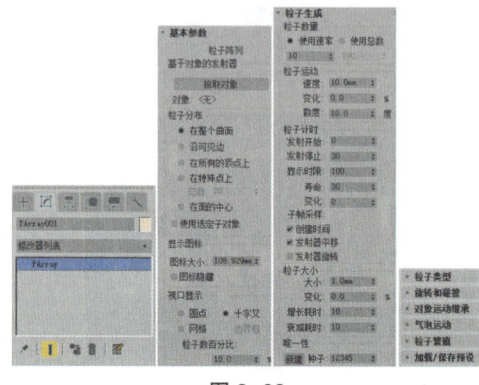

图 9-63

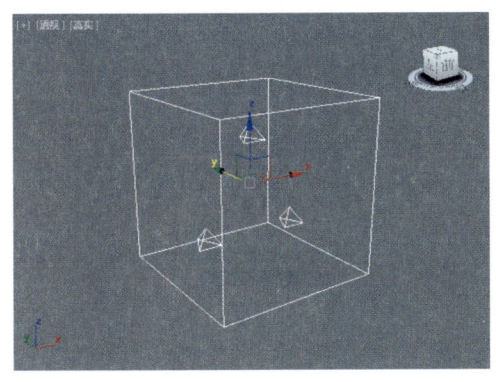

图 9-64

- **拾取对象 按钮**：单击该按钮，可以在场景中拾取某个对象作为发射器。
- **在整个曲面**：在整个曲面上随机发射粒子。
- **沿可见边**：从对象的可见边上随机发射粒子。
- **在所有的顶点上**：从对象的顶点发射粒子。
- **在特殊点上**：在对象曲面上随机分布的点上发射粒子。
- **总数**：当勾选【在特殊点上】选项时才可用，主要用来设置使用的发射器的点数。
- **在面的中心**：从每个三角面的中心发射粒子。

9.2.7 粒子云

【粒子云】可以填充特定的体积。使用【粒子云】可以创建一群鸟、一个星空或在地面上行走的人群。其参数如图 9-65 所示。创建一个粒子云，如图 9-66 所示。

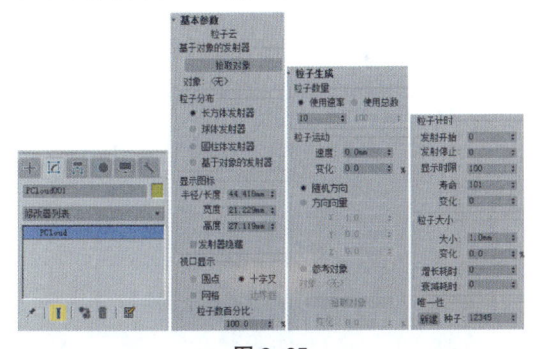

图 9-65

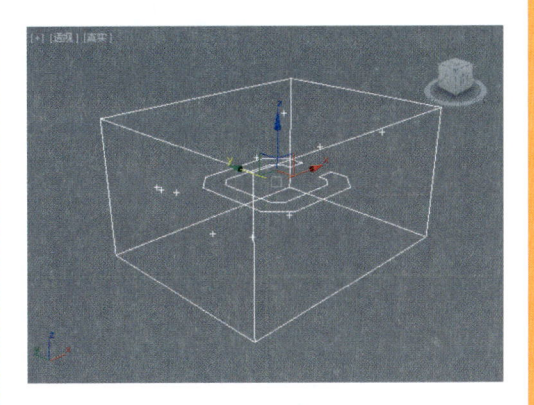

图 9-66

9.3 五大类空间扭曲

空间扭曲可以理解为"作用力"。例如，下雨时，适逢一阵风吹过，雨滴会沿风吹的方向偏移。而这个"风"就可以利用【空间扭曲】功能中的一部分进行制作。空间扭曲应用于其他对象，需要依附于其他对象存在。例如，应用于物体的空间扭曲、应用于粒子的空间扭曲。3ds Max 中包括 5 种空间扭曲，分别为【力】【导向器】【几何/可变形】【基于修改器】【粒子和动力学】，如图 9-67 所示。

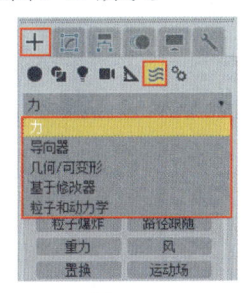

图 9-67

9.3.1 力

【力】是专门用于使粒子系统产生作用力的工具。其中包括推力、重力、风、漩涡、路径跟随、马达、阻力、粒子爆炸、置换和运动场，如图 9-68 所示。

1. 推力

【推力】将均匀的单向力施加于粒子系统，在视图中拖动即可创建，如图 9-69 所示。其参数如图9-70所示。

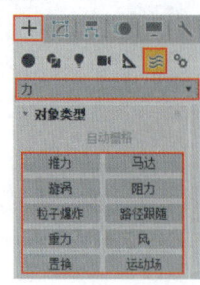

图9-68

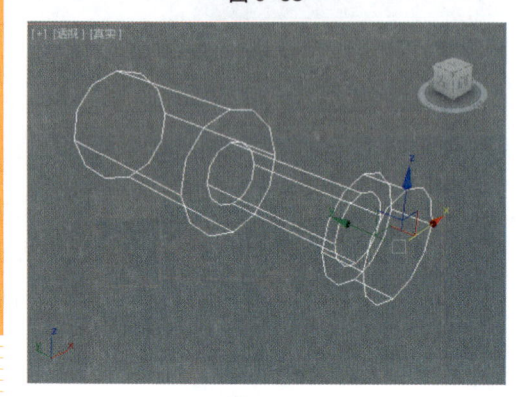

图9-69

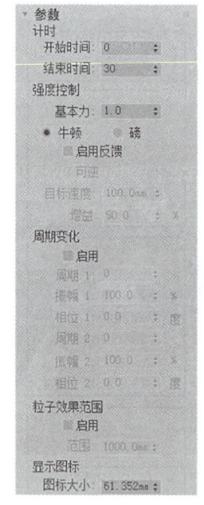

图9-70

● **开始/结束时间**：空间扭曲效果开始和结束时所在的帧编号。

● **基本力**：空间扭曲施加的力的量。

● **牛顿/磅**：用来指定【基本力】微调器使用的力的单位。

● **启用反馈**：勾选该选项时，力会根据受影响粒子相对于设置的【目标速度】而变化。

● **可逆**：勾选该选项时，如果粒子的速度超出了设置的【目标速度】，力会发生逆转。仅在勾选【启用反馈】选项时可用。

● **目标速度**：以每帧的单位数指定【反馈】生效前的最大速度。仅在勾选【启用反馈】选项时可用。

● **增益**：指定以何种速度调整力以达到目标速度。

● **启用**：启用变化。

● **周期1**：噪波变化完成整个循环所需的时间。例如，设置20表示每20帧循环一次。

● **振幅1**：（用百分比表示的）变化强度。该选项使用的单位类型和【基本力】微调器相同。

● **相位1**：偏移变化模式。

● **周期2**：提供额外的变化模式（二阶波）来增加噪波。

● **振幅2**：（用百分比表示的）二阶波的变化强度。该选项使用的单位类型和【基本力】微调器相同。

● **相位2**：偏移二阶波的变化模式。

● **启用**：勾选该选项时，会将效果范围限制为一个球体，其显示为一个带有3个环箍的球体。

● **范围**：以单位数指定效果范围的半径。

● **图标大小**：设置推力图标的大小。该设置仅用于显示目的，而不会改变推力效果。

2. 重力

【重力】可以绑定到粒子上，使粒子产生重力下落的效果。在视图中拖动可以创建，如图9-71所示。其参数如图9-72所示。

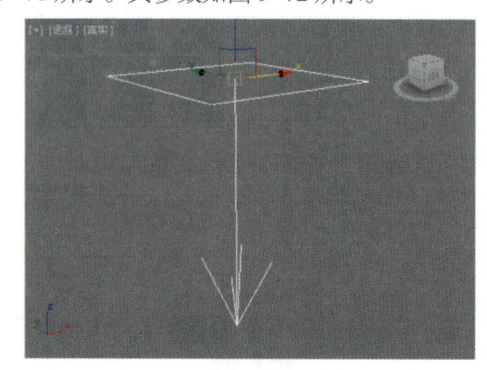

图9-71

图 9-72

- **强度**：控制重力的程度。数值越大，粒子下落效果越明显。
- **衰退**：增加【衰退】值会导致重力强度从重力扭曲对象的所在位置开始随距离的增加而减弱。

3. 风

【风】可以绑定到粒子上，使粒子产生风吹粒子的效果，风力具有方向性，会沿箭头方向吹动。在视图中拖动可以创建，如图 9-73 所示。其参数如图 9-74 所示。

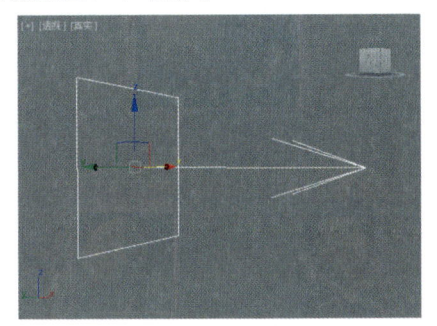

图 9-73

图 9-74

- **湍流**：使粒子在被风吹动时随机改变路线。数值越大，湍流效果越明显。
- **频率**：当其设置大于 0 时，会使湍流效果随时间呈周期变化。

- **比例**：缩放湍流效果。数值较小时，湍流效果会更平滑、更规则。

4. 漩涡

【漩涡】可以绑定到粒子上，使粒子产生螺旋发射的效果。在视图中拖动可以创建，如图 9-75 所示。其参数如图 9-76 所示。

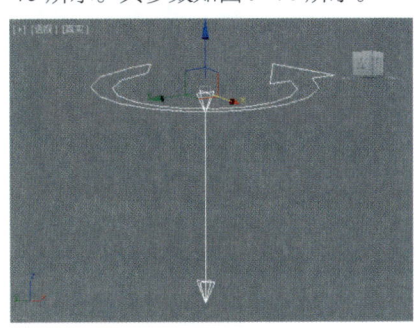

图 9-75

图 9-76

5. 路径跟随

【路径跟随】可以绑定到粒子上，使粒子沿路径进行运动。在视图中拖动可以创建，如图 9-77 所示。其参数如图 9-78 所示。

- **拾取图形对象**：单击该按钮，然后单击场景中的图形即可将其选为路径。
- **无限范围**：取消勾选该选项时，会将空间扭曲的影响范围限制为【距离】微调器中设置的值。
- **【运动计时】选项组**：这些控件会影响粒

第 9 章 粒子系统、空间扭曲和动力学

187

子受路径跟随影响的时间长短。

- **【粒子运动】选项组**：该区域中的控件决定粒子的运动。

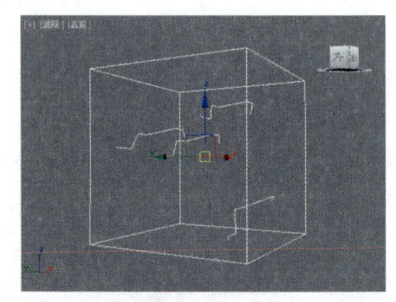

图 9-77

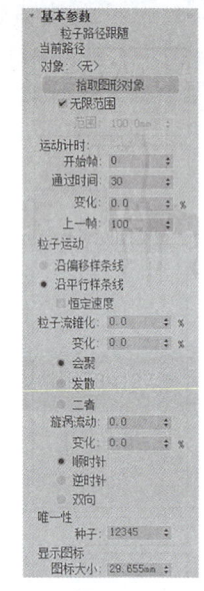

图 9-78

6. 马达

【马达】空间扭曲的工作方式类似于推力，但前者对受影响的粒子或对象应用的是转动扭矩而不是定向力。其参数如图 9-79 所示。

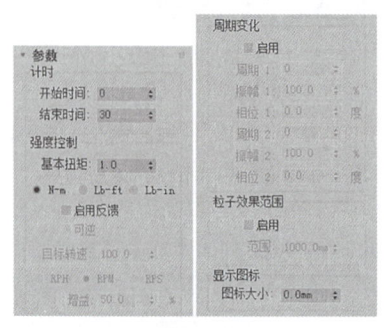

图 9-79

- **开始 / 结束时间**：设置空间扭曲效果开始和结束时所在的帧编号。
- **基本扭矩**：设置空间扭曲对物体施加的力的量。
- **N-m/Lb-ft/Lb-in**（牛顿 – 米 / 磅力 – 英尺 / 磅力 – 英寸）：指定【基本扭矩】的度量单位。
- **启用反馈**：勾选该选项后，力会根据受影响粒子相对于设置的【目标转速】而发生变化。
- **可逆**：勾选该选项后，如果对象的速度超出了设置的【目标转速】，那么力会发生逆转。
- **目标转速**：指定反馈生效前的最大转数。
- **RPH/RPM/RPS**（每小时 / 每分钟 / 每秒）：以每小时、每分钟或每秒的转数来指定【目标转速】的度量单位。
- **增益**：指定以何种速度来调整力，以达到【目标转速】。
- **周期 1**：设置噪波变化完成整个循环所需的时间。例如，20 表示每 20 帧循环一次。
- **振幅 1**：设置噪波变化的强度。
- **相位 1**：设置偏移变化的量。
- **范围**：以单位数来指定效果范围的半径。
- **图标大小**：设置马达图标的大小。

7. 阻力

【阻力】空间扭曲是一种在指定范围内按照指定量来降低粒子速率的粒子运动阻尼器。在视图中拖动可以创建，如图 9-80 所示。其参数如图 9-81 所示。

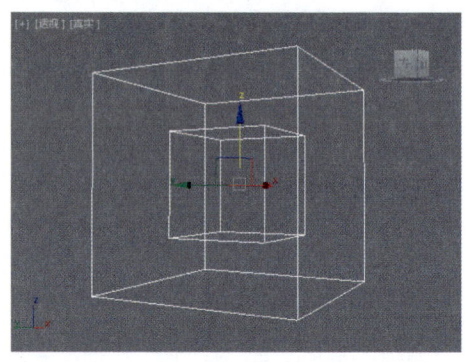

图 9-80

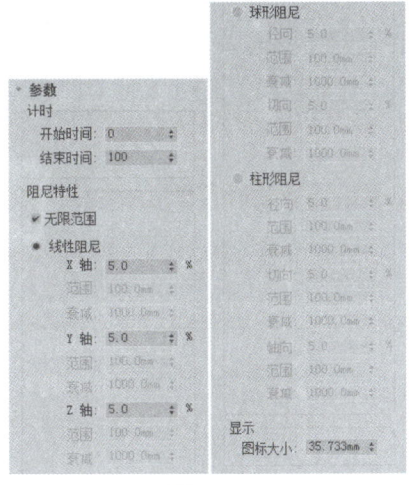

图 9-81

8. 粒子爆炸

【粒子爆炸】空间扭曲能创建一种使粒子系统爆炸的冲击波。在视图中拖动可以创建，如图 9-82 所示。其参数如图 9-83 所示。

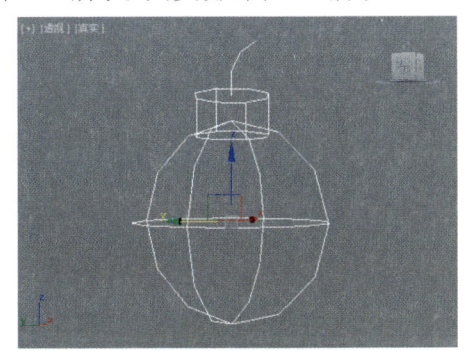

图 9-82

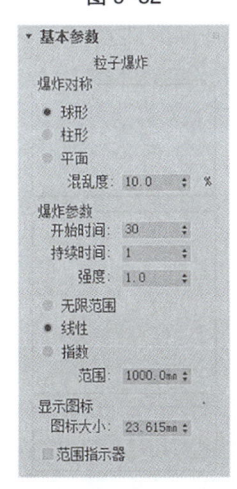

图 9-83

9. 置换

【置换】空间扭曲以力场的形式推动和重塑对象的几何外形。在视图中拖动可以创建，如图 9-84 所示。其参数如图 9-85 所示。

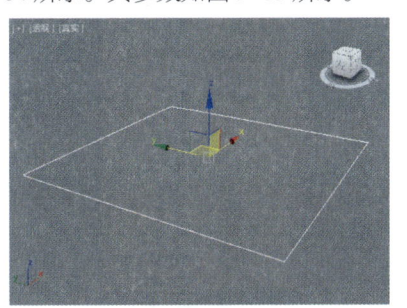

图 9-84

图 9-85

10. 动力场

【运动场】空间扭曲可以将力应用于粒子、流体和顶点。在视图中拖动可以创建。

9.3.2 导向器

导向器可以与粒子产生碰撞的作用，使粒子产生反弹效果。其中包括 6 种类型，如图 9-86 所示。

1. 导向板

【导向板】是一个平面外形的导向器，可以设置反弹、变化、摩擦力等参数。在视图中拖动可以创建，如图 9-87 所示。其参数如图 9-88 所示。

189

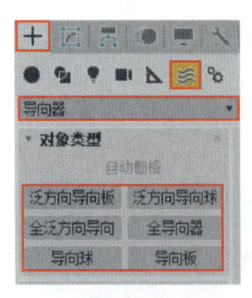

图 9-86

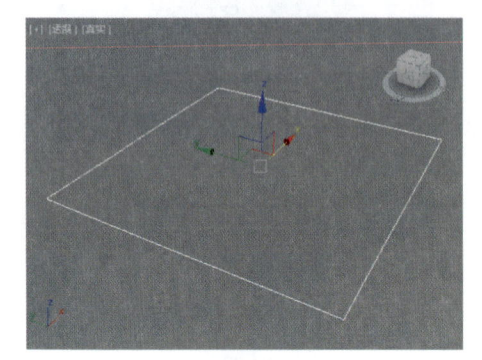

图 9-87

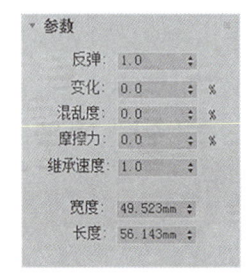

图 9-88

- **反弹**：控制粒子从导向器反弹的速度。
- **变化**：每个粒子所能偏离设置的【反弹】的量。
- **混乱度**：偏离完全反射角度（当将【混乱度】设置为 0 时的角度）的变化量。
- **摩擦力**：粒子沿导向器表面移动时减慢的量。
- **继承速度**：当该值大于 0 时，导向器的运动会和其他设置一样对粒子产生影响。

2. 导向球

【导向球】是一个球形的导向器，可以设置反弹、摩擦力、直径等参数。在视图中拖动可以创建，如图 9-89 所示。其参数如图 9-90 所示。

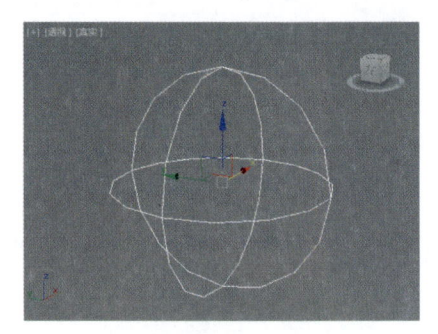

图 9-89

图 9-90

3. 全导向器

【全导向器】可以通过拾取场景中的任意对象作为导向器形状。粒子与该对象碰撞时会产生反弹效果。在视图中拖动可以创建，如图 9-91 所示。其参数如图 9-92 所示。

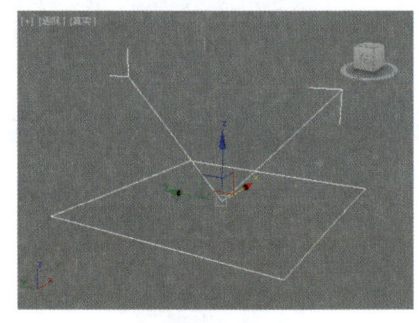

图 9-91

图 9-92

9.4 认识动力学

本节将讲解 MassFX（动力学）的基本知识，包括动力学概念、使用方法等。动力学是 3ds Max 比较特色的功能，可以为物体添加不同的动力学方式，从而模拟真实的自然作用。例如，使用动力学可以制作蔬菜落下动画、玻璃破碎动画、建筑倒塌动画、窗帘布料动画等。

3ds Max 中的动力学可以为项目添加真实的物理模拟效果，可以制作比关键帧动画更真实、更自然的动画效果。常用来制作刚体与刚体之间的碰撞、重力下落、抛出动画、布料动画、破碎动画等，多应用于电视栏目包装动画设计、LOGO 演绎动画、影视特效设计等。在主工具栏的空白处右击，然后在弹出的快捷菜单中选择【MassFX 工具栏】命令，此时将会弹出 MassFX 工具栏，如图 9-93 所示。

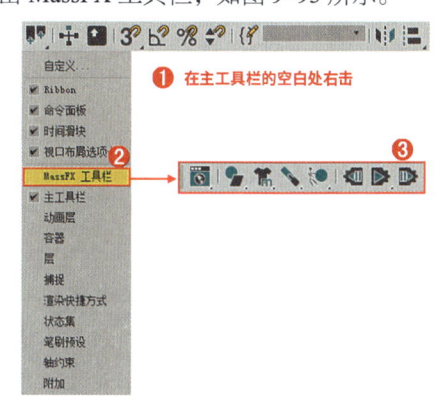

图 9-93

> **选项解读**：MassFX 工具栏中的重点工具介绍

MassFX 工具：该选项下面包括很多参数，如世界、工具、编辑、显示。

刚体：在创建完成物体后，可以为物体添加刚体。在这里分为3种，分别是动力学、运动学和静态。

mCloth：可以模拟真实的布料效果，是新增的一个重要的功能。

约束：可以创建约束对象，包括6种，分别是刚性、滑块、转轴、扭曲、通用、球和套管约束。

碎布玩偶：可以模拟碎布玩偶的动画效果。

重置模拟：单击该按钮，可以将之前的模拟重置，回到最初状态。

模拟：单击该按钮，可以开始进行模拟。

逐帧模拟：单击或多次单击该按钮，可以按照步阶进行模拟，方便查看每时每刻的状态。

9.5 MassFX 工具栏参数

在 MassFX 工具栏中可以模拟动力学刚体、运动学刚体、静态刚体、布料、约束、碎布玩偶等，如图 9-94 所示。

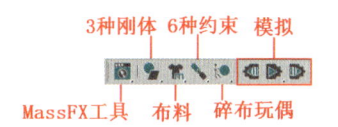

图 9-94

> **选项解读**：MassFX 工具重点参数速查

1. 世界参数
（1）场景设置。

使用地平面碰撞：启用此选项，MassFX 将使用（不可见）无限静态刚体（即 Z=0）。

地面高度：刚体距离地面的高度。

全局重力：应用 MassFX 中的内置重力。

重力方向：设置该方式后，可以设置轴等参数。

轴：应用重力的全局轴。对于标准上/下重力，将【方向】设置为 Z；这是默认设置。

无加速：以单位/平方秒为单位指定的重力。

强制对象的重力：可以使用重力空间扭曲将重力应用于刚体。

拾取重力：使用【拾取重力】按钮将其指定为在模拟中使用。

没有重力：选择时，重力不会影响模拟。

子步数：每个图形更新之间执行的模拟步数，由以下公式确定：(子步数 + 1) × 帧速率。

解算器迭代次数：全局设置，约束解算器强制执行碰撞和约束的次数。

使用高速碰撞：全局设置，用于切换连续的碰撞检测。

使用自适应力：默认情况下勾选该选项，控制是否使用自适应力。

按照元素生成图形：该选项控制是否按照元素生成图形。

（2）高级设置。

睡眠设置：在模拟中，移动速度低于某个速率的刚体将自动进入【睡眠】模式，从而使 MassFX 关注其他活动对象，提高了性能。

睡眠能量：【睡眠】机制测量对象的移动量，在其运动低于【睡眠能量】阈值时将对象置于睡眠模式。

高速碰撞：当启用【使用高速碰撞】时，这些设置确定了 MassFX 计算此类碰撞的方法。

最低速度：当选择【手动】时，在模拟中移动速度低于此速度的刚体将自动进入【睡眠】模式。

反弹设置：选择用于确定刚体何时相互反弹的方法。

最低速度：模拟中移动速度高于此速度的刚体将相互反弹，这是碰撞的一部分。

接触壳：使用这些设置确定周围的体积，其中 MassFX 在模拟的实体之间检测到碰撞。

接触距离：允许移动刚体重叠的距离。

支撑台深度：允许支撑刚体重叠的距离。

（3）引擎。

使用多线程：启用时，如果 CPU 具有多个内核，CPU 可以执行多线程，以加快模拟的计算速度。

硬件加速：启用时，如果系统配备了 Nvidia GPU，即可使用硬件加速来执行某些计算。

关于 MassFX：将打开一个对话框，其中显示 MassFX 的基本信息，包括 PhysX 版本。

2. 模拟工具

（1）模拟。

▣（重置模拟）：停止模拟，将时间滑块移动到第一帧，并将任意动力学刚体设置为其初始变换。

▣（开始模拟）：从当前帧运行模拟。时间滑块为每个模拟步长前进一帧，从而导致运动学刚体作为模拟的一部分进行移动。如果模拟正在运行（如高亮显示的按钮所示），单击【播放】按钮可以暂停模拟。

▣（开始没有动画的模拟）：与【开始模拟】类似，只是模拟运行时时间滑块不会前进。

▣（逐帧模拟）：运行一个帧的模拟并使时间滑块前进相同量。

烘焙所有：将所有动力学刚体的变换存储为动画关键帧时重置模拟，然后运行它。

烘焙选定项：与【烘焙所有】类似，只是烘焙仅应用于选定的动力学刚体。

取消烘焙所有：删除烘焙时设置为运动学的所有刚体的关键帧，从而将这些刚体恢复为动力学刚体。

取消烘焙选定项：与【取消烘焙所有】类似，只是取消烘焙仅应用于选定的适用刚体。

捕获变换：将每个选定的动力学刚体的初始变换设置为其变换。

（2）模拟设置。

在最后一帧：选择当动画进行到最后一帧时，是否继续进行模拟，如果继续，指定如何进行模拟。

继续模拟：即使时间滑块达到最后一帧，也继续运行模拟。

停止模拟：当时间滑块达到最后一帧时，停止模拟。

循环动画并且…：选择此选项，将在时间滑块达到最后一帧时重复播放动画。

（3）实用程序。

`浏览场景`：打开【MassFX 资源管理器】对话框。

`验证场景`：确保各种场景元素不违反模拟要求。

`导出场景`：使模拟可用于其他程序。

3. 多对象编辑器

（1）刚体属性。

刚体类型：所有选定刚体的模拟类型。可用的选择有动力学、运动学和静态。

直到帧：如果启用此选项，MassFX 会在指定帧处将选定的运动学刚体转换为动态刚体。

烘焙或未烘焙：将未烘焙的选定刚体的模拟运动转换为标准动画关键帧。

使用高速碰撞：如果启用此选项，【高速碰撞】设置将应用于选定刚体。

在睡眠模式中启动：如果启用此选项，选定刚体将使用全局睡眠设置以睡眠模式开始模拟。

与刚体碰撞：如果启用此选项（默认设置），选定的刚体将与场景中的其他刚体发生碰撞。

（2）物理材质。

预设：从列表中选择预设材质类型。

创建预设：基于当前值创建新的物理材质预设。

删除预设：从列表中移除当前预设并将列表设置为【(无)】。

（3）物理材质属性。

密度/质量：刚体的密度/质量。

静摩擦力/动摩擦力：两个刚体开始互相滑动的静摩擦力/动摩擦力。

反弹力：对象撞击到其他刚体时反弹的轻松程度和高度。

（4）物理网格。

网格类型：选择刚体物理网格的类型。类型有【球体】【长方形】【胶囊】【凸面】【合成】和【自定义】。

（5）物理网格参数。

长度/宽度/高度：控制物理网格的长度/宽度/高度。

（6）力。

使用世界重力：控制是否使用世界重力。

应用的场景力：此选项框中可以显示添加的力名称。

（7）高级。

覆盖解算器迭代次数：如果启用此选项，将为选定刚体使用在此处指定的解算器迭代次数设置，而不使用全局设置。

启用背面碰撞：用来控制是否开启物体的背面碰撞运算。

覆盖全局：用来控制是否覆盖全局效果，包括接触距离、支撑台深度。

绝对/相对：此设置只适用于刚开始时为运动学类型，但之后在指定帧处切换为动态类型的刚体。

初始速度/自旋：刚体在变为动态类型时的速度/自旋。

线性/角度：为减慢移动/旋转对象的速度所施加的力大小。

4. 显示选项

（1）刚体。

显示物理网格：启用时，物理网格显示在视口中，可以使用【仅选定对象】开关。

仅选定对象：启用时，仅选定对象的物理网格显示在视口中。

（2）MassFX 可视化工具。

启用可视化工具：启用时，此卷展栏中的其余设置生效。

缩放：基于视口的指示器（如轴）的相对大小。

综合实例：应用动力学刚体制作撞击动画

本例应用动力学刚体制作撞击动画。效果如图9-95所示。

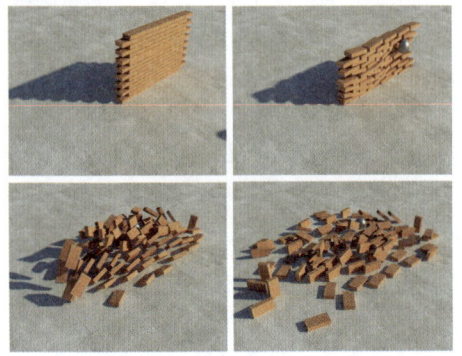

图9-95

（1）打开"场景文件04.max"，如图9-96所示。

（2）在主工具栏的空白处右击，然后在弹出的快捷菜单中选择【MassFX 工具栏】命令，如图9-97所示。此时将会弹出MassFX 工具栏，如图9-98所示。

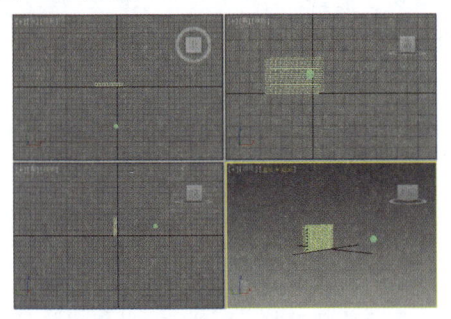

图9-96

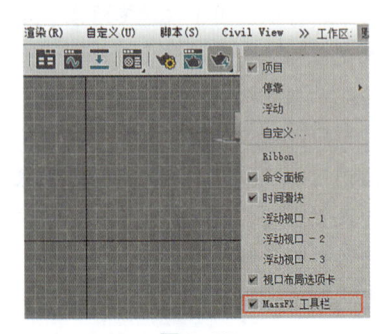

图9-97

图9-98

（3）选择场景中所有的砖块模型，单击【将选定项设置为动力学刚体】按钮，如图9-99所示。

（4）单击修改，进入【修改】面板，展开【刚体属性】卷展栏，勾选【在睡眠模式下启动】选项；展开【物理材质】卷展栏，设置【反弹力】为0，如图9-100所示。

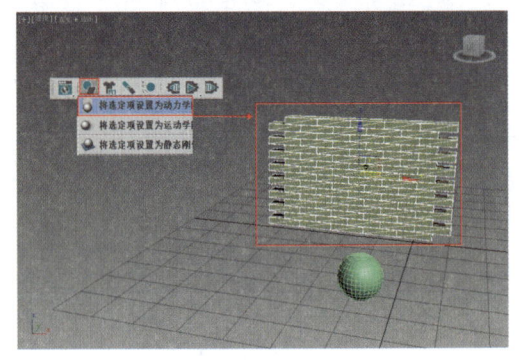

图9-99

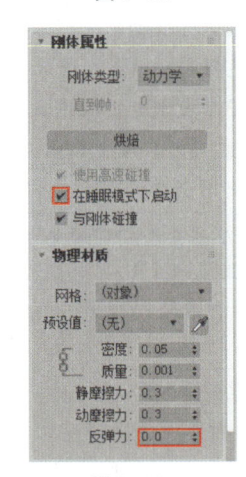

图9-100

（5）选择场景中的球体模型，单击【将选定项设置为运动学刚体】按钮，如图9-101所示。

（6）单击修改，进入【修改】面板，展开【刚体属性】卷展栏，勾选【直到帧】选项，并设置【直到帧】为25；展开【物理材质】卷展栏，设置【反弹力】为0，如图9-102所示。

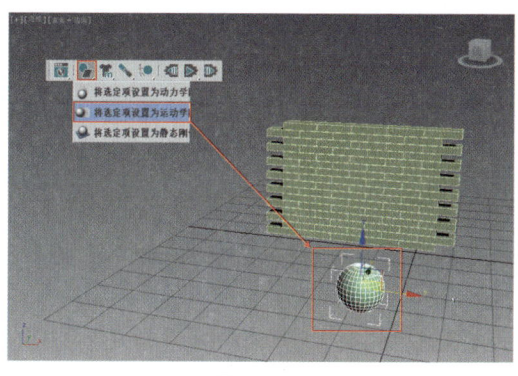

图 9-101

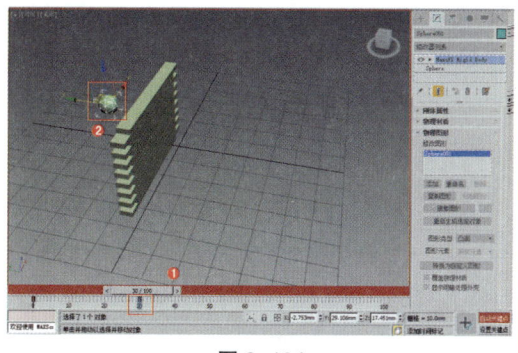

图 9-104

图 9-102

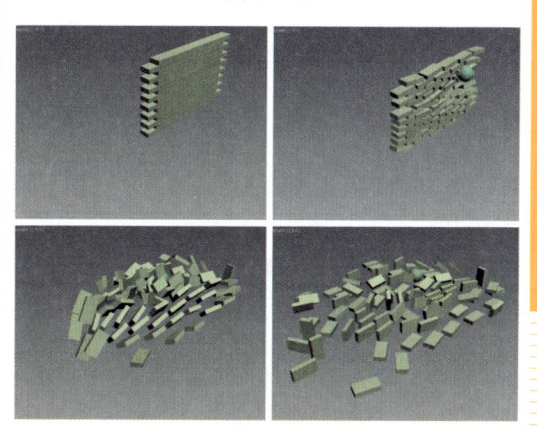

图 9-105

（7）选择球体模型，将时间线拖动到第 0 帧，单击【自动关键点】按钮，将球体放置到图 9-103 所示的位置。将时间线拖动到第 30 帧，单击【选择并移动】按钮，将球体模型移动到合适位置，如图 9-104 所示。

（8）单击【开始模拟】按钮，观察动画效果，如图 9-105 所示。

（9）单击【时间配置】按钮，设置【结束时间】为 100，最后单击【确定】按钮，如图 9-106 所示。

（10）单击 MassFX 面板中的【模拟工具】按钮，然后单击【模拟烘焙】选项组中的【烘焙所有】按钮，此时就会看到 MassFX 正在烘焙的过程，如图 9-107 所示。

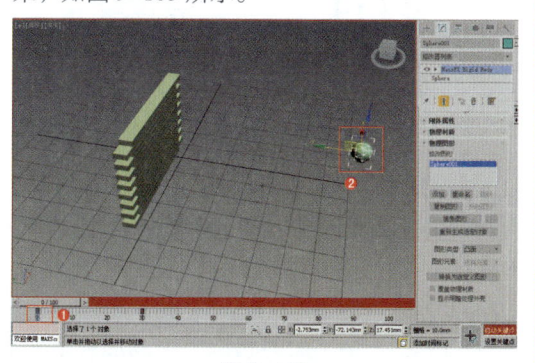

图 9-103

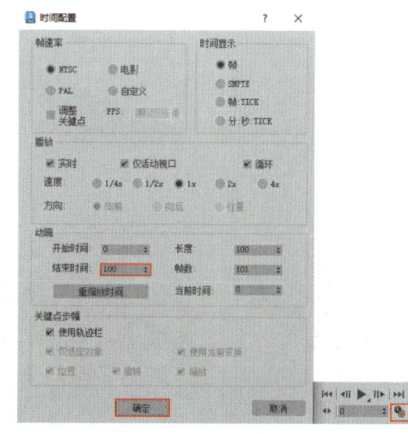

图 9-106

第 9 章　粒子系统、空间扭曲和动力学

195

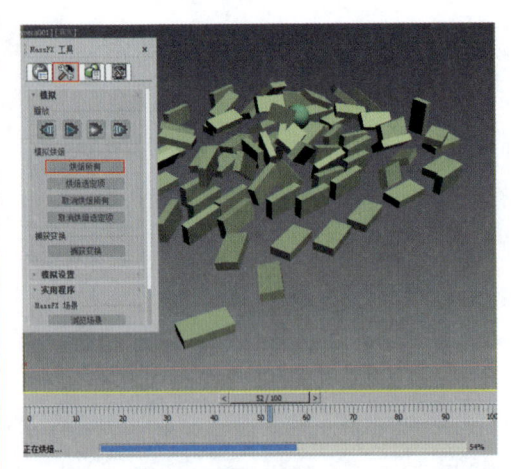

图 9-107

（11）此时自动在时间线上生成了关键帧动画，拖动时间线可以看到动画的整个过程，如图 9-108 所示。

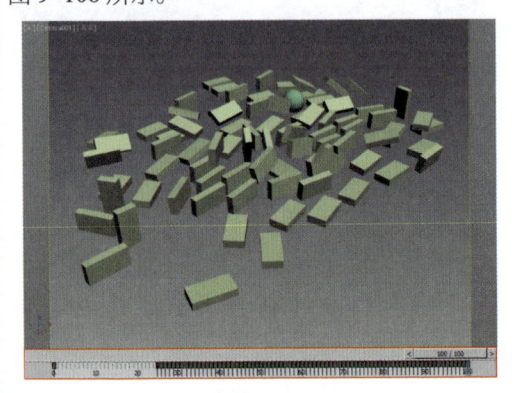

图 9-108

（12）选择动画效果最明显的一些帧，然后单独渲染出这些单帧动画。最终效果如图 9-109 所示。

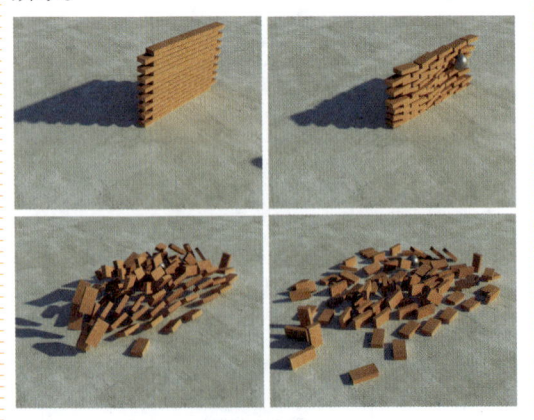

图 9-109

9.6 课后练习：应用动力学制作圆桌桌布下落效果

本例讲解如何结合 mCloth 对象与静态刚体制作桌布下落的效果。在制作的过程中，首先要创建一个平面作为下落的布料，并为平面加载【壳】修改器和【网格平滑】修改器以使布料的效果更加逼真。案例最终动画效果如图 9-110 所示。

（1）打开"场景文件05.max"，如图 9-111 所示。

图 9-110

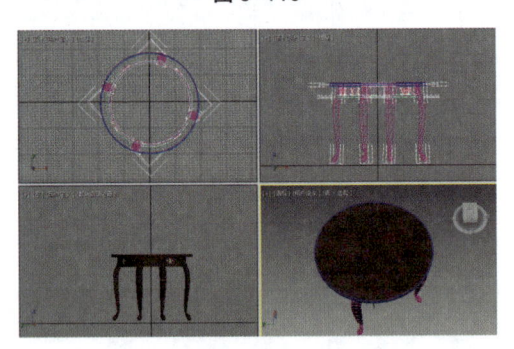

图 9-111

（2）执行 ＋（创建）｜●（几何体）｜标准基本体 ▼｜ 平面 命令，在顶视图中创建平面，设置【长度】为 500 mm，【宽度】为 600 mm，【长度分段】为 40，【宽度分段】为 30，如图 9-112 所示。

（3）在选中平面的状态下为其加载【壳】修改器，设置【内部量】为 2 mm，【外部量】

为 2 mm，如图 9-113 所示。为该模型加载【网格平滑】修改器，设置【迭代次数】为 1，如图 9-114 所示。

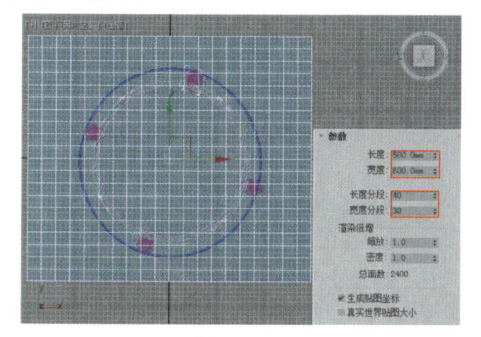

图 9-112

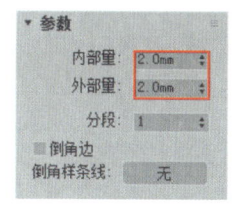

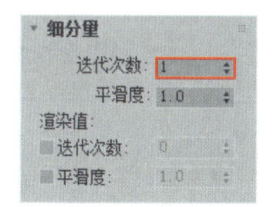

图 9-113　　图 9-114

（4）在主工具栏的空白处右击，在弹出的快捷菜单中选择【MassFX 工具栏】命令，此时可弹出 MassFX 工具栏，如图 9-115 所示。选择刚刚创建的平面模型，单击【将选定对象设置为 mCloth 对象】按钮，如图 9-116 所示。

（5）选择桌子模型，单击【将选定项设置为静态刚体】按钮，如图 9-117 所示。

（6）单击【MassFX 工具】按钮，然后单击【模拟工具】按钮，接着单击【烘焙所有】按钮，如图 9-118 所示。

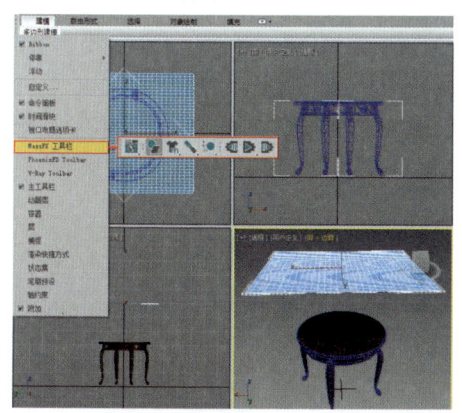

图 9-115

图 9-116

（7）等待一段时间后，动画就烘焙到了时间线上。拖动时间线或者单击【播放动画】按钮，即可看到动画的整个过程，如图 9-119 所示。

图 9-117

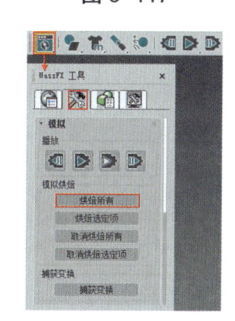

图 9-118

图 9-119

9.7　随堂测试

1. 知识考查
（1）使用粒子系统和空间扭曲单独或综合创建动画效果。
（2）应用动力学创建真实的物理动画。

2. 实战演练
参考给定的作品，制作粒子效果。

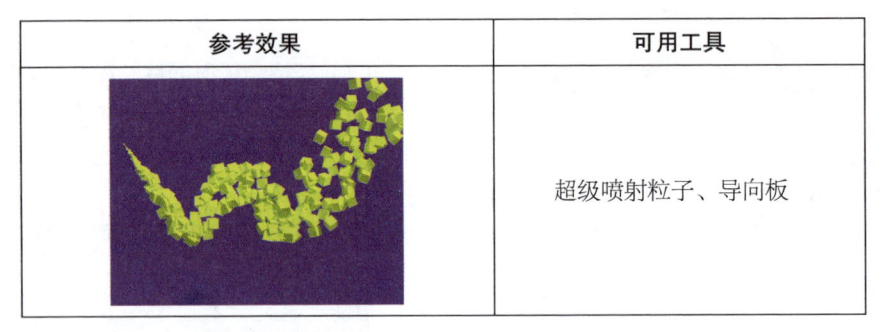

参考效果	可用工具
	超级喷射粒子、导向板

3. 项目实操
以"物理小实验"为主题创建动力学动画。要求如下：
（1）场景中有几个物体，通过一个物体碰撞其他物理，产生连锁碰撞反应。
（2）可以应用动力学刚体、运动学刚体、静态刚体。

毛发和动画

第 10 章

🔊 学时安排

总学时：8 学时
理论学时：2 学时
实践学时：6 学时

🔊 教学内容概述

本章将学习毛发和关键帧等动画技术。通过本章的学习，可以熟练掌握为模型添加毛发的方法。另外，应该学会使用自动关键帧、设置关键点、设置关键帧动画，而且能够使用曲线编辑器调节动画节奏。关键帧动画技术常应用于影视栏目包装、广告动画、产品动画、建筑动画等行业。

🔊 教学目标

- 熟练掌握毛发的使用方法
- 熟练掌握动画的使用方法

10.1 毛发

毛发可以通过【Hair 和 Fur（WSM）】修改器或【VR-毛皮】进行创建。

10.1.1 加载【Hair 和 Fur（WSM）】修改器制作毛发

选择模型，为其加载【Hair 和 Fur（WSM）】修改器，如图 10-1 所示。

此时模型上会生成毛发效果，如图 10-2 所示。

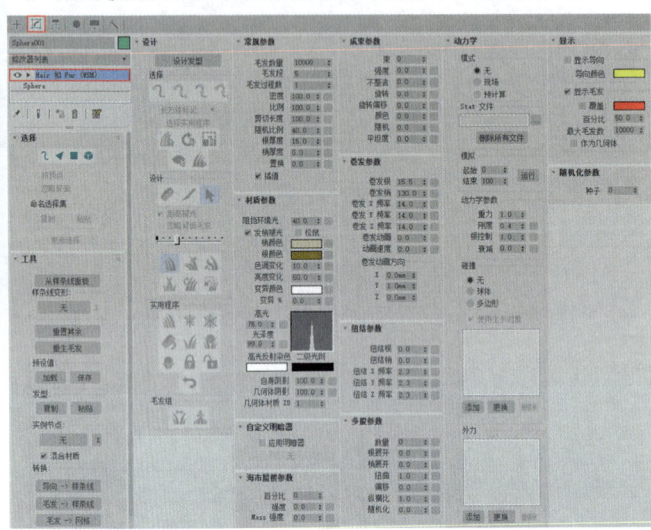

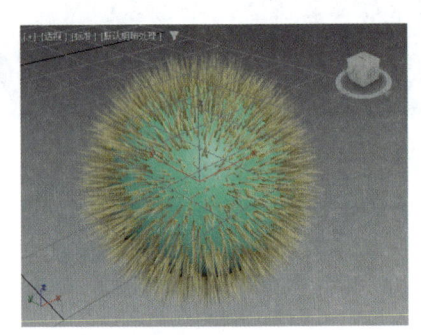

图 10-1　　　　　　　　　　图 10-2

10.1.2 使用【VR-毛皮】制作毛发

选择模型，执行 ➕（创建）｜●（几何体）｜VRay｜VR-毛皮 命令，如图 10-3 所示。

此时模型上会生成毛发效果，如图 10-4 所示。

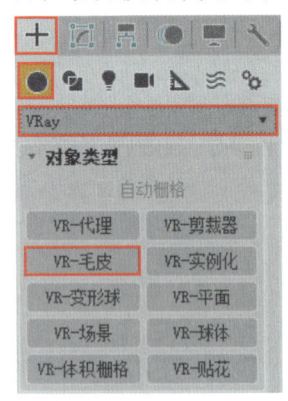

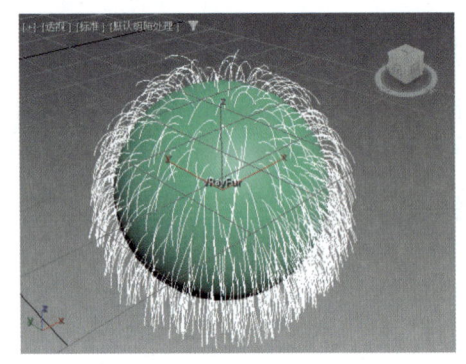

图 10-3　　　　　　　　　　图 10-4

单击修改，可以修改毛发参数，如图 10-5 所示。

200

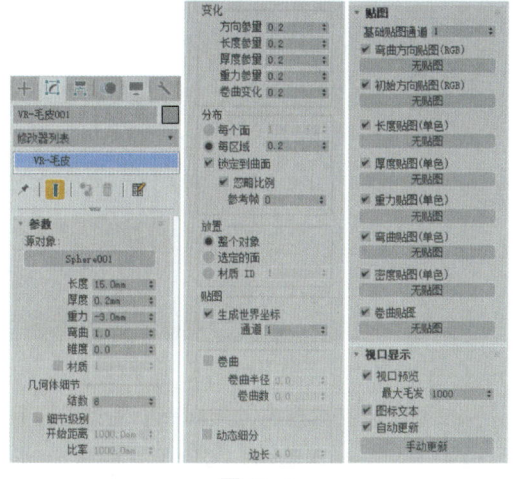

图 10-5

实操：加载【Hair 和 Fur（WSN）】修改器制作草地

本例将加载【Hair 和 Fur（WSN）】修改器制作草地。最终效果如图 10-6 所示。

（1）打开"场景文件 01.max"，如图 10-7 所示。

图 10-6

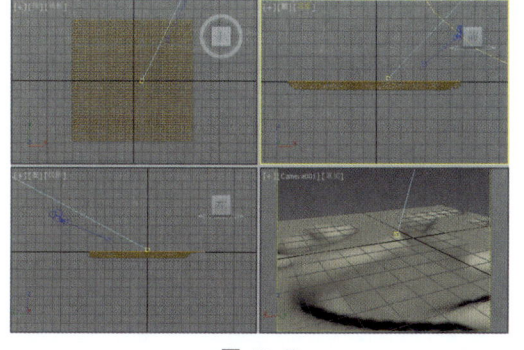

图 10-7

（2）选择图 10-8 所示的模型，然后在【修改】面板中加载【Hair 和 Fur（WSN）】修改器，展开【选择】卷展栏，选择【面】，在顶视图中选择面；展开【常规参数】卷展栏，设置【毛发数量】为 50000，【剪切长度】为 30，【根厚度】为 2；展开【材质参数】卷展栏，在【梢颜色】后面的通道上加载 2457331_120119659424_2.jpg 贴图文件，设置【根颜色】为深绿色；展开【卷发参数】卷展栏，设置【卷发根】为 15.5，【卷发梢】为 130；展开【多股参数】卷展栏，设置【根展开】为 0.77，如图 10-9 所示。

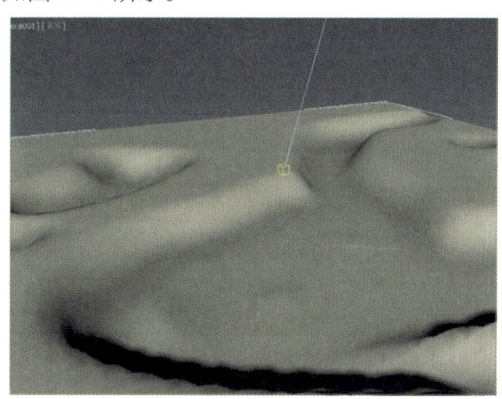

图 10-8

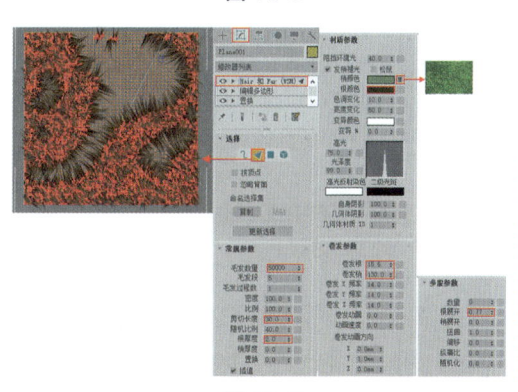

图 10-9

（3）按 8 键，打开【环境和效果】对话框，展开【效果】卷展栏，单击【添加】按钮，添加【Hair 和 Fur】，设置【毛发】为【几何体】，如图 10-10 所示。

（4）按 F9 键渲染当前场景。渲染效果如图 10-11 所示。

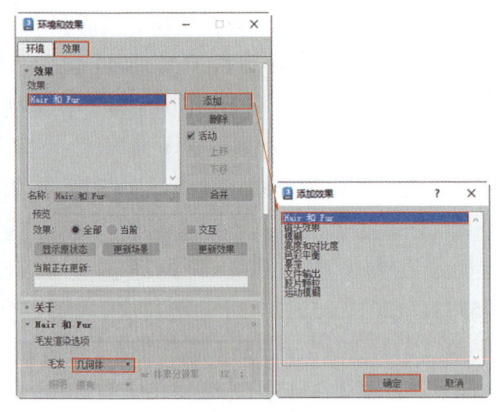

图 10-10

图 10-11

练一练：使用【VR-毛皮】制作皮草

本例主要讲解如何使用【VR-毛皮】制作皮草。最终渲染效果如图 10-12 所示。

扫一扫，看视频

图 10-12

（1）打开"场景文件 02.max"，如图 10-13 所示。

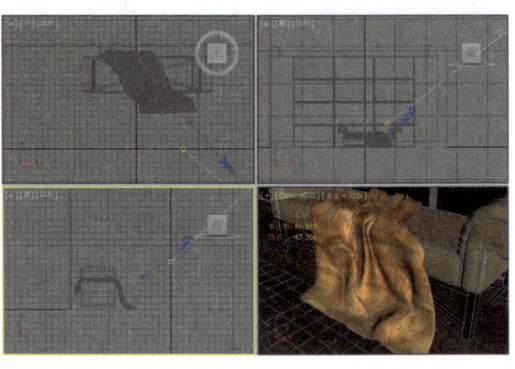

图 10-13

（2）选择皮草模型，然后在【创建】面板中单击【几何体】按钮，设置【几何体类型】为 VRay，最后单击【VR-毛皮】按钮。效果如图 10-14 所示。

（3）单击修改，在【源对象】选项组中拾取平面，设置【长度】为 100 mm，【厚度】1.5 mm，【重力】为 –40 mm，【弯曲】为 1.4，【锥度】为 0，【结数】为 8，【方向参量】为 1，【长度参量】为 1，【每区域】为 0.8，如图 10-15 所示。

（4）按 F9 键渲染当前场景。最终渲染效果如图 10-16 所示。

图 10-14

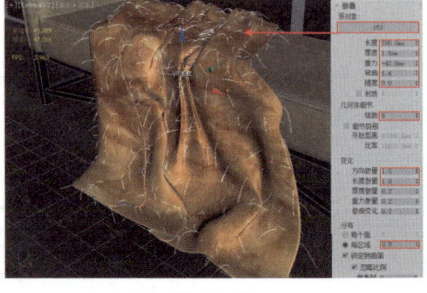

图 10-15

图 10-16

10.2 认识动画

本节将学习动画的概念、动画的参数解释、关键帧动画的概念及其制作流程等。

10.3 动画的概念

动画，英文为 animation，意思为"灵魂"，动词 animate 是"赋予生命"的意思。因此，动画是指某物活动起来，是一种创造生命运动的艺术。动画是一门综合艺术，它集合了绘画、影视、音乐、文学等多种艺术门类。3ds Max 的动画功能比较强大，常应用于多个行业领域，如影视动画、广告动画、电视栏目包装、实验动画、游戏等。

10.4 动画的参数解释

● **帧**：动画的最小单位，通常 1 秒为 24 帧，相当于 1 秒有 24 张连续播放的照片。

● **镜头语言**：使用镜头表达作品情感。

● **景别与角度**：不同景别与角度的切换在影视作品中带来的视觉感受及心理感受不同。

● **声画关系**：声音和画面的配合。

● **蒙太奇**：包括画面剪辑和画面合成两方面。画面剪辑是指由许多画面或图样并列或叠化而成的一个统一图画作品；画面合成是指制作这种组合方式的艺术或过程。电影将一系列在不同地点、从不同距离和角度、以不同方法

拍摄的镜头排列组合起来，叙述情节，刻画人物。

● **视听分析实操**：在优秀的影视作品中学习探索，有利于提高学生对影视作品的认知。

● **动画节奏**：制作动画时需要注意动画的韵律、节奏。

10.5 关键帧动画的概念

关键帧动画是动画的一种，是指在一定的时间内，对象的状态发生变化，这个过程就是关键帧动画。关键帧动画是动画技术中最简单的类型，其工作原理与很多非线后期软件，如 Premiere、After Effects 类似。

10.6 关键帧动画的制作流程

关键帧动画的制作流程大致如下：

（1）单击【自动关键点】按钮，如图 10-17 所示。

（2）选择对象，拖动时间线，如图 10-18 所示。

图 10-17

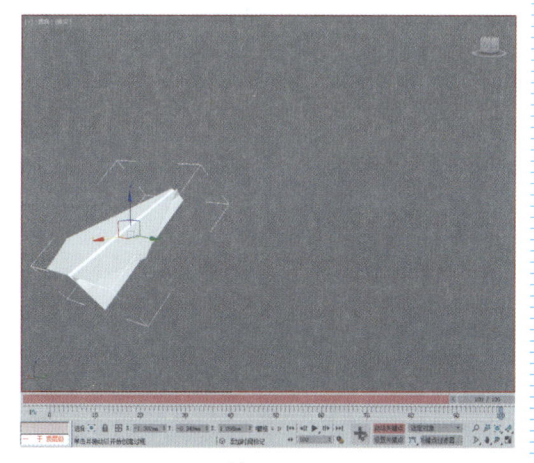

图 10-18

（3）调整对象属性，如位置、参数等，如图 10-19 所示。

（4）动画制作完成，如图 10-20 所示。

203

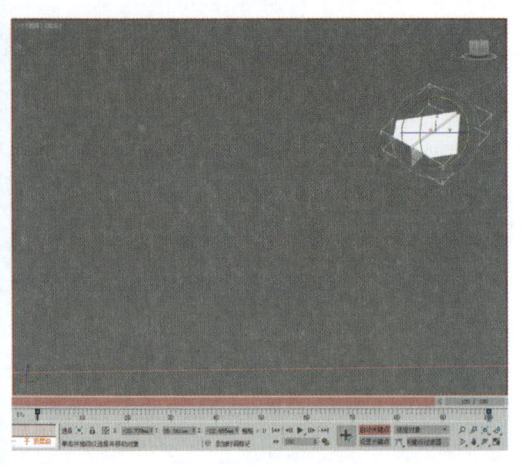

图 10-19

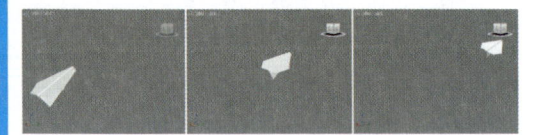

图 10-20

10.7 关键帧动画

关键帧动画是 3ds Max 中最基础的动画内容。帧是指一幅画面，通常 1 秒为 24 帧，可以理解为 1 秒有 24 张照片连续播放，这个连续的动画过程就是 1 秒的视频画面。而 3ds Max 中的关键帧动画是指在不同的时间为对象设置不同的状态，从而产生动画效果。

10.7.1 3ds Max 动画工具

3ds Max 中包含很多动画工具，包括【关键帧】工具、【动画播放】工具、【时间控件和时间配置】工具。

1.【关键帧】工具

启动 3ds Max 后，在界面的右下角可以看到一些设置动画关键帧的相关工具，如图 10-21 所示。

● 自动关键点 按钮：单击该按钮，窗口变为红色，表示此时可以记录关键帧。在该状态下，在不同时刻对模型、材质、灯光、摄影机等设置动画都可以被记录，如图 10-22 所示。

图 10-21

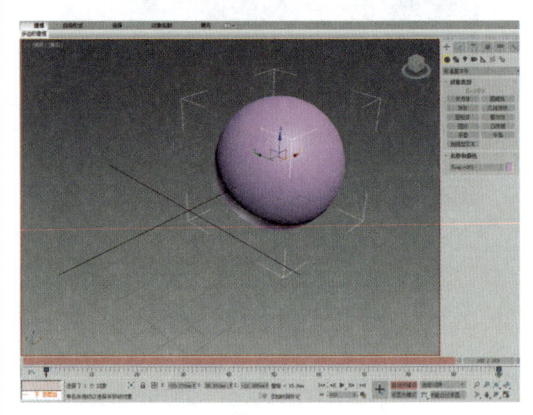

图 10-22

● 设置关键点 按钮：激活该按钮后，可以对关键点设置动画。

●【设置关键点】按钮 ：如果对当前的效果比较满意，可以单击该按钮（快捷键为 K）设置关键点。

● 选定对象 按钮：使用【设置关键点】动画模式时，可以快速访问选择集和轨迹集。单击该按钮，可以在不同的选择集和轨迹集之间快速切换。

●【新建关键点的默认入/出切线】按钮 ：可以为新的动画关键点提供快速设置默认切线类型的方法，这些新的关键点是用设置关键点模式或者自动模式创建的。

● 过滤器... 按钮：打开【设置关键点过滤器】对话框，在其中可以指定使用【设置关键点】时创建关键点所在的轨迹。

> 提示：【设置关键点】模式和【自动关键点】模式的区别
>
> 【设置关键点】模式和【自动关键点】模式在以下两个方面有区别。
>
> （1）在【自动关键点】模式中，工作流程是启用【自动关键点】，拖动时间线，然后变换对象或者更改它们的参数。所有的更改属性都被设置了关键帧。当关闭【自动关

键点】模式时，不能再创建关键点，表明动画创建完成。

（2）在【设置关键点】模式中，工作流程是相似的，但在行为上有着根本的区别。启用【设置关键点】模式，然后拖动时间线，设置【关键点过滤器】中的选项，勾选需要设置动画的属性，当对所看到的效果满意时，单击【设置关键点】按钮 或者按 K 键设置关键点；如果不执行该操作，则不设置关键点。

2.【动画播放】工具

在 3ds Max 界面右下方有几个用于动画播放的按钮，可以对动画进行转至开头、跳转到上一帧、转至结尾等操作，如图 10-23 所示。

●【转至开头】按钮：单击该按钮，可以将时间线跳转到第 0 帧。

●【上一帧】按钮：将当前时间线向前拖动一帧。

●【播放动画】按钮／【播放选定对象】按钮：单击【播放动画】按钮可以播放整个场景中的所有动画；单击【播放选定对象】按钮可以播放选定对象的动画，而未选定的对象将静止不动。

●【下一帧】按钮：将当前时间线向后拖动一帧。

●【转至结尾】按钮：如果当前时间线没有处于结束帧位置，那么单击该按钮可以跳转到最后一帧。

3.【时间控件和时间配置】工具

可以在时间控件中对【关键点模式切换】和【时间跳转输入框】进行操作，可以通过【时间配置】设置帧速率、速度、开始时间、结束时间等，如图 10-24 所示。

图 10-23　　　图 10-24

●【关键点模式切换】按钮：单击该按钮，可以切换到关键点设置模式，可以跳转到上一帧、下一帧、上一关键点、下一关键点。

●【时间跳转输入框】：在这里可以输入数值来跳转时间线，如输入 10，按 Enter 键就可以将时间线跳转到第 10 帧。

●【时间配置】按钮：单击该按钮，可以打开【时间配置】对话框，在该对话框中可以对时间进行设置，如图 10-25 所示。

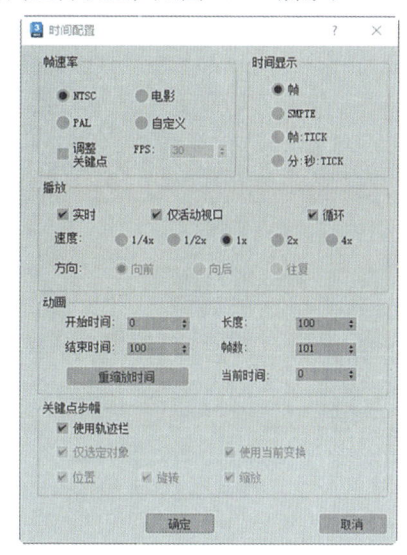

图 10-25

● 帧速率：共有 NTSC（30 帧/秒）、PAL（25 帧/秒）、【电影】（24 帧/秒）和【自定义】4 种方式可供选择，但一般情况都采用 PAL 方式。

● 时间显示：共有【帧】、SMPTE、【帧：TICK】和【分：秒：TICK】4 种方式可供选择。

● 实时：使视图中播放的动画与当前【帧速率】的设置保持一致。

● 仅活动视口：使播放操作只在活动视口中进行。

● 循环：控制动画只播放一次或者循环播放。

● 速度：控制动画的播放速度，4x 方式速度最快。

● 方向：指定动画的播放方向。

● 开始时间/结束时间：可以在时间线中显示的活动时间段。默认为 0 ~ 100 帧，如图 10-26 所示。当设置【结束时间】为 60 时，如图 10-27 所示，此时时间线上为 0 ~ 60 帧，如图 10-28 所示。

205

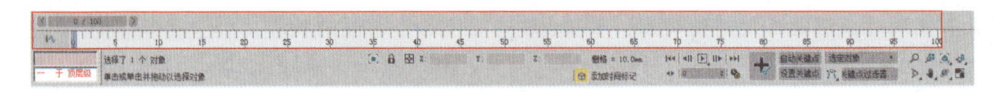

图 10-26

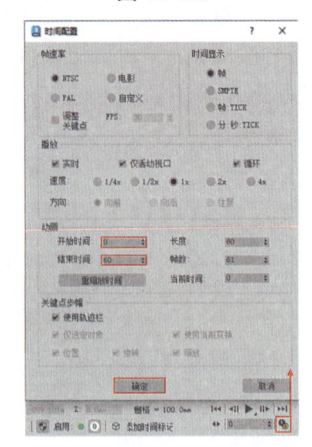

图 10-27

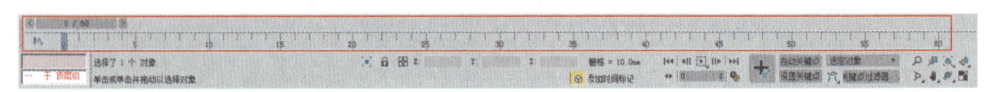

图 10-28

- 长度：设置显示活动时间段的帧数。
- 帧数：设置要渲染的帧数。
- 重缩放时间 按钮：拉伸或收缩活动时间段内的动画，以匹配指定的新时间段。
- 当前时间：指定时间线的当前帧。
- 使用轨迹栏：启用该选项后，可以使关键点模式遵循轨迹栏中的所有关键点。
- 仅选定对象：在使用【关键点步幅】模式时，该选项仅考虑选定对象的变换。
- 使用当前变换：禁用【位置】【旋转】【缩放】选项时，该选项可以在关键点模式中使用当前变换。
- 位置／旋转／缩放：指定关键点模式所使用的变换模式。

10.7.2 曲线编辑器

【曲线编辑器】可以通过调节曲线的形状设置过渡更平缓的动画效果。单击主工具栏中的【曲线编辑器（打开）】按钮，打开【轨迹视图－曲线编辑器】对话框，如图10-29所示。

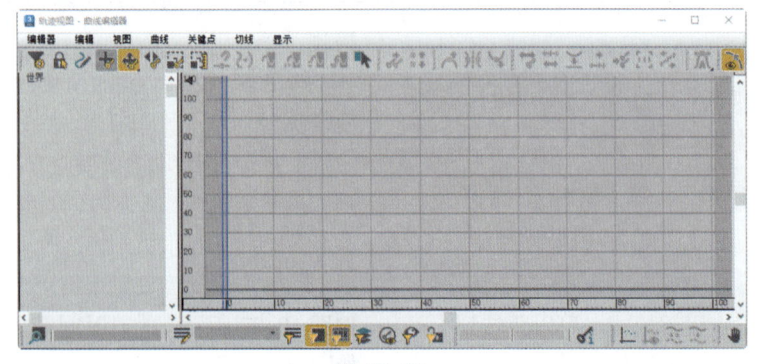

图 10-29

206

为对象设置动画之后，打开【曲线编辑器】。可以在左侧根据位置、旋转、缩放、对象参数、材质等属性调节曲线，如图10-30所示。

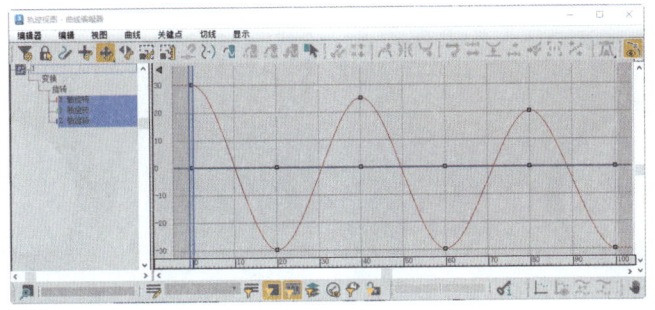

图10-30

练一练：使用自动关键帧动画制作不倒翁

案例路径：第10章 毛发和动画→练一练：使用自动关键帧动画制作不倒翁

本例主要使用自动关键帧动画制作在场景中来回摆动的不倒翁。案例最终的动画效果如图10-31所示。

（1）打开"场景文件03.max"，如图10-32所示。

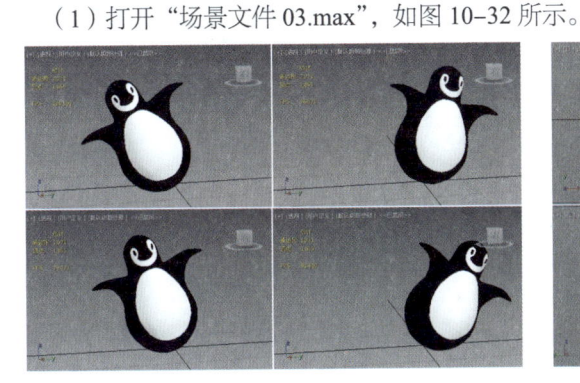

图10-31 　　　　　　　　　　　图10-32

（2）单击 自动 按钮，将时间线拖动到第0帧，选择企鹅模型，单击【选择并旋转】和【角度捕捉切换】按钮，在透视图中将其沿X轴旋转30度，如图10-33所示。

（3）将时间线拖动到第20帧，在透视图中将企鹅模型沿X轴旋转–60度，如图10-34所示。

图10-33 　　　　　　　　　　　图10-34

（4）将时间线拖动到第 40 帧，在透视图中将企鹅模型沿 X 轴旋转 55 度，如图 10-35 所示。
（5）将时间线拖动到第 60 帧，在透视图中将企鹅模型沿着 X 轴旋转 –55 度，如图 10-36 所示。

图 10-35 　　　　　　　　　　图 10-36

（6）将时间线拖动到第 80 帧，在透视图中将企鹅模型沿 X 轴旋转 50 度，如图 10-37 所示。
（7）将时间线拖动到第 100 帧，在透视图中将企鹅模型沿 X 轴旋转 –50 度，如图 10-38 所示。

图 10-37 　　　　　　　　　　图 10-38

（8）此时动画效果已经制作完成，单击 自动 按钮，拖动时间线，动画效果如图 10-39 所示。

图 10-39

208

10.8 约束动画

动画约束可以使对象产生约束的效果，如飞机按航线飞行的路径约束、眼睛的注视约束等。在菜单栏中执行【动画】|【约束】命令，可以观察到【约束】命令的 7 个子命令，分别是【附着约束】【曲面约束】【路径约束】【位置约束】【链接约束】【注视约束】和【方向约束】，如图 10-40 所示。

10.8.1 附着约束

【附着约束】可以将一个对象的位置附着到另一个对象的面上。

（1）例如，创建一个茶壶和一个地面，如图 10-41 所示，可以看到茶壶飘在空中，这时希望茶壶完美地落在地面上。

（2）选择茶壶模型，然后在菜单栏中执行【动画】|【约束】|【附着约束】命令，如图 10-42 所示。

图 10-40

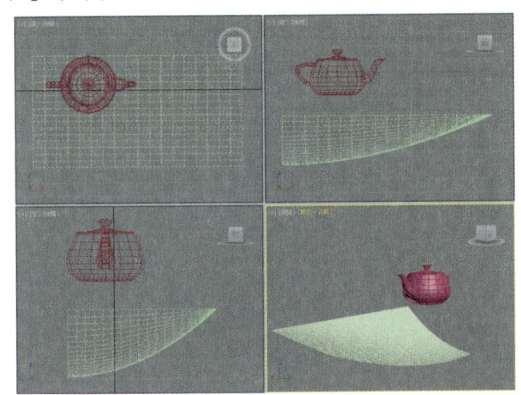

图 10-41

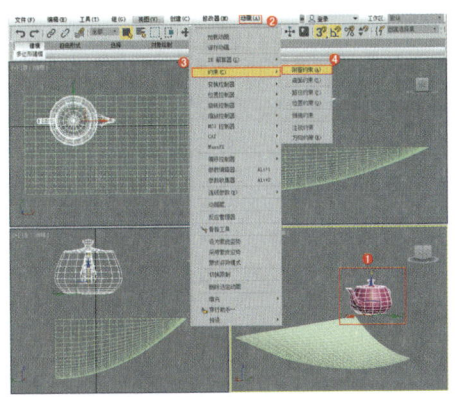

图 10-42

（3）此时出现一条曲线，然后单击场景中的地面模型，如图 10-43 所示。

（4）此时茶壶附着到了平面表面，如图 10-44 所示。

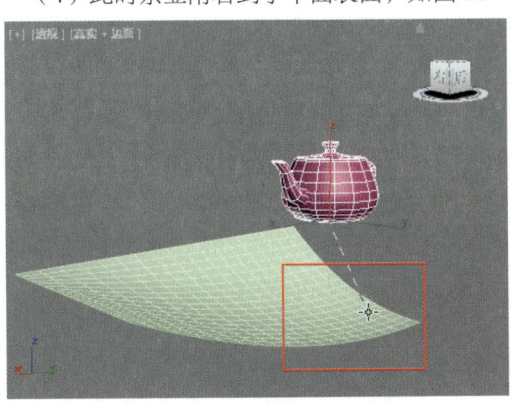

图 10-43

图 10-44

（5）要想更改茶壶在平面上的位置，需要进入【运动】面板，设置【面】的参数，如图 10-45 所示。

（6）此时可以看到茶壶的位置产生了变化，如图10-46所示。

图10-45

图10-46

10.8.2 曲面约束

【曲面约束】可以将对象限制在另一对象的表面上。其控件包括【U向位置】和【V向位置】的设置及对齐选项。

10.8.3 路径约束

使用【路径约束】可以将模型沿图形进行移动，常用来制作汽车沿线移动、火车沿线移动、飞机沿线飞行、货车沿线运动等。

10.8.4 位置约束

【位置约束】可以根据目标对象的位置或若干对象的加权平均位置对某一对象进行定位。

10.8.5 链接约束

【链接约束】可以使对象继承目标对象的位置、旋转度以及比例。实际上，这允许设置层次关系的动画，这样场景中的不同对象便可以在整个动画中控制应用了【链接约束】的对象的运动了。

10.8.6 注视约束

设置一个辅助对象【点】，选择模型并使用【注视约束】,使模型跟随【点】产生注视的效果。通常使用该方法制作眼神注视动画效果、卫星效果等。

10.8.7 方向约束

【方向约束】会使某个对象的方向沿着目标对象的方向或若干目标对象的平均方向运动。

10.9 骨骼

使用【骨骼】工具可以创建具有链接特点的骨骼系统，如创建手臂骨骼。通常的制作思路是：创建模型→创建骨骼→蒙皮→制作动画。

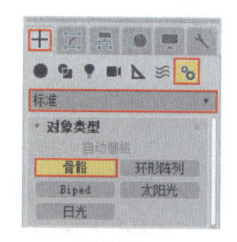

（1）执行 ➕（创建）|（系统）| 标准 ▼ | 骨骼 命令，如图10-47所示。

图10-47

（2）在视图中单击2次，右击1次，即可创建骨骼，如图10-48所示。

（3）选择骨骼，单击修改，可以更改基本属性。其参数如图10-49所示。

● **宽度**：设置骨骼的宽度。
● **高度**：设置骨骼的高度。图10-50所示为设置【宽度】为4、【高度】为4与设置【宽度】为12、【高度】为12的对比效果。

- **锥化**：调整骨骼形状的锥化。值为 0 的锥化可以生成长方体形状的骨骼，如图 10-51 所示。

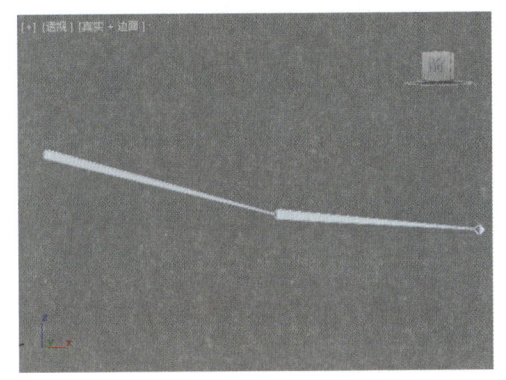

图 10-48

图 10-49

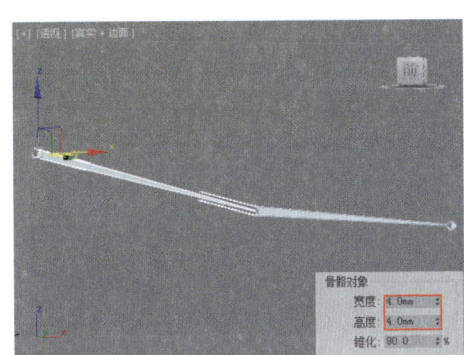

图 10-50

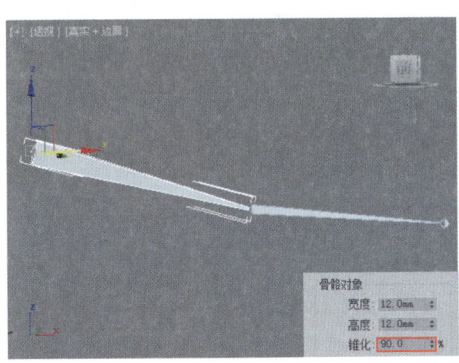

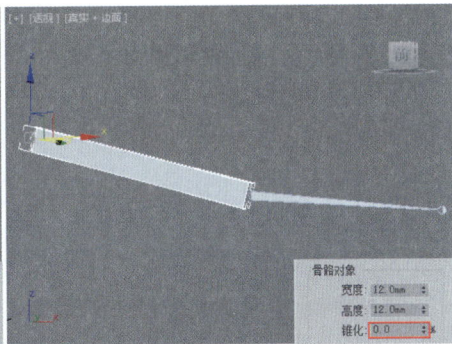

图 10-51

- **侧鳍**：向选定骨骼添加侧鳍。图 10-52 所示为不开启和开启【侧鳍】的对比效果。
- **大小**：控制鳍的大小。
- **始端锥化**：控制鳍的始端锥化。
- **末端锥化**：控制鳍的末端锥化。
- **前鳍**：向选定骨骼添加前鳍。
- **后鳍**：向选定骨骼的后面添加鳍。

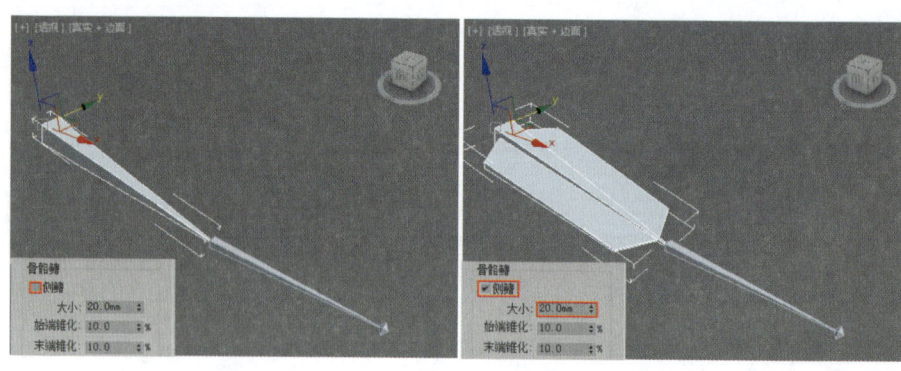

图 10-52

10.10　Biped 骨骼动画

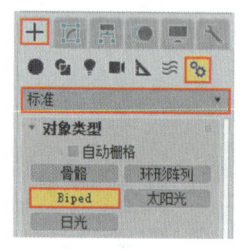

Biped 是专门用于制作两足动物的骨骼系统，不仅可以设置 Biped 的基本结构，而且可以为其设置姿态动画。可以执行 ＋（创建）｜ ％（系统）｜ 标准 ｜ Biped 命令，如图 10-53 所示。

图 10-53

图 10-54　　　图 10-55

10.10.1　创建 Biped 对象

在视图中拖动，即可创建一个 Biped，如图 10-54 所示。单击进入【运动】面板，其中包括 13 个卷展栏，分别是【指定控制器】【Biped 应用程序】、Biped、【轨迹选择】【四元数/Euler】【扭曲姿势】【弯曲链接】【关键点信息】【关键帧工具】【复制/粘贴】【层】【运动捕捉】【动力学和调整】，如图 10-55 所示。

10.10.2　修改 Biped 对象

单击进入【运动】面板，单击【体型模式】按钮，可以切换并查看结构的参数。在【结构】卷展栏中可以调整骨骼的基本参数，如图 10-56 所示。

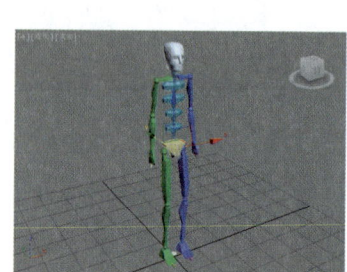

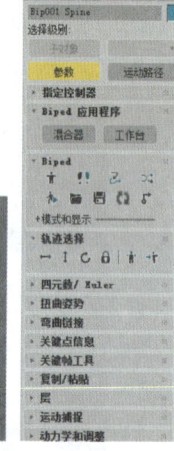

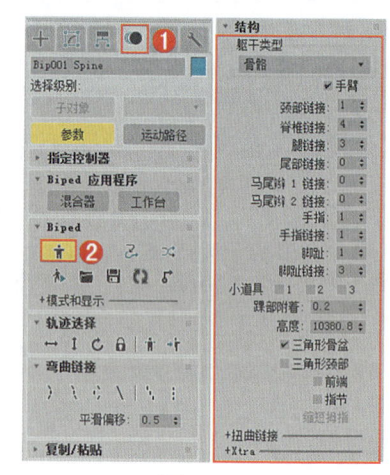

图 10-56

● **手臂**：手臂和肩部是否包含在 Biped 中。
● **颈部链接**：Biped 颈部的链接数。图 10-57 所示为设置【颈部链接】为 1 和 4 的对比效果。

212

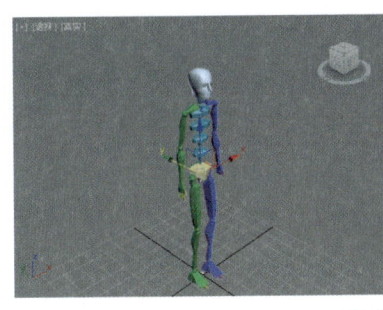

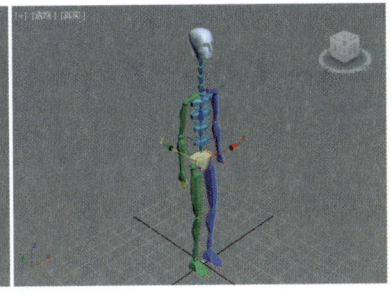

图 10-57

- **脊椎链接**：Biped 脊椎上的链接数。范围为 1 ~ 10，默认设置为 4。
- **腿链接**：Biped 腿部的链接数。范围为 3 ~ 4，默认设置为 3。
- **尾部链接**：Biped 尾部的链接数。图 10-58 所示为设置【尾部链接】为 0 和 8 的对比效果。

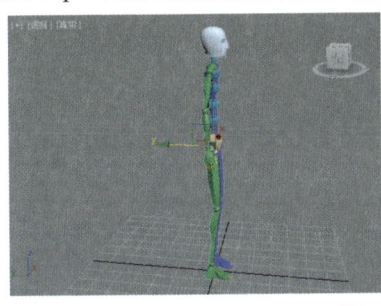

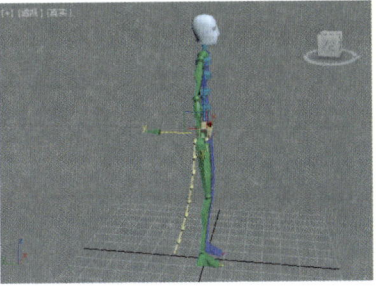

图 10-58

- **马尾辫 1/2 链接**：马尾辫链接的数目。图 10-59 所示为设置【马尾辫 1/2 链接】为 0 和 9 的对比效果。

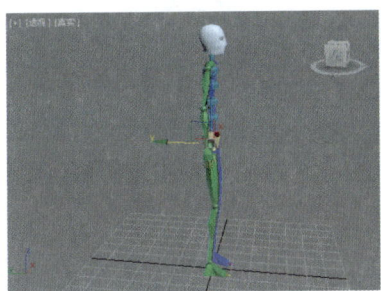

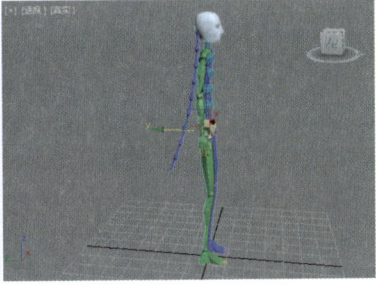

图 10-59

- **手指**：Biped 手指的数目。图 10-60 所示为设置【手指】为 2 和 5 的对比效果。

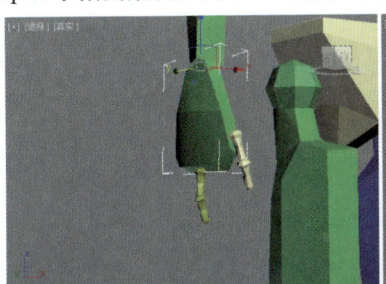

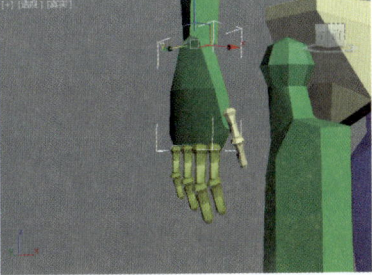

图 10-60

- **手指链接**：每个手指链接的数目。图 10-61 所示为设置【手指链接】为 1 和 2 的对比效果。

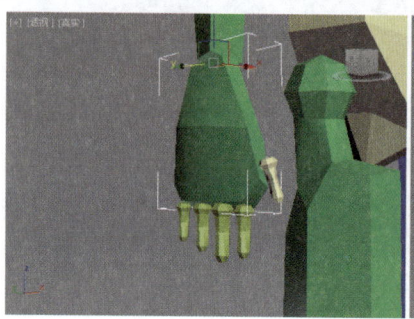

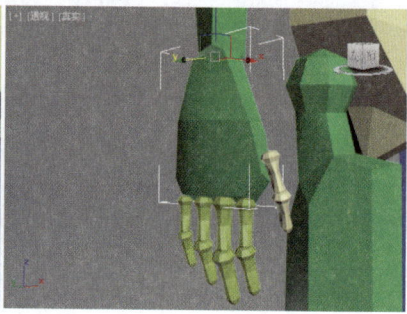

图 10-61

- **脚趾**：Biped 脚趾的数目。
- **脚趾链接**：每个脚趾链接的数目。
- **小道具 1/2/3**：至多可以打开 3 个小道具，这些道具可以用来表示附加到 Biped 的工具或武器。
- **踝部附着**：踝部沿着相应足部块的附着点。
- **高度**：当前 Biped 的高度。图 10-62 所示为设置【高度】为 1500 mm 和 1800 mm 的对比效果。

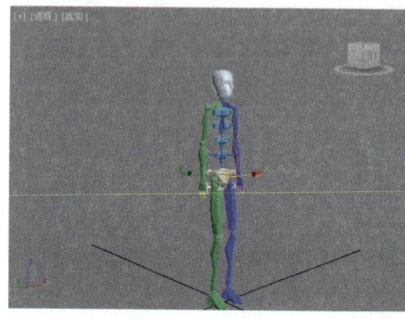

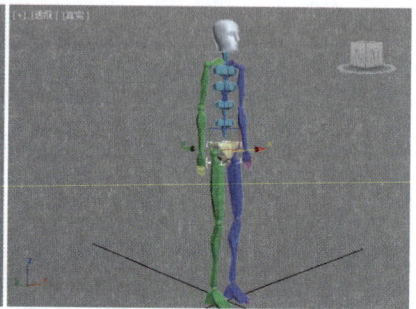

图 10-62

- **三角形骨盆**：附加 Physique 后，启用该选项可以创建从大腿到 Biped 最下面一个脊椎对象的链接。
- **三角形颈部**：启用该选项，将锁骨链接到顶部脊椎链接，而不链接到颈部。
- **前端**：控制手指产生简单的长方体效果。
- **指节**：启用该选项，使用符合解剖学特征的手部结构，每个手指均有指骨。
- **缩短拇指**：勾选【指节】选项，该选项才可用。勾选该选项，则会缩短拇指关节。

10.10.3 足迹模式

单击【足迹模式】按钮，即可切换参数，如图 10-63 所示。

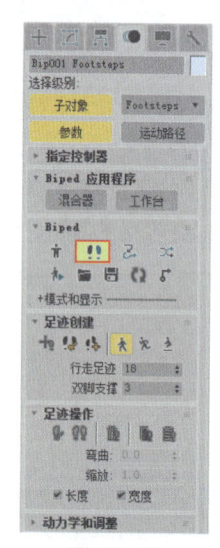

图 10-63

- 创建足迹（附加）：启用【创建足迹】模式。通过在任意视口上单击手动创建足迹。
- 创建足迹（在当前帧上）：在当前帧创建足迹。
- 创建多个足迹：自动创建行走、跑动或跳跃的足迹图案。在使用【创建多个足迹】之前选择步态类型。
- 行走：将Biped的步态设置为行走。添加的任何足迹都含有行走特征，直到更改为其他模式（跑动或跳跃）。
- 跑动：将Biped的步态设置为跑动。添加的任何足迹都含有跑动特征，直到更改为其他模式（行走或跳跃）。
- 跳跃：将Biped的步态设置为跳跃。添加的任何足迹都含有跳跃特征，直到更改为其他模式（行走或跑动）。
- 行走足迹（仅用于行走）：指定在行走期间新足迹着地的帧数。
- 双脚支撑（仅用于行走）：指定在行走期间双脚都着地的帧数。

实操：使用Biped制作骨骼动画

本例使用Biped制作骨骼向前扑的动画效果，如图10-64所示。

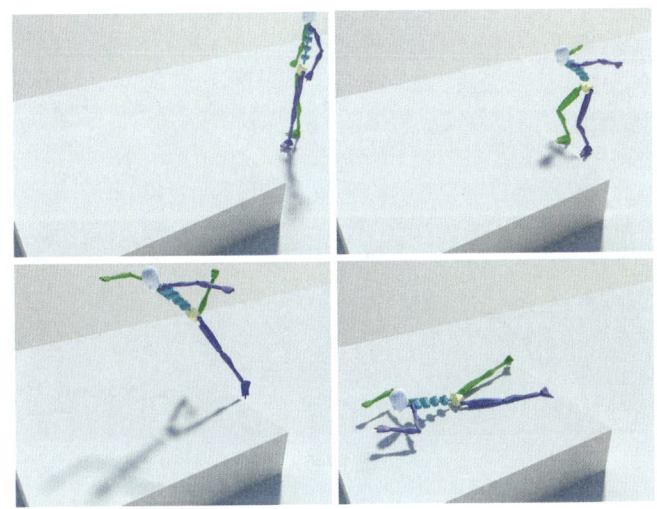

图10-64

（1）在【创建】面板中单击【系统】按钮，然后设置系统类型为【标准】，接着单击Biped按钮，如图10-65所示。

（2）在场景中拖动创建一个Biped，如图10-66所示。

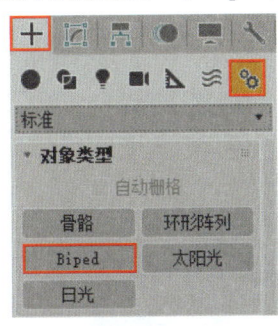

图10-65 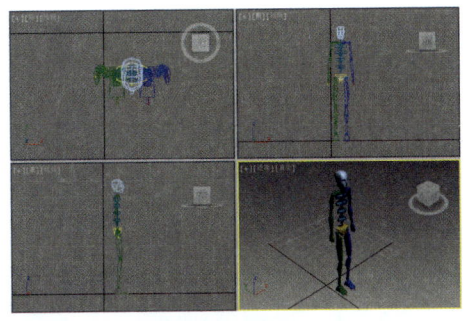　　图10-66

（3）选择上一步创建的Biped，单击进入【运动】面板，展开Biped卷展栏，单击【加载文件】

215

按钮 ,如图 10-67 所示。

（4）打开【打开】对话框，找到配套文件中的【前扑 .bip】文件，如图 10-68 所示。

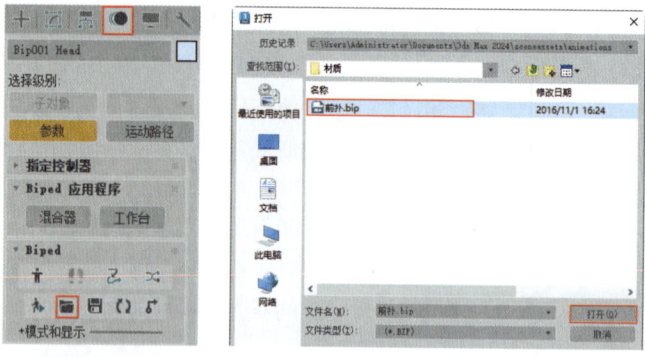

图 10-67　　　　　　　图 10-68

（5）拖动时间线，在透视图中出现了骨骼向前扑的动画，如图 10-69 所示。

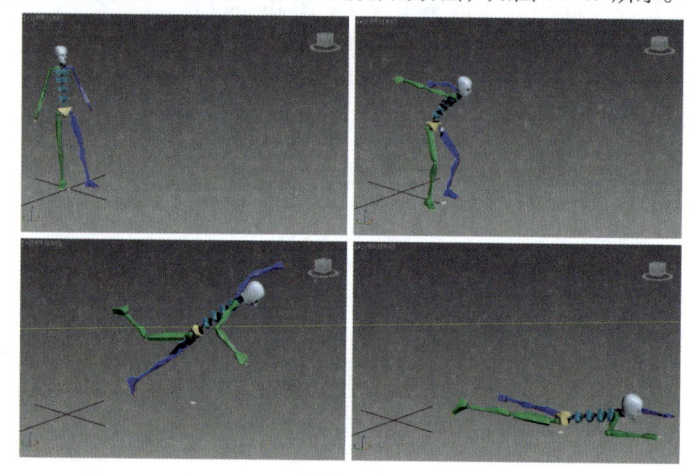

图 10-69

（6）此时渲染效果如图 10-70 所示。

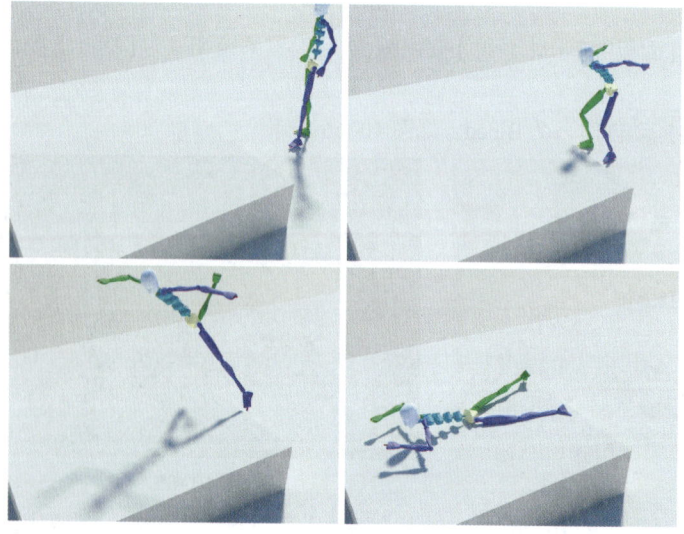

图 10-70

10.11 【蒙皮】修改器

在创建完成角色模型并完成骨骼的创建后，需要将模型与骨骼连接在一起，那么就需要用到【蒙皮】修改器。为模型加载【蒙皮】修改器后，单击【添加】按钮添加骨骼。其参数如图 10-71 所示。

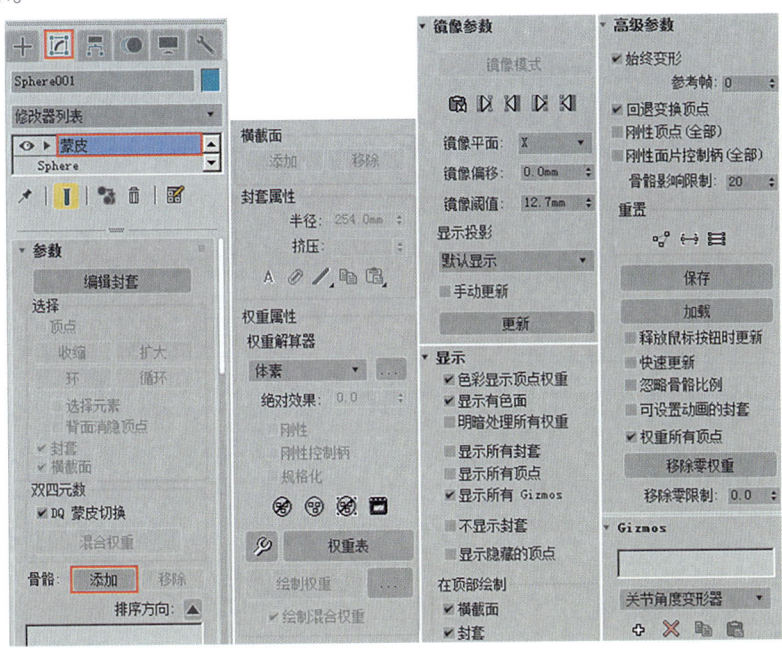

图 10-71

- **编辑封套**按钮：单击该按钮，可以进入【子对象】层级，进入【子对象】层级后可以编辑封套和顶点的权重。
- **顶点**：勾选该选项后，可以选择顶点，并且可以使用**收缩**工具、**扩大**工具、**环**工具和**循环**工具来选择顶点。
- **添加**按钮/**移除**按钮：使用**添加**工具可以添加一个或多个骨骼；使用**移除**工具可以移除选中的骨骼。
- **半径**：设置封套横截面的半径大小。
- **挤压**：设置所拉伸骨骼的挤压倍增量。
- 【绝对/相对】按钮 **A**/**R**：用来切换计算内外封套之间的顶点权重的方式。
- 【封套可见性】按钮：用来控制未选定的封套是否可见。
- 【缓慢衰减】按钮：为选定的封套选择衰减曲线。
- 【复制】按钮/【粘贴】按钮：使用【复制】工具可以复制选定封套的大小和图形；使用【粘贴】工具可以将复制的对象粘贴到所选定的封套上。
- **绝对效果**：设置选定骨骼相对于选定顶点的绝对权重。
- **刚性**：勾选该选项后，可以使选定顶点仅受一个最具影响力的骨骼的影响。
- **刚性控制柄**：勾选该选项后，可以使选定面顶点的控制柄仅受一个最具影响力的骨骼的影响。
- **规格化**：勾选该选项后，可以强制每个选定顶点的总权重合计为 1。
- 【排除/包含选定的顶点】按钮：将当前选定的顶点排除/添加到当前骨骼的排

217

除列表中。

- 【选定排除的顶点】按钮：选择所有从当前骨骼排除的顶点。
- 【烘焙选定的顶点】按钮：单击该按钮，可以烘焙当前的顶点权重。
- 【权重工具】按钮：单击该按钮，可以打开【权重工具】对话框。
- 权重表按钮：单击该按钮，可以打开【蒙皮权重表】对话框，在该对话框中可以查看和更改骨架结构中所有骨骼的权重。
- 绘制权重按钮：单击该按钮，可以绘制选定骨骼的权重。
- 【绘制选项】按钮：单击该按钮，可以打开【绘制选项】对话框，在该对话框中可以设置绘制权重的参数。
- 绘制混合权重：勾选该选项后，通过均分相邻顶点的权重，然后可以基于笔刷强度来应用平均权重，这样可以缓和绘制的值。
- 镜像模式按钮：将封套和顶点从网格的一个侧面镜像到另一个侧面。
- 【镜像粘贴】按钮：将选定封套和顶点粘贴到物体的另一侧。
- 【将绿色粘贴到蓝色骨骼】按钮：将封套设置从绿色骨骼粘贴到蓝色骨骼上。
- 【将蓝色粘贴到绿色骨骼】按钮：将封套设置从蓝色骨骼粘贴到绿色骨骼上。
- 【将绿色粘贴到蓝色顶点】按钮：将各个顶点从所有绿色顶点粘贴到对应的蓝色顶点上。
- 【将蓝色粘贴到绿色顶点】按钮：将各个顶点从所有蓝色顶点粘贴到对应的绿色顶点上。
- 镜像平面：用来选择镜像的平面是左侧平面还是右侧平面。
- 镜像偏移：设置沿【镜像平面】轴移动镜像平面的偏移量。
- 镜像阈值：在将顶点设置为左侧或右侧顶点时，使用该选项可以设置镜像工具能观察到的相对距离。

10.12 CAT 对象

【CAT 对象】是一种比较智能、简单的骨骼系统，其中包括了很多预设好的骨骼类型，如人体骨骼、动物骨骼、虫子骨骼、恐龙骨骼等，只需在创建这些骨骼类型后对齐并进行适当修改就可以使用，非常方便。执行 ✚（创建）|（辅助对象）| CAT 对象 ▼ 命令，即可创建 CAT 对象，如图 10-72 所示。

图 10-72

单击【CAT 父对象】按钮，即可选择合适的 CATRig 类型，如图 10-73 所示。单击【CAT 父对象】按钮，并在列表中选择其中的类型，创建骨骼，如图 10-74 所示。

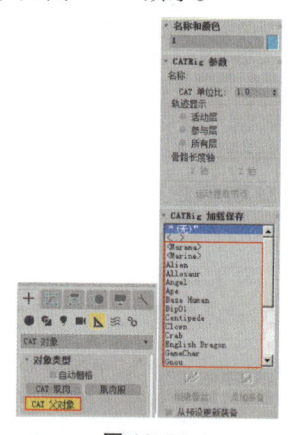

图 10-73

图 10-74

综合实例：使用【CAT 对象】制作爬行的蜈蚣

本例主要讲解如何使用【CAT 对象】制作向前爬行的蜈蚣的动画效果。案例最终效果如图 10-75 所示。

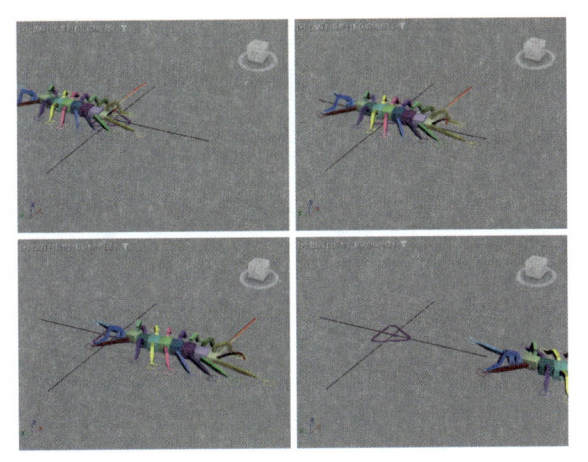

图 10-75

（1）执行 ➕（创建）｜△（辅助对象）｜ CAT 对象 ｜ CAT 父对象 命令，如图 10-76 所示。在【CATRig 加载保存】卷展栏中选择 Centipede 选项，如图 10-77 所示。

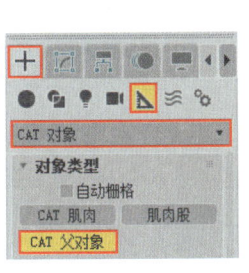

图 10-76 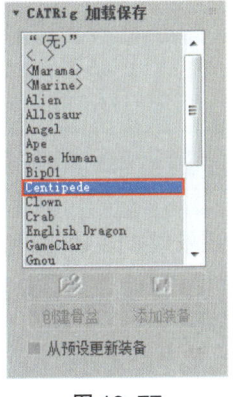　　图 10-77

（2）在透视图中按住鼠标左键拖动，创建模型；接着在【CATRig 参数】卷展栏中设置【CAT 单位比】为 0.25，如图 10-78 所示。

（3）选择蜈蚣模型底部的三角形图标，单击【运动】按钮，在【层管理器】卷展栏中按住按钮，在弹出的下拉列表中选择按钮，如图 10-79 所示。单击按钮（CATMotion 编辑器）按钮，在弹出的对话框中选择 GLobals 选项，设置【行走模式】为【直线行走】，如图 10-80 所示。

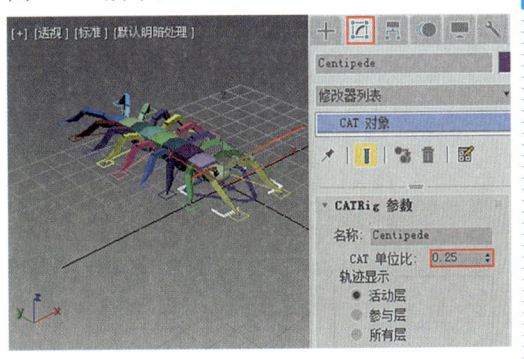

图 10-78

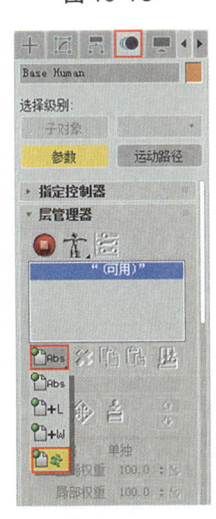

图 10-79

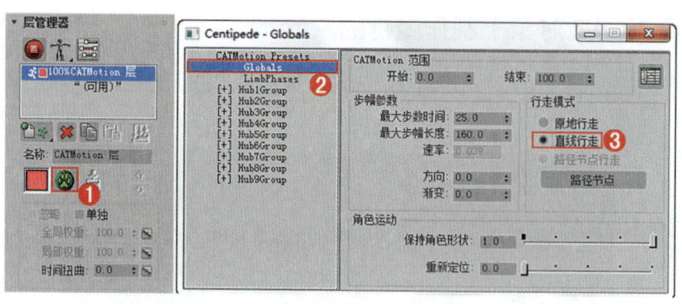

图 10-80

（4）单击【设置/动画模式切换】按钮，此时按钮变成了。拖动时间线或者单击【播放动画】按钮即可观察到最终的动画效果，如图 10-81 所示。

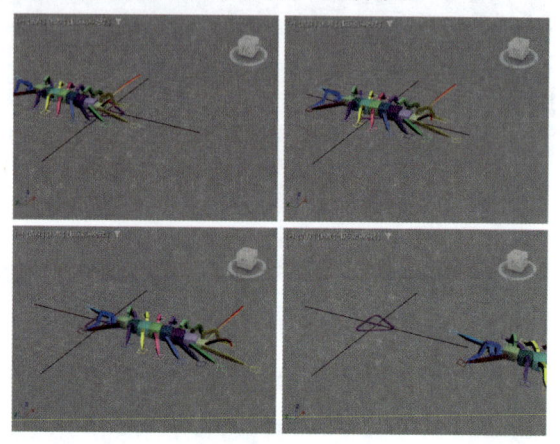

图 10-81

10.13　课后练习：使用自动关键帧动画制作气球飘走效果

本例使用自动关键帧动画制作气球飘走效果。最终效果如图 10-82 所示。

扫一扫，看视频

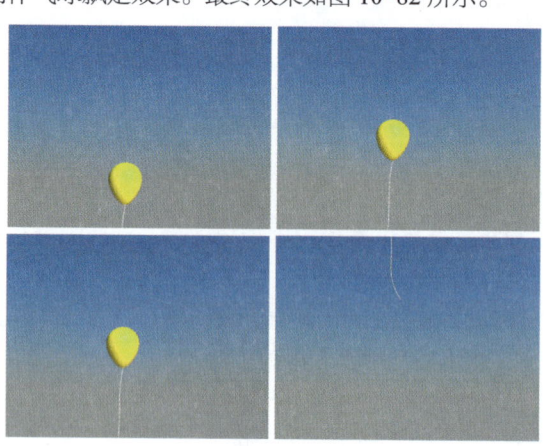

图 10-82

（1）打开"场景文件 04.max"，如图 10-83 所示。

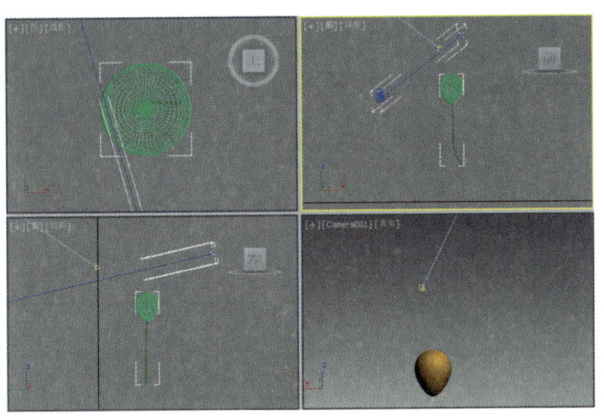

图 10-83

（2）选择气球模型，单击 自动关键点 按钮，拖动时间线到第 100 帧，单击【选择并移动】按钮✛和【选择并旋转】按钮⟳，使气球产生旋转并向上升起的动画效果，如图 10-84 所示。气球旋转并向上升的动画效果如图 10-85 所示。

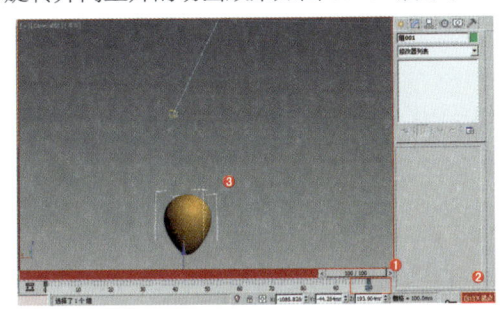

图 10-84 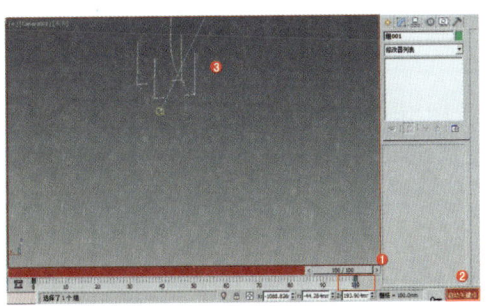　　　　　　图 10-85

（3）单击【播放动画】按钮▶，观察动画效果，如图 10-86 所示。

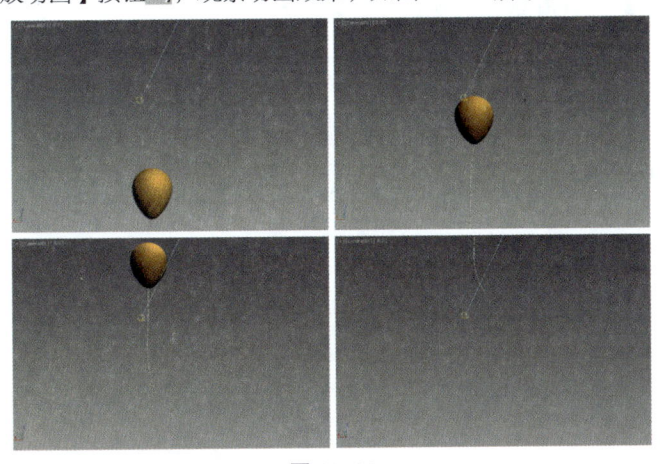

图 10-86

（4）选择动画效果最明显的一些帧，然后单独渲染出这些单帧动画。最终效果如图 10-87 所示。

221

图 10-87

10.14 随堂测试

1. 知识考查

（1）使用【Hair 和 Fur（WSM）】修改器和【VR-毛皮】让物体产生毛发。
（2）使用关键帧动画及其他动画工具创建动画。

2. 实战演练

参考给定的作品，制作出光线变换的动画。

参考效果	可用工具
	关键帧动画

3. 项目实操

球体掉落与碰撞的真实动画。要求：使用关键帧动画模拟小球从高处掉落，在掉落时碰撞其他小球，并真实落地的动画。